国家出版基金项目
NATIONAL PUBLICATION FOUNDATION

石墨烯膜材料
与环保应用

"十三五"国家重点
出版物出版规划项目

朱宏伟 等 著

战 略 前 沿 新 材 料
——石墨烯出版工程
丛书总主编　刘忠范

Graphene-based Membranes
for Environmental Applications

GRAPHENE

12

华东理工大学出版社
EAST CHINA UNIVERSITY OF SCIENCE AND TECHNOLOGY PRESS
·上海·

上海高校服务国家重大战略出版工程资助项目

图书在版编目(CIP)数据

石墨烯膜材料与环保应用/朱宏伟等著.—上海：
华东理工大学出版社,2021.4
(战略前沿新材料——石墨烯出版工程/刘忠范总
主编)
ISBN 978-7-5628-6305-2

Ⅰ.①石…　Ⅱ.①朱…　Ⅲ.①石墨-纳米材料-薄膜
-研究　Ⅳ.①TB383

中国版本图书馆 CIP 数据核字(2020)第 238762 号

内容简介

本书根据作者所在课题组近年来在石墨烯材料环境应用方面的研究成果,结合国内外最新的科研进展编写而成。从石墨烯及其衍生物的结构和性能出发,介绍了石墨烯材料在水处理、土壤治理、气体探测和空气净化等领域的应用,对石墨烯基环境材料的发展趋势及应用进行了展望。

本书尽可能使用较为通俗易懂的语言进行讲述,以达到深入浅出的效果。本书既有基础理论的介绍,也有专业应用技术的总结。本书不仅可作为材料与纳米科技等专业研究人员的参考书,也适用于对石墨烯材料感兴趣的非专业读者。

项目统筹 / 周永斌　马夫娇
责任编辑 / 赵子艳
装帧设计 / 周伟伟
出版发行 / 华东理工大学出版社有限公司
　　　　　　地址：上海市梅陇路 130 号,200237
　　　　　　电话：021-64250306
　　　　　　网址：www.ecustpress.cn
　　　　　　邮箱：zongbianban@ecustpress.cn
印　　刷 / 上海雅昌艺术印刷有限公司
开　　本 / 710 mm×1000 mm　1/16
印　　张 / 22
字　　数 / 369 千字
版　　次 / 2021 年 4 月第 1 版
印　　次 / 2021 年 4 月第 1 次
定　　价 / 288.00 元

战略前沿新材料 —— 石墨烯出版工程
丛书编委会

总序　一

2004 年,英国曼彻斯特大学物理学家安德烈·海姆(Andre Geim)和康斯坦丁·诺沃肖洛夫(Konstantin Novoselov)用透明胶带剥离法成功地从石墨中剥离出石墨烯,并表征了它的性质。仅过了六年,这两位师徒科学家就因"研究二维材料石墨烯的开创性实验"荣摘 2010 年诺贝尔物理学奖,这在诺贝尔授奖史上是比较迅速的。他们向世界展示了量子物理学的奇妙,他们的研究成果不仅引发了一场电子材料革命,而且还将极大地促进汽车、飞机和航天工业等的发展。

从零维的富勒烯、一维的碳纳米管,到二维的石墨烯及三维的石墨和金刚石,石墨烯的发现使碳材料家族变得更趋完整。作为一种新型二维纳米碳材料,石墨烯自诞生之日起就备受瞩目,并迅速吸引了世界范围内的广泛关注,激发了广大科研人员的研究兴趣。被誉为"新材料之王"的石墨烯,是目前已知最薄、最坚硬、导电性和导热性最好的材料,其优异性能一方面激发人们的研究热情,另一方面也掀起了应用开发和产业化的浪潮。石墨烯在复合材料、储能、导电油墨、智能涂料、可穿戴设备、新能源汽车、橡胶和大健康产业等方面有着广泛的应用前景。在当前新一轮产业升级和科技革命大背景下,新材料产业必将成为未来高新技术产业发展的基石和先导,从而对全球经济、科技、环境等各个领域的发展产生深刻影响。中国是石墨资源大国，也是石墨烯研究和应用开发最活跃的国家，已成为全球石墨烯行业发展最强有力的推动力量，在全球石墨烯市场上占据主导地位。

作为 21 世纪的战略性前沿新材料，石墨烯在中国经过十余年的发展，无论在科学研究还是产业化方面都取得了可喜的成绩，但与此同时也面临一些瓶颈和挑战。如何实现石墨烯的可控、宏量制备，如何开发石墨烯的功能和拓展其应用领域，是我国石墨烯产业发展面临的共性问题和关键科学问题。在这一形势背景下，为了推动我国石墨烯新材料的理论基础研究和产业应用水平提升到一个新的高度，完善石墨烯产业发展体系及在多领域实现规模化应用，促进我国石墨烯科学技术领域研究体系建设、学科发展及专业人才队伍建设和人才培养，一套大部头的精品力作诞生了。北京石墨烯研究院院长、北京大学教授刘忠范院士领衔策划了这套"战略前沿新材料——石墨烯出版工程"，共 22 分册，从石墨烯的基本性质与表征技术、石墨烯的制备技术和计量标准、石墨烯的分类应用、石墨烯的发展现状报告和石墨烯科普知识等五大部分系统梳理石墨烯全产业链知识。丛书内容设置点面结合、布局合理，编写思路清晰、重点明确，以期探索石墨烯基础研究新高地、追踪石墨烯行业发展、反映石墨烯领域重大创新、展现石墨烯领域自主知识产权成果，为我国战略前沿新材料重大规划提供决策参考。

参与这套丛书策划及编写工作的专家、学者来自国内二十余所高校、科研院所及相关企业，他们站在国家高度和学术前沿，以严谨的治学精神对石墨烯研究成果进行整理、归纳、总结，以出版时代精品作为目标。丛书展示给读者完善的科学理论、精准的文献数据、丰富的实验案例，对石墨烯基础理论研究和产业技术升级具有重要指导意义，并引导广大科技工作者进一步探索、研究，突破更多石墨烯专业技术难题。相信，这套丛书必将成为石墨烯出版领域的标杆。

尤其让我感到欣慰和感激的是，这套丛书被列入"十三五"国家重点出版物出版规划，并得到了国家出版基金的大力支持，我要向参与丛书编写工作的所有同仁和华东理工大学出版社表示感谢，正是有了你们在各自专业领域中的倾情奉献和互相配合，才使得这套高水准的学术专著能够顺利出版问世。

最后，作为这套丛书的编委会顾问成员，我在此积极向广大读者推荐这套丛书。

中国科学院院士

刘云圻

2020 年 4 月于中国科学院化学研究所

总序 二

"战略前沿新材料——石墨烯出版工程"：
一套集石墨烯之大成的丛书

2010 年 10 月 5 日，我在宝岛台湾参加海峡两岸新型碳材料研讨会并作了"石墨烯的制备与应用探索"的大会邀请报告，数小时之后就收到了对每一位从事石墨烯研究与开发的工作者来说都十分激动的消息：2010 年度的诺贝尔物理学奖授予英国曼彻斯特大学的 Andre Geim 和 Konstantin Novoselov 教授，以表彰他们在石墨烯领域的开创性实验研究。

碳元素应该是人类已知的最神奇的元素了，我们每个人时时刻刻都离不开它：我们用的燃料全是含碳的物质，吃的多为碳水化合物，呼出的是二氧化碳。不仅如此，在自然界中纯碳主要以两种形式存在：石墨和金刚石，石墨成就了中国书法，而金刚石则是美好爱情与幸福婚姻的象征。自 20 世纪 80 年代初以来，碳一次又一次给人类带来惊喜：80 年代伊始，科学家们采用化学气相沉积方法在温和的条件下生长出金刚石单晶与薄膜；1985 年，英国萨塞克斯大学的 Kroto 与美国莱斯大学的 Smalley 和 Curl 合作，发现了具有完美结构的富勒烯，并于 1996 年获得了诺贝尔化学奖；1991 年，日本 NEC 公司的 Iijima 观察到由碳组成的管状纳米结构并正式提出了碳纳米管的概念，大大推动了纳米科技的发展，并于 2008 年获得了卡弗里纳米科学奖；2004 年，Geim 与当时他的博士研究生 Novoselov 等人采用粘胶带剥离石墨的方法获得了石墨烯材料，迅速激发了科学界的研究热情。事实上，人类对石墨烯结构并不陌生，石墨烯是由单层碳原子构成的二维蜂窝状结构，是构成其他维数形式碳材料的基本单元，因此关于石墨烯结构的工作可追溯到20世纪40年代的理论研究。1947年，Wallace首次计算了石墨烯的电子结构，并且发现其具有奇特的线性色散关系。自此，石墨烯作为理论模型，被广泛用于描述碳材料的结构与性能，但人们尚未把石墨烯本身也作为一种材料来进行研究与开发。

石墨烯材料甫一出现即备受各领域人士关注，迅速成为新材料、凝聚态物理等领域的"高富帅"，并超过了碳家族里已很活跃的两个明星材料——富勒烯和碳纳米管，这主要归因于以下三大理由。一是石墨烯的制备方法相对而言非常简单。Geim等人采用了一种简单、有效的机械剥离方法，用粘胶带撕裂即可从石墨晶体中分离出高质量的多层甚至单层石墨烯。随后科学家们采用类似原理发明了"自上而下"的剥离方法制备石墨烯及其衍生物，如氧化石墨烯；或采用类似制备碳纳米管的化学气相沉积方法"自下而上"生长出单层及多层石墨烯。二是石墨烯具有许多独特、优异的物理、化学性质，如无质量的狄拉克费米子、量子霍尔效应、双极性电场效应、极高的载流子浓度和迁移率、亚微米尺度的弹道输运特性，以及超大比表面积、极高的热导率、透光率、弹性模量和强度。最后，特别是由于石墨烯具有上述众多优异的性质，使它有潜力在信息、能源、航空、航天、可穿戴电子、智慧健康等许多领域获得重要应用，包括但不限于用于新型动力电池、高效散热膜、透明触摸屏、超灵敏传感器、智能玻璃、低损耗光纤、高频晶体管、防弹衣、轻质高强航空航天材料、可穿戴设备，等等。

因其最为简单和完美的二维晶体、无质量的费米子特性、优异的性能和广阔的应用前景，石墨烯给学术界和工业界带来了极大的想象空间，有可能催生许多技术领域的突破。世界主要国家均高度重视发展石墨烯，众多高校、科研机构和公司致力于石墨烯的基础研究及应用开发，期待取得重大的科学突破和市场价值。中国更是不甘人后，是世界上石墨烯研究和应用开发最为活跃的国家，拥有一支非常庞大的石墨烯研究与开发队伍，位居世界第一，没有之一。有关统计数据显示，无论是正式发表的石墨烯相关学术论文的数量、中国申请和授权的石墨烯相关专利的数量，还是中国拥有的从事石墨烯相关的企业数量以及石墨烯产品的规模与种类，都远远超过其他任何一个国家。然而，尽管石墨烯的研究与开发已十六载，我们仍然面临着一系列重要挑战，特别是高质量石墨烯的可控规模制备与不可替代应用的开拓。

十六年来，全世界许多国家在石墨烯领域投入了巨大的人力、物力、财力进行研究、开发和产业化，在制备技术、物性调控、结构构建、应用开拓、分析检测、标准制定等诸多方面都取得了长足的进步，形成了丰富的知识宝库。虽有一些有关石墨烯的中文书籍陆续问世，但尚无人对这一知识宝库进行全面、系统的总结、分析并结集出版，以指导我国石墨烯研究与应用的可持续发展。为此，我国石墨烯研究领域的主要开拓者及我国石墨烯发展的重要推动者、北京大学教授、北京石墨烯研究院创院院长刘忠范院士亲自策划并担任总主编，主持编撰"战略前沿新材料——石墨烯出版工程"这套丛书，实为幸事。该丛书由石墨烯的基本性质与表征技术、石墨烯的制备技术和计量标准、石墨烯的分类应用、石墨烯的发展现状报告、石墨烯科普知识等五大部分共 22 分册构成，由刘忠范院士、张锦院士等一批在石墨烯研究、应用开发、检测与标准、平台建设、产业发展等方面的知名专家执笔撰写，对石墨烯进行了 360°的全面检视，不仅很好地总结了石墨烯领域的国内外最新研究进展，包括作者们多年辛勤耕耘的研究积累与心得，系统介绍了石墨烯这一新材料的产业化现状与发展前景，而且还包括了全球石墨烯产业报告和中国石墨烯产业报告。特别是为了更好地让公众对石墨烯有正确的认识和理解，刘忠范院士还率先垂范，亲自撰写了《有问必答：石墨烯的魅力》这一科普分册，可谓匠心独具、运思良苦，成为该丛书的一大特色。我对他们在百忙之中能够完成这一巨制甚为敬佩，并相信他们的贡献必将对中国乃至世界石墨烯领域的发展起到重要推动作用。

刘忠范院士一直强调"制备决定石墨烯的未来"，我在此也呼应一下："石墨烯的未来源于应用"。我衷心期望这套丛书能帮助我们发明、发展出高质量石墨烯的制备技术,帮助我们开拓出石墨烯的"杀手锏"应用领域,经过政产学研用的通力合作,使石墨烯这一结构最为简单但性能最为优异的碳家族的最新成员成为支撑人类发展的神奇材料。

中国科学院院士

成会明,2020 年 4 月于深圳

清华大学,清华－伯克利深圳学院,深圳

中国科学院金属研究所,沈阳材料科学国家研究中心,沈阳

丛书前言

　　石墨烯是碳的同素异形体大家族的又一个传奇，也是当今横跨学术界和产业界的超级明星，几乎到了家喻户晓、妇孺皆知的程度。当然，石墨烯是当之无愧的。作为由单层碳原子构成的蜂窝状二维原子晶体材料，石墨烯拥有无与伦比的特性。理论上讲，它是导电性和导热性最好的材料，也是理想的轻质高强材料。正因如此，一经问世便吸引了全球范围的关注。石墨烯有可能创造一个全新的产业，石墨烯产业将成为未来全球高科技产业竞争的高地，这一点已经成为国内外学术界和产业界的共识。

　　石墨烯的历史并不长。从 2004 年 10 月 22 日，安德烈·海姆和他的弟子康斯坦丁·诺沃肖洛夫在美国 Science 期刊上发表第一篇石墨烯热点文章至今，只有十六个年头。需要指出的是，关于石墨烯的前期研究积淀很多，时间跨度近六十年。因此不能简单地讲，石墨烯是 2004 年发现的、发现者是安德烈·海姆和康斯坦丁·诺沃肖洛夫。但是，两位科学家对"石墨烯热"的开创性贡献是毋庸置疑的，他们首次成功地研究了真正的"石墨烯材料"的独特性质，而且用的是简单的透明胶带剥离法。这种获取石墨烯的实验方法使得更多的科学家有机会开展相关研究，从而引发了持续至今的石墨烯研究热潮。2010 年 10 月 5 日，两位拓荒者荣获诺贝尔物理学奖，距离其发表的第一篇石墨烯论文仅仅六年时间。

"构成地球上所有已知生命基础的碳元素,又一次惊动了世界",瑞典皇家科学院当年发表的诺贝尔奖新闻稿如是说。

从科学家手中的实验样品,到走进百姓生活的石墨烯商品,石墨烯新材料产业的前进步伐无疑是史上最快的。欧洲是石墨烯新材料的发祥地,欧洲人也希望成为石墨烯新材料产业的领跑者。一个重要的举措是启动"欧盟石墨烯旗舰计划",从 2013 年起,每年投资一亿欧元,连续十年,通过科学家、工程师和企业家的接力合作,加速石墨烯新材料的产业化进程。英国曼彻斯特大学是石墨烯新材料呱呱坠地的场所,也是世界上最早成立石墨烯专门研究机构的地方。2015 年 3 月,英国国家石墨烯研究院(NGI)在曼彻斯特大学启航;2018 年 12 月,曼彻斯特大学又成立了石墨烯工程创新中心(GEIC)。动作频频,基础与应用并举,矢志充当石墨烯产业的领头羊角色。当然,石墨烯新材料产业的竞争是激烈的,美国和日本不甘其后,韩国和新加坡也是志在必得。据不完全统计,全世界已有 179 个国家或地区加入了石墨烯研究和产业竞争之列。

中国的石墨烯研究起步很早,基本上与世界同步。全国拥有理工科院系的高等院校,绝大多数都或多或少地开展着石墨烯研究。作为科技创新的国家队,中国科学院所辖遍及全国的科研院所也是如此。凭借着全球最大规模的石墨烯研究队伍及其旺盛的创新活力,从 2011 年起,中国学者贡献的石墨烯相关学术论文总数就高居全球榜首,且呈遥遥领先之势。截至 2020 年 3 月,来自中国大陆的石墨烯论文总数为 101 913 篇,全球占比达到 33.2%。需要强调的是,这种领先不仅仅体现在统计数字上,其中不乏创新性和引领性的成果,超洁净石墨烯、超级石墨烯玻璃、烯碳光纤就是典型的例子。

中国对石墨烯产业的关注完全与世界同步,行动上甚至更为迅速。统计数据显示,早在 2010 年,正式工商注册的开展石墨烯相关业务的企业就高达 1 778 家。截至 2020 年 2 月,这个数字跃升到 12 090 家。对石墨烯高新技术产业来说,知识产权的争夺自然是十分激烈的。进入 21 世纪以来,知识产权问题受到国人前所未有的重视,这一点在石墨烯新材料领域得到了充分的体现。截至

2018 年底，全球石墨烯相关的专利申请总数为 69 315 件，其中来自中国大陆的专利高达 47 397 件，占比 68.4%，可谓是独占鳌头。因此，从统计数据上看，中国的石墨烯研究与产业化进程无疑是引领世界的。当然，不可否认的是，统计数字只能反映一部分现实，也会掩盖一些重要的"真实"，当然这一点不仅仅限于石墨烯新材料领域。

中国的"石墨烯热"已经持续了近十年，甚至到了狂热的程度，这是全球其他国家和地区少见的。尤其在前几年的"石墨烯淘金热"巅峰时期，全国各地争相建设"石墨烯产业园""石墨烯小镇""石墨烯产业创新中心"，甚至在乡镇上都建起了石墨烯研究院，可谓是"烯流滚滚"，真有点像当年的"大炼钢铁运动"。客观地讲，中国的石墨烯产业推进速度是全球最快的，既有的产业大军规模也是全球最大的，甚至吸引了包括两位石墨烯诺贝尔奖得主在内的众多来自海外的"淘金者"。同样不可否认的是，中国的石墨烯产业发展也存在着一些不健康的因素，一哄而上，遍地开花，导致大量的简单重复建设和低水平竞争。以石墨烯材料生产为例，2018 年粉体材料年产能达到 5 100 吨，CVD 薄膜年产能达到 650 万平方米，比其他国家和地区的总和还多，实际上已经出现了产能过剩问题。2017 年 1 月 30 日，笔者接受澎湃新闻采访时，明确表达了对中国石墨烯产业发展现状的担忧，随后很快得到习近平总书记的高度关注和批示。有关部门根据习总书记的指示，做了全国范围的石墨烯产业发展现状普查。三年后的现在，应该说情况有所改变，随着人们对石墨烯新材料的认识不断深入，以及从实验室到市场的产业化实践，中国的"石墨烯热"有所降温，人们也渐趋冷静下来。

这套大部头的石墨烯丛书就是在这样一个背景下诞生的。从 2004 年至今，已经有了近十六年的历史沉淀。无论是石墨烯的基础研究，还是石墨烯材料的产业化实践，人们都有了更多的一手材料，更有可能对石墨烯材料有一个全方位的、科学的、理性的认识。总结历史，是为了更好地走向未来。对于新兴的石墨烯产业来说，这套丛书出版的意义也是不言而喻的。事实上，国内外已经出版了数十部石墨烯相关书籍，其中不乏经典性著作。本丛书的定位有所不同，希望能够全面总结石墨烯相关的知识积累，反映石墨烯领域的国内外最新研究进展，展示石墨烯新材料的产业化现状与发展前景，尤其希望能够充分体现国人对石墨烯领域的贡献。本丛书从策划到完成前后花了近五年时间，堪称马拉松工程，如果没有华东理工大学出版社项目团队的创意、执着和巨大的耐心，这套丛书的问世是不可想象的。他们的不达目的决不罢休的坚持感动了笔者，让笔者承担起了这项光荣而艰巨的任务。而这种执着的精神也贯穿整个丛书编写的始终，融入每位作者的写作行动中，把好质量关，做出精品，留下精品。

本丛书共包括 22 分册，执笔作者 20 余位，都是石墨烯领域的权威人物、一线专家或从事石墨烯标准计量工作和产业分析的专家。因此，可以从源头上保障丛书的专业性和权威性。丛书分五大部分，囊括了从石墨烯的基本性质和表征技术，到石墨烯材料的制备方法及其在不同领域的应用，以及石墨烯产品的计量检测标准等全方位的知识总结。同时，两份最新的产业研究报告详细阐述了世界各国的石墨烯产业发展现状和未来发展趋势。除此之外，丛书还为广大石墨烯迷们提供了一份科普读物《有问必答：石墨烯的魅力》，针对广泛征集到的石墨烯相关问题答疑解惑，去伪求真。各分册具体内容和执笔分工如下：01 分册，石墨烯的结构与基本性质（刘开辉）；02 分册，石墨烯的结构与物性表征（张锦）；03 分册，石墨烯基材料的拉曼光谱研究（谭平恒）；04 分册，石墨烯制备技术（彭海琳）；05 分册，石墨烯的化学气相沉积生长方法（刘忠范）；06 分册，粉体石墨烯材料的制备方法（李永峰）；07 分册，石墨烯材料质量技术基础：计量（任玲玲）；08 分册，石墨烯电化学储能技术（杨全红）；09 分册，石墨烯超级电容器（阮殿波）；10 分册，石墨烯微电子与光电子器件（陈弘达）；11 分册，石墨烯薄膜与柔性光电器件（史浩飞）；12 分册，石墨烯膜材料与环保应用（朱宏伟）；13 分册，石墨烯基传感器件（孙立涛）；14 分册，石墨烯宏观材料及应用（高超）；15 分册，石墨烯复合材料（杨程）；16 分册，石墨烯生物技术（段小洁）；17 分册，石墨烯化学与组装技术（曲良体）；18 分册，功能化石墨烯材料及应用（智林杰）；19 分册，石墨烯粉体材料：从基础研究到工业应用（侯士峰）；20 分册，全球石墨烯产业研究报告(李义春);21分册,中国石墨烯产业研究报告(周静);22分册,有问必答:石墨烯的魅力(刘忠范)。

本丛书的内容涵盖石墨烯新材料的方方面面,每个分册也相对独立,具有很强的系统性、知识性、专业性和即时性,凝聚着各位作者的研究心得、智慧和心血,供不同需求的广大读者参考使用。希望丛书的出版对中国的石墨烯研究和中国石墨烯产业的健康发展有所助益。借此丛书成稿付梓之际,对各位作者的辛勤付出表示真诚的感谢。同时,对华东理工大学出版社自始至终的全力投入表示崇高的敬意和诚挚的谢意。由于时间、水平等因素所限,丛书难免存在诸多不足,恳请广大读者批评指正。

刘忠范

2020年3月于墨园

前　言

随着人口数量的持续增长、工业化进程的快速推进，人类活动对水体、土壤和空气的影响范围与强度不断增大，全球性环境污染问题日益严重。水体污染和净水资源短缺已经成为全球性的挑战之一，日益加剧的土壤环境污染问题不容忽视，恶劣天气频频出现，室内的甲醛、苯等挥发气体，室外的汽车尾气、工业废气、$PM_{2.5}$等颗粒物在时刻威胁着人类的身体健康。

纳米技术为新材料的研发开启了一条全新的途径并注入新的活力，也为缓解和解决以上问题提供了新思路。作为典型的二维单原子层的纳米材料，石墨烯及其衍生物具有优异的电学、热学、光学、力学性能，及高比表面积、良好的稳定性和灵活的可修饰性，在水、空气净化及农业领域极具应用前景。鉴于此，本书著者基于国内外研究人员对石墨烯基材料在膜法水处理、农业、气体检测及颗粒物过滤等领域的研究现状，结合本课题组多年的研究成果，撰写本书，期望对从事本领域研究、开发、生产和应用的相关专业人员有所帮助、有所启迪。

本书涵盖了石墨烯基水处理膜材料、石墨烯及其衍生物添加改性高分子膜材料、石墨烯及其衍生物表面改性高分子膜材料、氧化石墨烯与植物的相互作用、氧化石墨烯对土壤中重金属的吸附、氧化石墨烯的杀菌性及应用、石墨烯基材料的气体探测、石墨烯基材料的 PM 过滤及石墨烯基织物等内容，其中部分数据源于著者的研究成果，同时查阅和参考了大量中外最新文献。

本书共分为 10 章，各章编写人员如下：胡蕊蕊、朱宏伟（第 1～3 章），何艺佳、朱宏伟（第 4～6 章），李晶（第 7～9 章），胡蕊蕊、何艺佳、朱宏伟（第 10 章）。

全书由赵国珂、朱宏伟统稿。

由于该领域发展日新月异，加之著者水平和能力有限，书中难免有疏漏和不足之处，敬请读者和相关专家予以批评指正。

目 录

第2章　氧化石墨烯添加改性高分子膜

第 1 章

石墨烯基水处理膜

水污染和净水资源短缺已经成为全球面临的最严重的挑战之一,膜分离技术凭借其节能高效的特点已经成为水净化的主流工艺。理想的水处理分离膜需要具备高水通量、高分子/离子选择性、优异的力学性能以及长期运行稳定性。减小膜厚和可控调节膜内部孔结构是提高膜通量和分离性能的有效途径。目前比较成熟的商用水处理膜主要是高分子膜和无机陶瓷膜,但是它们的膜通量与选择性呈现此消彼长的规律,难以实现水通量和选择性的同步提高。这主要受限于其难以精细调控的孔结构和膜材料本身的物理化学性质。近年来,随着纳米科技的兴起,一些具有天然传质通道的纳米材料,如沸石、金属有机框架化合物、水通道蛋白和碳纳米材料等,被发现具有优异的传质特性,有望发展成为新一代水处理分离膜。其中,碳纳米管(Carbon Nanotube,CNT)由于其超快的分子传质特性和超强的力学性质早先被认为是最具潜力的水处理膜材料。然而,CNT 膜在大规模制备、取向性控制和成本方面都存在很大的挑战,受限于理论研究,距离实际应用还很遥远。相较于一维的 CNT,后来发展起来的二维石墨烯及其衍生物则极具优势。石墨烯基材料包括石墨烯(graphene)、氧化石墨烯(Graphene Oxide,GO)和化学转化石墨烯(Chemically Converted Graphene,CCG)。其单原子层的超薄厚度和接近无摩擦的光滑表面有望减小传质阻力从而增大膜通量。此外,石墨烯优异的力学性能、化学稳定性和低成本的大规模生产技术等,都有助于推动其在水处理领域的应用。

1.1　石墨烯膜和多孔石墨烯膜

1.1.1　石墨烯膜

石墨烯是仅有一个原子厚度的单层石墨层片,呈现由 sp^2 杂化的碳原子紧密排列而成的蜂窝状晶体结构。石墨烯极限的超薄厚度和独特的电子云结构使其在膜分离领域表现出有趣的性质。

Bunch 等研究发现，单层的完美晶格石墨烯对各种标准气体（包括氦原子）均不通透，是迄今为止最薄的理想隔膜材料。将机械剥离的石墨烯盖在氧化硅表面预先挖好的凹槽上，形成一个石墨烯密封的氧化硅微腔，如图1-1(a)所示。石墨烯膜通过与氧化硅基底的范德瓦尔斯力被紧紧固定在氧化硅表面，形成一定体积的密封气体。通过改变气体种类和石墨烯层数可以研究石墨烯膜的气体透过性质。当腔内压力和外界压力不同时，石墨烯膜会在压差的作用下鼓膜，如图1-1(b)(c)所示。然后在大气环境中，使用原子力显微镜（Atomic Force Microscope，AFM）对石墨烯膜的鼓膜扫描成像。图1-1(d)测试了石墨烯鼓膜随时间变化的一系列轮廓线，据此可以转化得到理想气体的渗透速度。如图

图 1-1

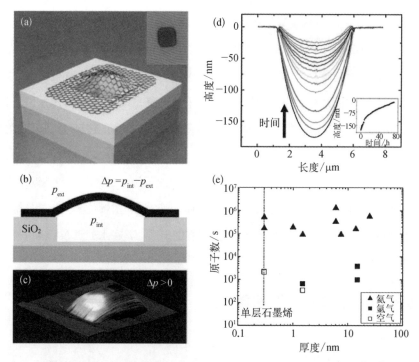

（a）石墨烯密封的氧化硅微腔示意图，嵌入图：单层石墨烯在氧化硅微腔上鼓膜的光镜照片，微腔尺寸是 4.75 μm×4.75 μm×380 nm；（b）石墨烯密封微腔的侧视示意图；（c）9 nm 厚的多层石墨烯鼓膜的轻敲模式的原子力显微镜图像；（d）在大气环境中对（a）中石墨烯鼓膜在 71.3 h 内的 AFM 扫描轮廓线，嵌入图：石墨烯鼓膜中心偏差随时间的变化图；（e）气体泄漏速率随厚度变化的散点图

1-1(e)所示是不同厚度的石墨烯膜对不同气体的渗透速度。结果表明,气体的渗透速度和石墨烯的膜厚没有关联,这说明气体不是通过石墨烯膜渗透的,而是通过氧化硅微腔壁或石墨烯/氧化硅界面渗透的。换言之,石墨烯膜在大气环境中对所有的原子和分子均不通透。

石墨烯膜的不透性质可以用其完美的晶格结构和独特的电子云结构解释(Konatham,2013)。如图1-2所示,石墨烯的大π键形成的密集的离域电子云结构会遮挡苯环的孔隙,形成一个斥力场,即使在1~5个大气压的压差下也将阻止最小的分子(如氢和氦)透过石墨烯膜。此外,根据碳原子的范德瓦尔斯半径计算得到的苯环内部的几何孔隙直径(0.064 nm)也小于氢(0.314 nm)和氦(0.28 nm)。

图 1-2 石墨烯晶格结构: sp^2 杂化碳原子排列在蜂窝状点阵结构中

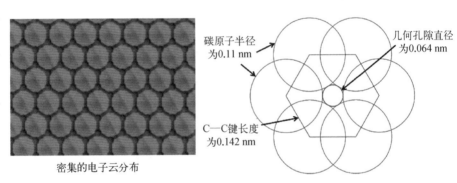

碳原子半径为0.11 nm

几何孔隙直径为0.064 nm

C—C键长度为0.142 nm

密集的电子云分布

1.1.2 多孔石墨烯膜的理论计算

通过高能辐照技术,如离子轰击、氧等离子体刻蚀和紫外光照氧化刻蚀等方法,可以在石墨烯片中引入不同尺寸和官能化的纳米孔,这样得到的石墨烯膜被称为多孔石墨烯膜。传统的高分子反渗透膜主要通过溶解扩散的机理实现水和离子的分离,多孔石墨烯膜则可以使水分子通过对流模式更快地跨膜传输。理论计算结果表明,多孔石墨烯膜可以有效分离水溶液中的不同离子,在海水淡化脱盐领域具有广阔的应用前景。

Cohen-Tanugi 和 Grossman 通过经典分子动力学模拟发现,具有纳米孔的单层石墨烯膜可以有效地从盐水中脱除 NaCl。多孔石墨烯膜的脱盐性能与纳米孔的尺寸、化学官能化性质和施加压力有关。图 1-3(a)～(c)是不同官能化的多孔石墨烯的孔结构示意图和脱盐过程计算系统的侧视图。模拟结果表明，多孔石墨烯膜的脱盐率主要取决于孔径大小，小尺寸纳米孔具有更优的脱盐效果，但其脱盐率随压力的增加而降低。纳米孔边缘的官能团也对膜的水通量和脱盐率有显著影响，羟基化的多孔石墨烯膜凭借其亲水的性质可以使水通量翻倍，而加氢的多孔石墨烯膜则表现出更高的脱盐率。如图 1-3(d)所示，优化后的多孔石墨烯膜在保持高脱盐率的同时其水通量可以达到 $10\sim100$ L/(cm^2 · d · MPa)，比传统高分子反渗透膜的水通量高了 2～3 个数量级。

图 1-3

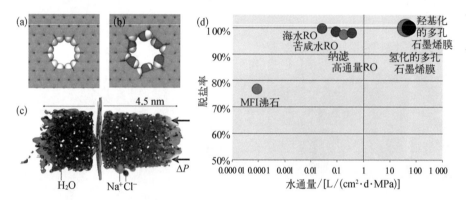

（a）加氢的、（b）羟基化的多孔石墨烯的孔结构；（c）脱盐过程计算系统的侧视图；（d）官能化的多孔石墨烯膜的脱盐性能与现有的膜技术对比表

在另一个研究工作中，Konatham 等通过分子动力学模拟计算了水分子和盐离子通过单层多孔石墨烯膜的平均力势，其中多孔石墨烯膜的孔径为 $7.5\sim14.5$ Å[①]，纳米孔的官能化分别为羟基化、羧基化和氨基化。模拟结果表明，对于未官能化的多孔石墨烯膜，当孔径约为 7.5 Å 时可有效脱除盐离子。当纳米孔被带电官能团（COO^- 或 NH_3^+）修饰时，其同电荷离子（Cl^- 或 Na^+）将由于静电和空间位阻效应具有更大的自由能垒。然而当离子浓度从 0.025 mol/L 升至 0.25 mol/L 时，屏蔽效应则会降低其自由能垒。羟基化的

---

① 1 Å $=10^{-10}$ m。

石墨烯膜材料与环保应用

多孔石墨烯膜具有最优的脱盐性能,其在较高的离子强度环境中仍能保持较强的 Cl⁻ 势垒。

虽然采用化学气相沉积(Chemical Vapor Deposition,CVD)法有希望制备较大面积的单层石墨烯膜,但由于尺寸可精细调控的打孔技术尚未成熟,使得形状规则的多孔石墨烯膜在脱盐领域的应用受到了阻碍。还原氧化石墨烯(reduced Graphene Oxide,rGO)是通过热处理或化学方法去除氧化石墨烯表面的氧原子得到的石墨烯产物。由于还原过程中会产生含碳的副产物如二氧化碳,rGO 膜中存在很多本征缺陷,这些缺陷可以作为纳米孔使 rGO 膜有希望用于脱盐应用。

Li‐Chiang 和 Grossman 通过分子动力学模拟建立了 rGO 膜合成参数和缺陷尺寸的关系,并探究了其在水脱盐领域的应用。如图 1‐4 所示,模拟结果表明纳米孔尺寸主要受 GO 初始含氧量、环氧基与羟基的比例和还原温度的影响。环氧基官能团的比例越高、GO 初始含氧量越高、还原温度越高,得到的 rGO 膜中纳米孔的尺寸越大。将不同合成参数下制备的 rGO 膜用于脱

图 1‐4 rGO 膜合成参数和缺陷尺寸的关系: 环氧基与羟基的比例和 GO 初始含氧量分别随着水平和竖直方向变化 (还原温度为 2 500 K)

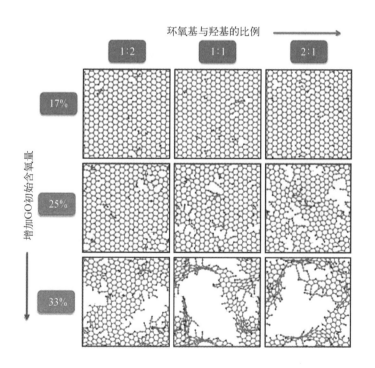

盐应用,结果表明,当 GO 初始含氧量很低(17%)时,孔径太小以至于水分子不能通过 rGO 膜;当 GO 初始含氧量提高至 25% 时,在还原温度高于 2 500 K 和环氧基与羟基的比例大于 1 的条件下,rGO 膜可以实现有效脱盐;当 GO 初始含氧量更高(33%)时,为了保证有效脱盐,还原温度和环氧基与羟基的比例应该更低。在优化的合成参数下,rGO 膜在保持高脱盐率的同时水通量可提高 1 个数量级。值得注意的是,与单层多孔石墨烯膜相比,rGO 膜的水通量降低了 1 个数量级。这主要是因为通过氧化还原法制备的多孔石墨烯膜的孔径分布不均匀。

虽然单层多孔石墨烯膜呈现了优异的脱盐性能,然而其能否在高静水压力下保持结构完整性是脱盐应用中的关键问题。Cohen - Tanugi 和 Grossman 通过分子动力学模拟研究发现,当基体支撑层孔径小于 1 μm 时,多孔石墨烯膜可以承受 57 MPa 的高压,是海水淡化反渗透膜所需压力的 10 倍,而且孔隙率越高,其承压能力越强。

单层多孔石墨烯膜已经被证明具有高效脱盐的潜力,然而制备大面积的没有缺陷的单晶石墨烯膜在实验上仍然有很大挑战。相较而言,基于溶液法制备多层多孔石墨烯膜更经济高效。Cohen - Tanugi 和 Grossman 通过经典分子动力学模拟以双层多孔石墨烯膜为模型探究了多层多孔石墨烯膜在反渗透脱盐领域的应用。如图 1 - 5 所示,研究了三个参数(即外加压力、两层石墨烯中纳米孔的距离以及层间距)与膜性能之间的关系。其模拟结果为设计高通量和高脱盐的多层多孔石墨烯膜提供了思路:(1)如果孔取向和层间距都可精细调控,最小的层间距和完全取向的孔结构排列方式是最优选择。增加石墨烯层数可以提高膜的脱盐能力。(2)如果只有层间距可精细调控,足够大的层间距(如 0.8 nm)效果更好。这是因为可以减小水分子在错排的纳米孔之间的传输阻力。(3)如果只有纳米孔之间的距离可以精细调控,纳米孔完全有序排列时是最理想的。虽然当层间距比较大时这样的排列方式会降低脱盐率,但层数的叠加可保证有效的脱盐率。(4)如果孔取向和层间距都不可调控,则应尽可能地增大石墨烯膜的孔密度,这样可以增大纳米孔取向排列的概率,从而提高水通量。

图 1-5

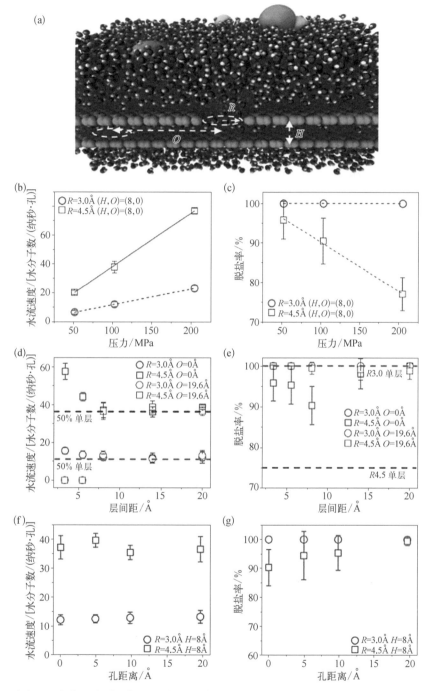

（a）双层多孔石墨烯膜示意图，R 为纳米孔半径，H 为层间距，O 为两层石墨烯中纳米孔的距离；（b）~（g）双层多孔石墨烯膜的结构参数对水流速度和脱盐率的影响：（b）~（c）压力，（d）（e）层间距，（f）（g）孔距离

将多孔石墨烯膜与传统的聚酰胺反渗透膜相比，当多孔石墨烯膜的厚度与高分子反渗透膜相当时（约 200 nm），多孔石墨烯膜的层数大约为 200 层。200 层厚的多孔石墨烯膜的水通量大约为 2 L/(m² · h · bar)，与高分子反渗透膜相当。这说明多孔石墨烯膜的主要优势在于其超薄的厚度。单层或少数层的具有高脱盐率的纳米孔石墨烯膜有可能成为新一代的海水淡化膜材料。

1.1.3 多孔石墨烯膜的实验研究

以上计算研究实例表明多孔石墨烯膜在理论上具有优异的脱盐性能，但仍需实验验证纳米孔的本征传质特性。这一部分实验本身存在很大挑战，因此需要精细操作以避免引入缺陷和裂痕。

对于多孔石墨烯膜宏观传质特性的研究，O'Hern 等通过将 CVD 石墨烯膜转移到多孔聚碳酸酯基体上制备了面积超过 25 mm² 的石墨烯复合膜[图 1-6(a)]。扫描隧道显微镜（Scanning Tunnel Microscope，STM）表征结果表明 CVD 石墨烯膜存在离散的本征纳米孔缺陷。纳米孔尺寸在 1～15 nm，其中约 83% 的孔径在 10 nm 以内[图 1-6(b)(c)]。不同分子的扩散实验[图 1-6(d)]表明石墨烯复合膜允许 KCl 和 TMAC 透过，阻挡 TMRD 的扩散，可实现选择性的离子筛分。

之后，O'Hern 等又报道了一种在 CVD 石墨烯膜表面引入可控的、高密度的亚纳米孔的方法。如图 1-7(a)所示，先通过离子轰击在石墨烯表面产生具有反应活性的孤立缺陷，然后通过氧化刻蚀使缺陷部位变成孔洞。通过调控刻蚀时间可有效调控孔径大小和孔密度[图 1-7(b)(c)]，孔径大小稳定在 0.4 nm ± 0.24 nm，孔密度超过 10^{-12} cm^{-2}。如图 1-7(d)所示，光电子能谱结果表明刻蚀后的石墨烯膜表面形成了 C=O 和 C—O 官能团。传质实验表明，较短的刻蚀时间使石墨烯膜基于静电相互作用具有阳离子选择性，而较长的刻蚀时间使石墨烯膜对盐离子通透，但基于空间位阻效应可阻挡更大的有机分子通过。为了验证理论计算结果的准确性，作者将 CVD 石墨烯膜转移到多孔聚碳酸酯基体上[图 1-7(e)]，并测试了氯化钾和诱惑红分子的

图 1-6

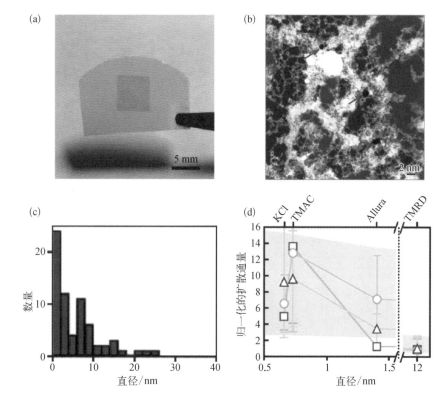

（a）CVD 石墨烯膜在多孔聚碳酸酯基体上形成的石墨烯复合膜实物图；（b）石墨烯膜的 STM 图，石墨烯晶格中存在低密度的纳米孔；（c）根据 STM 图统计的纳米孔尺寸分布图；（d）石墨烯复合膜对不同分子的扩散速率

扩散跨膜速率，实验结果与理论计算结果高度吻合[图 1-7(f)]。通过引入纳米孔结构调控石墨烯膜的分子选择性，极大地促进了多孔石墨烯膜在纳滤和脱盐等领域的应用。

Surwade 等报道了另一种简单可精确调控纳米孔尺寸的打孔方法——氧等离子体溅射法[图 1-8(a)]。如图 1-8(b)中的拉曼光谱所示，石墨烯膜的 D 峰随着溅射时间增长而增强。即使在很短的溅射时间(0.5 s)后 D 峰强度就增强到 G 峰的三分之一。溅射 6 s 后，2D 峰完全消失，这说明石墨烯膜表面已经形成了显著的缺陷。此方法得到的纳米孔石墨烯膜可以实现几乎100%的有效脱盐和快速的水传输。如图 1-8(c)(d)所示，当孔隙率比较低时，多孔石墨烯膜的离子选择系数达到 5 个数量级。根据预估的纳米孔密度

图 1-7

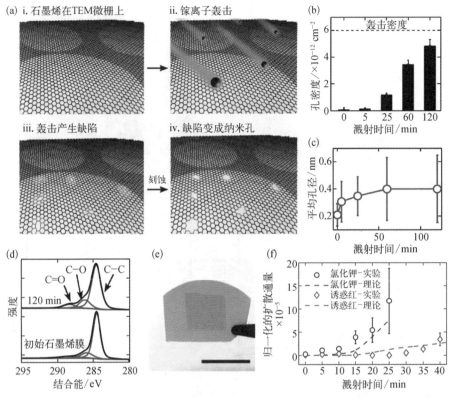

(a) i. 石墨烯在TEM微栅上　ii. 镓离子轰击　iii. 轰击产生缺陷　iv. 缺陷变成纳米孔

（a）通过离子轰击和氧化刻蚀在石墨烯表面引入纳米孔的过程；（b）（c）孔密度和孔径大小随溅射时间的变化曲线；（d）初始石墨烯膜和轰击刻蚀 120 min 后的石墨烯膜的 X 射线光电子能谱图；（e）CVD石墨烯膜转移到多孔聚碳酸酯基体上的实物图；（f）通过扩散传质实验得到的不同分子的扩散通量和通过孔径分布计算得到的扩散通量的对比图

（约 1/100 nm²），单个纳米孔的水通量可以达到每皮秒 3 个水分子，比水通道蛋白的通量高出了 3 个数量级，比分子动力学模拟的结果高约 1 个数量级。

虽然多孔石墨烯膜无论从理论计算还是基础实验研究上都被证明在脱盐领域极具潜力，但其距离大规模的工业和商业应用还有巨大的挑战。首先需要发展更为完备的制备大面积、高质量单层石墨烯膜的技术，其次需要开发一种无损的后转移技术，避免引入额外缺陷破坏石墨烯膜的完整性，最后还需要优化目前尚不成熟的打孔技术，引入尺寸可控、形状规则的纳米孔，避免应力集中造成多孔石墨烯膜力学性能降低。

图 1 - 8 多孔石
墨烯膜和传输及脱
盐测试

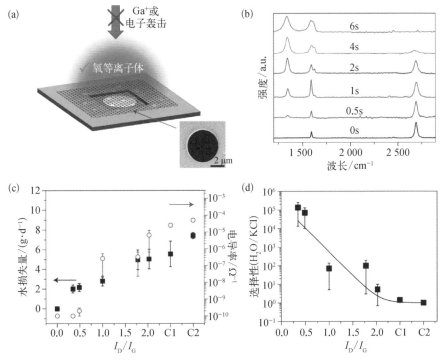

（a）悬浮在直径为 5 mm 的孔洞上的单层石墨烯示意图和扫描电镜图，采用多种方法在石墨烯膜表面打孔：离子或电子轰击和氧等离子体处理；（b）氧等离子体溅射不同时间后的石墨烯的拉曼光谱图；（c）测试 24 h 后的水通量和滤液离子电导率，C1 和 C2 是撕裂或被破坏的对照组；（d）水/盐选择性随膜的缺陷密度的变化曲线

1.2　氧化石墨烯膜的制备

　　GO 是石墨烯的一类衍生物，其结构可被看作多种含氧官能团（如羧基、环氧基、羰基、羟基）镶嵌于石墨烯二维晶格表面及边缘，由此产生无数 sp^2 杂化碳原子团簇孤立于 sp^3 C—O 基体的独特结构。氧化石墨烯通常通过改性的 Hummers 方法制备，以天然石墨为原料，通过浓硫酸、高锰酸钾等强氧化剂处理得到氧化石墨，通过超声剥离，得到氧化石墨烯纳米片均匀分散的水悬浮液。GO 在去离子水中具有优异的分散性，因此基于 GO

水溶液有多种简单有效的成膜方法,包括滴涂、旋涂、喷涂、刮涂、真空抽滤以及高压辅助沉积等。通过调控溶液或加工参数,制备的 GO 膜宏观上都非常均匀,微观上 GO 平行于膜片方向层层堆叠成有序的书页结构,表面呈现典型的褶皱结构。选择不同的基底,可以分别得到有基底支撑的或自支撑的 GO 膜。GO 片层之间形成互锁结构,使 GO 膜具有优异的力学性能。

1.2.1　滴涂法

Sun 等利用滴涂法制备了独立自支撑的 GO 膜。如图 1-9 所示是滴涂法制备 GO 膜的过程图:在表面光滑的标签纸上滴加 GO 水溶液,在空气中自然干燥后,从表面小心剥离。GO 膜的面积和厚度可通过调控 GO 溶液的体积和含量进行控制。这种简单的滴涂法制备的 GO 膜的面积和厚度都很均匀,力学性能优异,可用于过滤和离子分离性能测试。

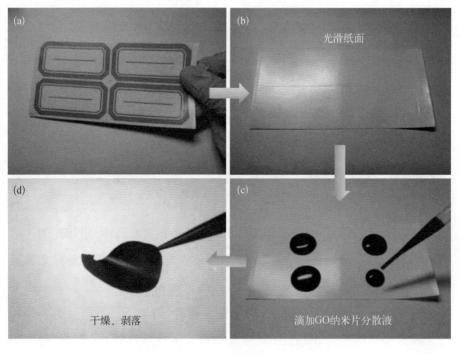

图 1-9　滴涂法制备 GO 膜的过程图

1.2.2 旋涂法

旋涂法是依靠旋转过程中产生的离心力及重力作用,将基底表面的 GO 溶液流布铺满的涂覆成膜过程。主要设备是匀胶机,包括滴加溶液、高速旋转和挥发成膜三个步骤,可通过调控匀胶的时间、转速、加速度和滴液量来调控 GO 膜的质量。旋涂过程中基底与溶液的亲和性严重影响成膜质量,而且旋涂法不利于精确控制 GO 膜厚度。如图 1-10(a)(b)所示是旋涂法制膜示意图(Eda,2010)及在反渗透膜表面,采用旋涂法制备的 GO 膜的实物图基底上通过旋涂制备的均匀 GO 涂层。

图 1-10

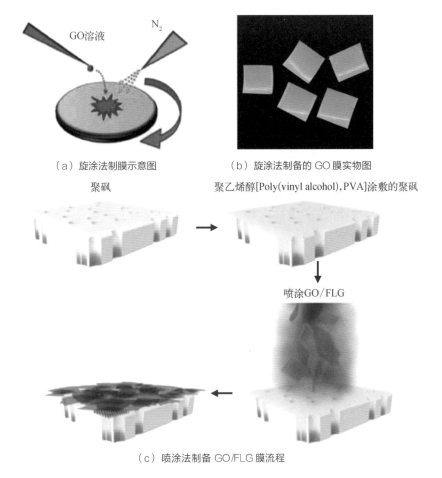

（a）旋涂法制膜示意图   （b）旋涂法制备的 GO 膜实物图

聚砜   聚乙烯醇[Poly(vinyl alcohol),PVA]涂敷的聚砜

喷涂GO/FLG

（c）喷涂法制备 GO/FLG 膜流程

1.2.3 喷涂法

喷涂法是借助压力将 GO 溶液分散成均匀而细微的液滴进而涂覆在基底表面。如图 1‐10(c)所示,Aaron Morelos‐Gomez 等基于喷涂工艺,研发了一种适合规模化、环境友好的高性能 GO/FLG(Few‐layered Graphene,少数层石墨烯)复合膜。将含有氧化石墨烯和少数层石墨烯的水溶液喷涂到 PVA 修饰的聚砜膜上,然后进行热处理和 Ca^{2+} 交联。研究表明,PVA 界面吸附层对于提高薄膜的力学性能起到决定性作用。

1.2.4 刮涂法

刮涂法是采用刮刀手工或自动涂膜的一种大规模、连续化的工业化液相成膜方法。刮膜所需的 GO 溶液非常浓稠。Abozar 等提供了一种简单高效的制备 GO 碟状向列型液晶浓缩液的方法,在较低浓度的 GO 溶液中引入一种高吸水高分子凝胶珠(交联的聚丙烯酸酯基共聚物),这种凝胶珠可以吸收溶液中的水分溶胀而不吸收 GO 纳米片。因此可以通过控制凝胶珠的含量和加入时间得到不同浓度的浓缩液。图 1‐11(c)即为得到的浓度为 40 mg/mL 的 GO 浓缩液。通过研究 GO 悬浮液的流变性质和界面性质,发展出简单的刮刀一步法在多孔基底上成功制备了密实的、连续的、均匀的大面积 GO 膜,如图 1‐11 所示,该方法制备的 GO 膜厚度为 65～360 nm。

1.2.5 真空抽滤法

真空抽滤法是制备 GO 膜最常用的方法。以微孔滤膜或阳极氧化铝陶瓷膜为基底,在真空抽滤装置上方加入 GO 稀溶液,装置下方通过外接的压力泵将滤瓶内部抽真空,在压差作用下,去离子水通过微孔滤膜流出,而 GO 有序沉积在微孔滤膜表面,直到溶剂被完全抽干。图 1‐12(a)是真空抽滤过程示意图。真

图 1-11 刮涂法制备 GO 膜的过程图

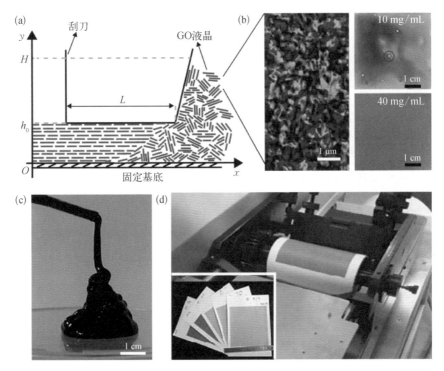

（a）刮涂成膜示意图；（b）GO 液晶偏光显微图片和不同浓度的 GO 溶液成膜后的图片；（c）浓度为 40 mg/mL 的 GO 浓缩液；（d）GO 膜实物图（面积为 13 cm×14 cm）

图 1-12

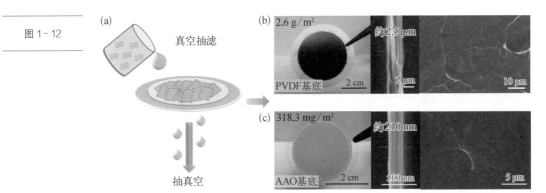

（a）真空抽滤过程示意图；（b）（c）分别以聚偏氟乙烯（PVDF）和阳极氧化铝为基底制备的微米厚度 GO 膜及其表面和侧面扫描照片

空抽滤得到的 GO 膜及其表面形貌如图 1-12(b)(c)所示，GO 膜的厚度可以通过 GO 的含量控制，GO 膜表面呈现粗糙的褶皱结构。真空抽滤法制膜快速简单可靠，但随着膜厚的增加，制备速度明显降低。

1.2.6 高压辅助沉积法

Hu 等提出了一种高压辅助沉积的方法，用于快速制备 GO 膜。如图 1-13 所示，通过一个不锈钢的高压罐，将基底膜材料在罐子底部密封，加入 GO 溶液，通过外接的氮气瓶施加压力，制备 GO 膜。与真空抽滤法不同，高压辅助沉积法是从基底膜材料上方施加压力，而且外加压力更高且可精细调控。如真空抽滤压差最高只能达到 0.1 MPa，而高压辅助沉积最高可达 6 MPa，这样有利于在更加密实的膜基底上沉积 GO 膜，如纳滤和反渗透膜。同时，高压辅助沉积的 GO 膜与基底有更强的结合力，且其制膜速度更快，能够制备更厚的 GO 膜。

图 1-13

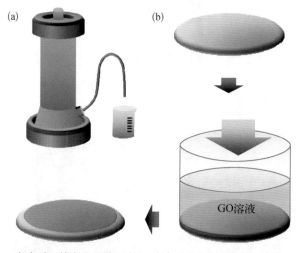

（a）高压辅助沉积设备示意图；（b）高压辅助沉积过程示意图

1.3 氧化石墨烯膜的传质特性

1.3.1 水和离子传输性质

GO 膜凭借其优异的亲水性、柔性、化学稳定性、水分散性、成膜性、可批量化生产以及力学强度等,被认为是最有希望应用于过滤与分离领域的石墨烯基薄膜。GO 膜内部 GO 片层之间的孔道可相互连通形成一个跨膜的通道,基于此传质通道的独特物化结构,GO 膜展现出许多独特而优异的传质性质。

在水传输方面,GO 膜对水分子具有超快传输的特性,如图 1 - 14 所示。Nair 等通过旋涂法制备了微米厚的氧化石墨烯膜[图 1 - 14(a)],其截面是书页状层状结构[图 1 - 14(b)],这说明在膜内部 GO 纳米片平行于膜表面层层有序堆叠。传质测试结果表明,大多数液体和所有气体(包括氦气)均无法跨膜渗透,而水蒸气则可以超快、无阻碍地传输[图 1 - 14(c)]。其原因归结为 GO 层片相互堆叠形成了纳米毛细网络通道[图 1 - 14(e)],通道内部具有高的毛细管压力,同时碳原子规整的排列结构具有超低的摩擦力,因此水蒸气可超快无阻碍传输。其他分子之所以被阻隔是因为在低湿度环境下毛细通道会可逆收缩变窄或者被水分子阻塞。Sun 等进一步证实了 GO 膜对液态水具有同样的特性,基于同位素标定法,液态水在 GO 片层间流动的扩散系数较普通纤维素微滤膜提高了 4~5 个数量级[图 1 - 14(d)]。

图 1 - 14 GO 膜对水分子的超快传输特性

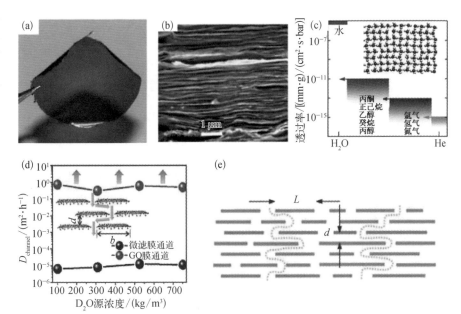

(a)微米厚的 GO 膜;(b)GO 膜的截面扫描电子显微镜图;(c)水蒸气和各种小分子透过 GO膜,插图: MD 模拟的 GO 层间距为 0.7 nm 时单层水结构的示意图;(d)液态水分别通过 GO 膜和纤维素微滤膜的扩散速率;(e)水传输通道示意图

以上研究结果为 GO 膜的液相传质奠定了基础,证明 GO 膜在水溶液的过滤与分离领域极具前景。

在离子分离方面,GO 膜具有选择离子透过性。如图 1-15 所示,Joshi 等提出了尺寸效应离子排除的离子截留机理。对 GO 膜在 U 形管中进行离子分离实验[图 1-15(a)],实验结果表明,GO 膜在干态下层状结构紧密堆叠,浸入水中后,可以充当离子筛,水合半径大于 0.45 nm 的溶质分子及离子均无法渗透[图 1-15(b)]。这种效应归因于在水环境中,氧化石墨烯膜中纳米毛细管网络被打开并且只允许适合纳米毛细管尺寸的溶质分子进行横跨膜输运,而氧化石墨烯膜在润湿状态下的 X 射线衍射(X-Ray Diffraction,XRD)结果表明 GO 纳米层片间的片层间距在 0.9 nm 左右。

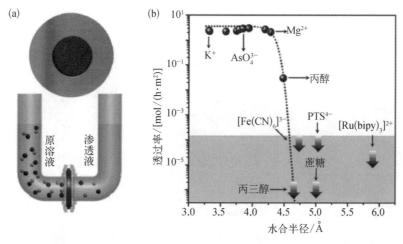

图 1-15 GO 膜的选择离子透过性

(a)GO 膜覆盖在铜箔中心直径为 1 cm 的圆孔表面的照片和离子渗透实验装置示意图;(b)不同离子和分子的透过率与水合半径的关系,灰色区域代表实验持续 10 d 仍未被检测到的溶质,紫色箭头代表检测下限

Sun 等提出了 GO 膜与离子通过化学相互作用调控的离子截留机理。如图 1-16 所示,通过系统研究 GO 膜对不同阳离子的渗透行为,揭示了不同金属离子与 GO 膜中各种含氧官能团及 sp^2 杂化团簇的相互作用的差别:碱金属及碱土金属阳离子倾向于通过"阳离子-π"相互作用与 sp^2 杂化团簇结合[图 1-16 (a)～(c)],而过渡金属阳离子则倾向于通过配位作用与 sp^3 C—O 基体键合[图

图 1-16 GO 膜与离子通过化学相互作用调控的离子截留机理示意图

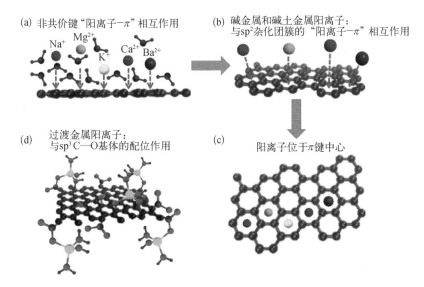

(a) 非共价键"阳离子-π"相互作用

(b) 碱金属和碱土金属阳离子：与sp²杂化团簇的"阳离子-π"相互作用

(d) 过渡金属阳离子：与sp³ C—O基体的配位作用

(c) 阳离子位于π键中心

（a）~（c）碱金属和碱土金属阳离子通过"阳离子-π"相互作用与 sp² 杂化团簇结合；（d）过渡金属阳离子通过配位作用与 sp³ C—O 基体键合

1-16(d)]。

基于此,可以通过对 GO 进行不同的官能化处理,如羟基化、羧基化和氨基化等,赋予 GO 不同的电荷特性,进而实现 GO 膜对不同金属阳离子的有效选择性分离。

1.3.2　传质机理

R. R. Nair 等的研究结果表明,GO 膜对水蒸气具有超高的渗透率,与无滑移黏性流体预测的结果相比,增强因子约达到 10^7。这种超快的水传质性质归因于 GO 片层中石墨烯区域构成的通道内的超润滑特性,可高度减小水的传输阻力,同时超高的毛细压力也是水传输的额外驱动力。B. Radha 等搭建了可原子尺度精细调控的石墨烯纳米通道,实验和分子动力学模拟结果表明,水分子在石墨烯纳米通道中表现出超快的水传输速率,可达到 1 m/s。这主要归因于在极窄的纳米通道内,毛细压力高达 1 000 bar,同时水分子呈现更有序的结构,产生更长的滑移长度。此结果表明纳米尺度下固液界面相互作用对液体流动行为有决定性影响,纳米尺度下流体表现出与宏观尺度下截然不同的尺寸效应。

与 R. R. Nair 等将 GO 膜内的超快水渗透归因于原子级光滑的石墨表面构成的二维纳米流道不同,Ning Wei 等通过分子动力学模拟分析,认为水分子在石墨烯通道内传输时会受到两侧氧化区域的永久侧面钉扎作用,水分子和氧化区域的氢键会显著降低水传输的速率,从而削弱纳米限域效应的影响,增强因子只有 1~10。因此,将 GO 膜内水分子的超快渗透归因于有限的边界滑移作用和起主要作用的 GO 膜的多孔微结构(如增大的层间距、褶皱处的宽通道、本征孔洞缺陷和层片边缘的空隙等)。图 1-17 分析和讨论了几种类型的水传质通道,以展示一个完整的渗透机理。石墨烯片之间的水流经历了显著的边界滑移,因此速度分布是平坦的。GO 片之间水流速度减小,滑移长度短得多。在宽度分别为 W_G 和 W_O 的原始通道和氧化石墨烯区域组成的通道内,边缘钉扎效应会显著阻碍原始通道内的超快水流动。

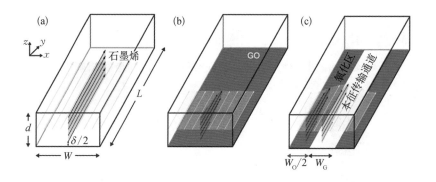

图 1-17 石墨烯和氧化石墨烯膜的水流模型示意图

Boukhvalov 等通过第一性原理计算解释了 GO 膜内水传输的异常行为。如图 1-18 所示,无论是在较小的 GO 层间距中冰层通过羟基封端的 GO 边缘迁移的单层冰情况,还是在较大的 GO 层间距中顶层冰的滑动迁移的双层冰情况,都会造成能垒的增加。相比之下,对于双层冰情况,随着水分子渗透到下一个中间层进一步破坏冰层,在那里它们形成另一个双层冰,这在能量上是最有利的。由于 GO 膜在水中的溶胀作用,扩大的层间距有利于双层冰的形成。因此,从模拟结果推断出在 GO 片层之间形成双层冰和在流动边缘处冰的融化转变是造成水分子快速集体输运的主要机制。

　　　　　　　　　　　　　　　　　　　石墨烯膜材料与环保应用

图 1 - 18　能量损
耗和最优原子结构

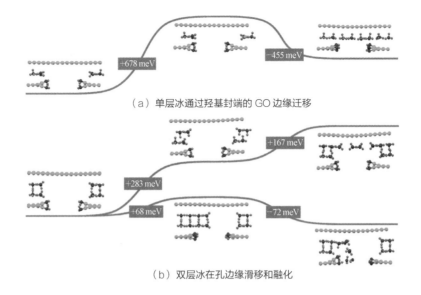

（a）单层冰通过羟基封端的 GO 边缘迁移

（b）双层冰在孔边缘滑移和融化

　　Shuping Jiao 等认为，在高湿度或完全水合的条件下，GO 膜层间可能被水填满，压力驱动流机理可适用于这样的互穿网络结构。然而当气态或液态水在部分水合的 GO 膜内传输时，GO 膜的层间距远小于气体分子在大气环境中的平均自由程，插层水分子之间的静水压力不能传递，因此无法形成穿透的流体网络，水分子的渗透将主要通过集体扩散而不是对流。通过分子动力学模拟探究了石墨烯和氧化石墨烯层间有限尺寸的水团簇的分子结构和集体扩散情况，如图 1 - 19 所示，结果表明非连续的层间水分子的非连续集体扩散可以解释水的超快传输。

　　综上所述，这些膜的微结构和水分子的传质通道还没有研究清楚。一种假设是水流沿着氧化石墨烯片堆叠构成的二维通道曲折地到达片层边缘进而层层渗透，如图 1 - 20 所示。在这种情况下，为了解释水分子的超快传输，这条传质通道被认为是由 GO 片层中光滑的、疏水的、无氧化的石墨烯区域互相连接形成的接近无摩擦的纳米网络。然而这种二维通道的假设一直存在争议。高分辨透射结果表明 GO 样品中未氧化的石墨区是孤立存在的，而且仅占总面积的 16%。拉曼光谱也证实如此。因此，GO 膜中不可能存在互相连通的石墨烯区域构成的传质网络。即使真的存在这样的疏水通道，MD 模拟结果也表明水流将会受到含氧官能团的钉扎效应的影响而减慢，在这里水采用了类块体的结构。考虑到

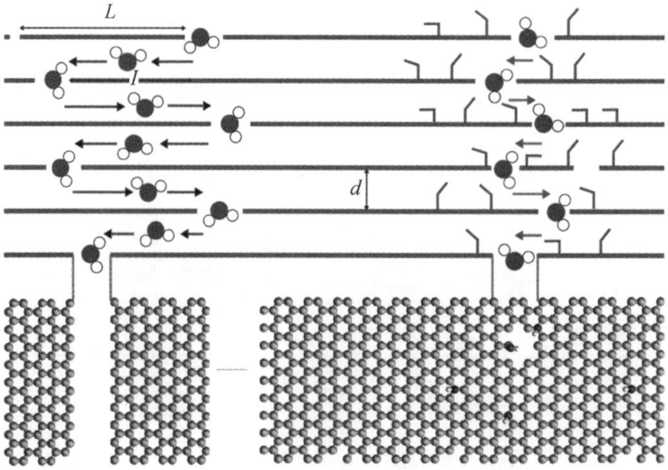

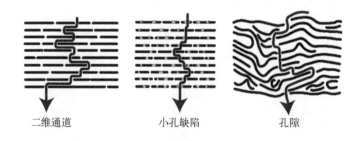

图 1－19　水蒸气通过石墨烯和氧化石墨烯膜的扩散传输示意图

二维传质通道存在的种种不自洽和争议性，一些非理想的假设被提出。其中比较有影响力的有两种，一种是 GO 片层内部的小孔缺陷，另一种是 GO 片层不完美的有序堆叠，如图 1－20 所示。第一种假设认为 GO 片层中的小孔缺陷可以提供一个跨膜传输的路径。当小孔缺陷足够多时，GO 片层中的横向传输可以避免，水流可以通过一个更短的垂直路线渗透。高分辨透射电镜观察到了纳米尺度的孔状缺陷孤立地分布在 GO 片层中，从而支持了这种假设。第二种假设认为 GO 片层不完美的有序堆叠可以提供一个跨膜传输的路径。在现有的压力或真空辅助沉积方法下 GO 片层完美的堆叠是不可能实现的，GO 膜会产生一定的无序微结构、孔隙缺陷和褶皱。

图 1－20　GO 膜可能的水传质机理示意图

二维通道　　　　小孔缺陷　　　　孔隙

近期，来自威斯康星大学的 Vivek Saraswat 等深入研究了水流在 GO 膜内部的传质机理，合成了片层尺寸具有显著差异而化学组成相似的 GO 片层，然后制备了不同厚度的 GO 膜测试了水透过速率。研究结果表明，虽然 GO 的片层大小差异因子高达 100,但是水流通量的差异因子只有 1.45～2.5。使用一个互相连通的纳米通道网络模型模拟了水在 GO 片层间的流动。结果表明,只有当在 GO 片层中引入小孔缺陷从而允许跨层流动时,实验中得到的结论,即随着 GO 片层尺寸的变化水流通量几乎不变,才可以重复出来。或者也可以说,水流的跨层传输是 GO 存在无序堆叠和孔隙的结果。否则,如果不存在这些非理想情况,水流需要先横向通过整个 GO 片层,那么片层大小的差异会导致水流速度产生很大的差异。模拟结果表明,如果不存在这些小孔缺陷和孔隙,水渗透量的差异因子至少在 100,明显高于实验中观察到的结果。因此,实验和模拟一致说明 GO 膜中水流传输的主要通道是 GO 内的小孔缺陷和不完美有序堆叠形成的孔隙,而不是迂回曲折的二维纳米网络。最后,通过对比水在 GO 膜和溶液中的红外光谱,证实水在 GO 膜中经历和块体中相同的静电环境。实验和模拟结果对水在 GO 膜内部的传输机制和存在性质提供了深入的见解。这些认识可以指导设计具有更高的透过和选择性能的新型 GO 膜。

1.3.3 水环境中的稳定性

氧化石墨烯在水过滤与分离领域应用的一个先决条件是在水环境中具有优良的稳定性,即在水溶液中能够保持完整性而不发生解离。然而,氧化石墨烯是石墨氧化剥离的产物,由于其表面丰富的含氧官能团在水溶液中的离子化使其具有很好的水溶液分散性。此外,氧化石墨烯在水溶液中水合后带负电荷,氧化石墨烯片彼此间的静电斥力会大于范德瓦尔斯力或氢键作用使氧化石墨烯片分离,从而使 GO 膜破碎。目前有的研究结果表明,氧化石墨烯有序堆叠形成的膜材料具有很高的力学强度,在水溶液中具有优异的稳定性。还有一些研究结果与之相悖,发现 GO 膜在水溶液中会发生解离。

Che-Ning Yeh 等深入研究了 GO 膜是否可在水溶液中稳定存在及其机理。如图 1-21 所示,分别以阳极氧化铝(Anodized Aluminum Oxide,AAO)和高分子微孔滤膜,如聚四氟乙烯(Teflon)为基底抽滤得到 18～20 mm 厚的 GO 膜。由于 AAO 比 Teflon 表面光滑,制备得到的 GO(AAO)膜从外观上也比 GO

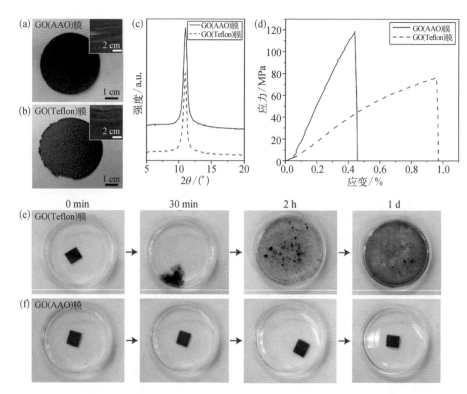

图 1-21 分别以 AAO 和 Teflon 为基底抽滤制备的 GO 膜具有相似的微结构和截然不同的力学性能及水溶液中的稳定性

（a）（b）GO（AAO）膜和 GO（Teflon）膜的实物照片，插图是对应的截面扫描电镜图；（c）两种 GO 膜的 XRD 结果；（d）两种 GO 膜的静态拉伸应力应变曲线；（e）（f）两种 GO 膜在纯水中不同放置时间的对比图

（Teflon）膜平滑得多。不过扫描电子显微镜（Scanning Electron Microscope，SEM）和 XRD 结果表明这两种 GO 膜的片层有序度没有差别。虽然两种 GO 膜具有相似的微结构，然而其力学性能和在水溶液中的稳定性却截然不同。GO（AAO）膜的弹性模量（26.2 GPa ± 4.6 GPa）较 GO（Teflon）膜的弹性模量（7.6 GPa ± 1.1 GPa）提高了 340%。此外，GO（Teflon）膜在水溶液中会立即分解，一天后完全溶解，而 GO（AAO）膜则可以在水溶液中保持完整。通过实验分析和验证，GO（AAO）膜在水环境中优异的稳定性源于在抽滤过程中 AAO 基底在酸性溶液中发生刻蚀，释放出的 Al^{3+} 可以有效交联 GO 片层从而强化最终的 GO 膜。

虽然多价阳离子，如 Al^{3+}，作为交联剂可以提高 GO 膜在水溶液中的稳定性，但是膜在酸性或碱性溶液中依然容易被破坏。中国科学院金属研究所的

Khalid 等利用单宁酸（Tannic Acid，TA）和茶氨酸（Theanine，TH）作为还原剂和交联剂制备了 rGO‑TA 膜和 rGO‑TH 膜并测试了其在不同 pH 水溶液中的稳定性。如图 1‑22 所示，GO 膜、rGO‑TA 膜和 rGO‑TH 膜的接触角分别为54°、26°和73°。rGO‑TA 膜和 rGO‑TH 膜的平衡溶胀比（Equilibrium Swelling Ratio，ESR，约 1.3 和约 1.8）明显低于 GO 膜的（ESR，约 2.2），这表明改性的 GO

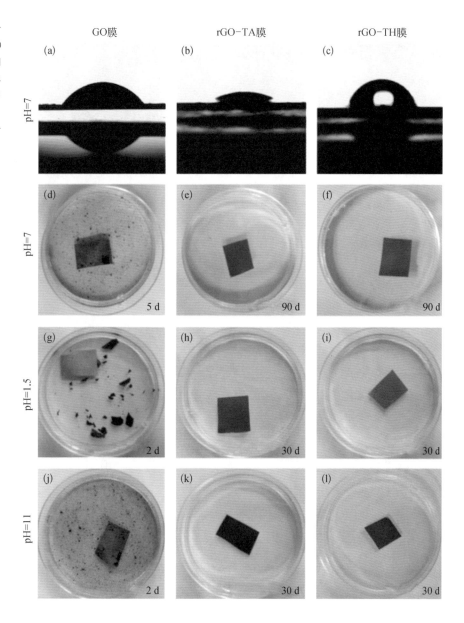

图 1 ‑ 22 GO 膜、rGO‑TA 膜和 rGO‑TH 膜的亲水性和在不同溶液中的长期稳定性

膜在水溶液中的溶胀被有效抑制。对这三种 GO 膜在不同溶液中的长期稳定性进行表征,GO 膜在纯水中 5 d 后发生解离。而 rGO‐TA 膜和 rGO‐TH 膜在 90 d 后仍保持稳定的初始结构。而且,GO 膜在酸性(pH = 1.5)和碱性(pH = 11)溶液中 2 d 后就发生破坏,而 rGO‐TA 膜和 rGO‐TH 膜可以保持 30 d 的稳定,这对 GO 膜或改性的 GO 膜是前所未有的。

1.4　氧化石墨烯膜孔结构的调控

GO 膜已经被证实在液体分离领域具有很大的应用潜力。在层状结构的 GO 膜中,水分子和能进入纳米通道的小分子通过互相连通的二维通道进行超快渗透,而尺寸大于通道孔径的分子被有效阻挡,从而实现水溶剂快速渗透和选择性分子分离。通过调节 GO 膜的孔结构,如尺寸大小和排列方向等,可精细地调控其对不同靶向分子的分离效果,如图 1‐23 所示。Mi 等提出可通过在 GO 层间插入不同尺寸的分子扩大膜的层间距,从而提高通量;或者通过还原或小尺寸分子交联降低层间距至小于 0.7 nm,从而实现脱盐。

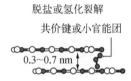 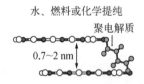 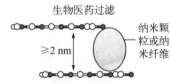

脱盐或氢化裂解　　　水、燃料或化学提纯　　　生物医药过滤

图 1‐23　通过调控 GO 膜的纳米通道尺寸实现不同分离应用

此外,GO 膜在水里易发生溶胀,GO 膜干态和湿态的层间距分别约是 0.34 nm 和 0.8 nm。GO 膜表面的含氧官能团产生的空间位阻是层间距增大的一个主要原因。溶胀不仅会降低膜分离性能,而且会减弱膜的力学稳定性。因此提高 GO 膜孔结构的稳定性也是一个研究热点。目前 GO 膜孔结构调控的研究工作有很多,根据调控方式可分为交联、还原、控制测试条件、成膜工艺、提供外界刺激如电控和其他的方法如物理限域等。

　　　　　　　　　石墨烯膜材料与环保应用

1.4.1 交联

GO 膜对水蒸气和液态水都有超快传输的特性，可以通过调整 GO 片层间距和功能化官能团实现粒子的选择性渗透。然而目前 GO 膜作为水处理膜还具有很大挑战。首先，GO 膜的脱盐率很低，只有 20%～40%；其次，GO 膜在水溶液中容易溶胀。因此，改性和调控 GO 膜的物理化学性质和结构对改善其脱盐性能具有很大的意义。

Meng 等通过在聚多巴胺涂覆的聚砜支撑层上用均苯三甲酰氯（TMC）交联层层沉积 GO 纳米片制备了可以用于粒子溶质过滤的 GO 基水处理膜。合成 GO 膜有三个主要步骤，如图 1-24 所示。首先，在聚砜表层创造 GO 连接的活性功能位点，这一步可以通过涂覆聚多巴胺涂层，然后接枝 TMC 实现；其次，将 GO 纳米片黏附到聚多巴胺-TMC 处理的聚砜表面，这一步可以通过浸蘸 GO 溶液使 GO 表面官能团和 TMC 酰氯基团反应实现；最后，TMC 和 GO 交替浸渍以实现 GO 膜的厚度调控。

图 1-24 层层沉积的 GO 纳米片水传输示意图

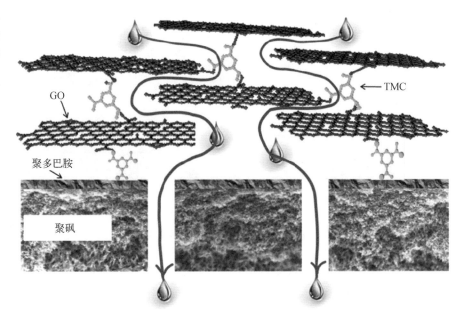

GO

TMC

聚多巴胺

聚砜

TMC 交联可以使堆叠的 GO 纳米片更加稳定,同时也可以精细调控 GO 纳米片的电荷、官能团和片间距。经测试,此种方法制备的 GO-聚砜复合薄膜的水通量达到 276 L/(m² · h · MPa),较商用超滤薄膜提高了 10 倍,对单价和双价盐溶液表现出较低的截留率(6%~46%),对罗丹明染料则表现出很高的截留率(93%~95%)。

来自阿克伦大学的 Han 等(Han,2018)通过在 GO 表面接枝草酸(Oxalic Acid,OA)使 GO 片更倾向于面面衔接。随后,GO 片层之间再用乙二胺(Ethylene Diamine,EDA)交联,使 GO 膜更有序紧密地堆叠,同时减弱 GO 膜表面褶皱(图 1-25)。同时,该 GO 膜通过高压抽滤的方法沉积在聚多巴胺改性的聚醚砜(Polyethersulfone,PES)多孔支撑层上,使 GO 膜的有序度更好。GO 膜的厚度可以通过调控 GO 的含量控制在 100~400 nm,层间距小于 1 nm。最终优化得到的 OAGO/EDA 膜表现出优异的 H_2/CO_2 透过选择性,分离因子达到 16.14,H_2 的透过量是 1.362×10^{-8} mol/(m² · s · Pa)。该 OAGO/EDA 膜同时具有优异的液体分离性能,对甲基蓝的脱除效率可达到 99.9%,对 Na^+、K^+、Mg^{2+}、Cl^-、SO_4^{2-} 的脱盐率都在98.1% 以上。

Li 等(Li,2018)报道了一种新的聚酰胺(Polyamide,PA)交联的 GO 膜合成方法,其可充分利用 GO 和 PA 的优异特性降低对支撑层的依赖。如图 1-26 所

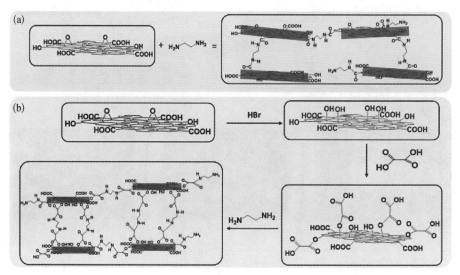

图 1-25 制备 GO/EDA 和 OAGO/EDA 膜的化学反应过程

示,与直接在支撑层上水平沉积 GO 纳米片不同,其采用间苯二甲胺(MXDA)使 GO 纳米片团聚,同时 MXDA 会将 GO 纳米片彼此之间相互交联从而形成稳定的 GO 团聚体。然后将 GO 团聚体沉积在支撑层上,因此一部分 GO 纳米片将是垂直倾斜地排列,形成更短更直接的传输通道。接下来,再将沉积有 MXDA/GO 的支撑层与 TMC 接触反应,TMC 与 MXDA 反应形成 PA 将 GO 团聚体彼此交联起来,同时填补它们之间较大的孔洞间隙。值得注意的是,为了稳定负电荷的 GO 团聚体,PES 支撑层用正电荷的 PAH 进行预处理,以便提高 GO 层与集体的黏附力。为了促进 GO 团聚体之间的充分交联,对膜进行一定的热处理,因为缩聚反应形成聚酰胺的过程需要 60℃ 以上的高温。GO 纳米片之间的交联和 GO 团聚体的交联可通过一系列的表征如 SEM、X 射线光电子能谱法(X-ray Photoelectron Spectroscopy,XPS)和接触角测试等证实。分别用柠檬酸三钠(TSC)、硫酸钠和氯化镁作为汲取溶质,将 PA‐GO 膜的 FO 性能与

图 1‐26 PA 交联的 GO 膜的制备过程示意图

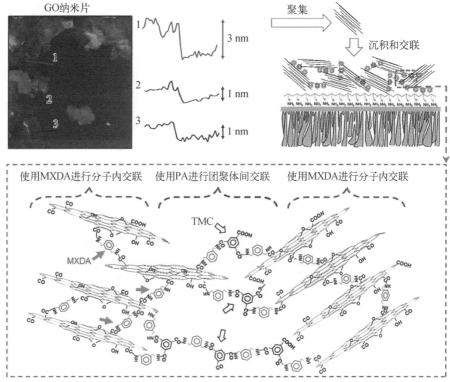

商业的 FO 膜进行比较：在相同的渗透压下，以 TSC 作为汲取溶质，PA－GO 膜的水通量最高，硫酸钠适中，氯化镁几乎没有通量。而溶质通量的顺序则相反。这说明有效的溶质屏障层在制造具有高水通量和低溶质通量的 FO 膜中起着重要作用。

来自上海大学和上海应用物理研究所的 Chen Liang 等通过实验观察和理论模拟证明海水和锂离子电解液中的常用离子（K⁺、Na⁺、Ca²⁺、Li⁺、Mg²⁺）可以在0.1 nm精度范围内有效调控 GO 膜的层间距（图 1－27）。首先，用溶液滴加法制备自支撑的 GO 膜。将其分别在相同浓度的各种离子溶液（KCl、NaCl、CaCl₂、LiCl、MgCl₂）里浸泡 1 h。然后，将已经吸附饱和的 GO 膜捞出后用 XRD 分析其层间距。实验结果表明，GO 膜在纯水、KCl、NaCl、CaCl₂、LiCl、MgCl₂ 溶液中浸泡后的层间距分别是 1.28 nm、1.14 nm、1.21 nm、1.29 nm、

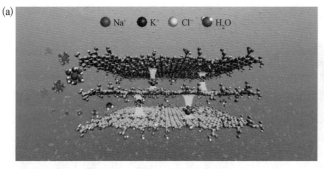

图 1－27　阳离子调控的自支撑的氧化石墨烯膜的层间距

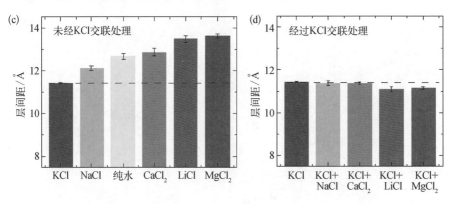

（a）K⁺ 固定 GO 膜层间距的示意图；（b）GO 膜的实物图；（c）GO 膜在纯水和其他 0.25 mol/L 盐溶液中的层间距；（d）GO 膜先在 KCl 溶液中浸泡，然后在其他盐溶液中浸泡时的层间距

1.35 nm 和 1.36 nm。因此,层间距由大到小的调控顺序分别是 MgCl$_2$ >
LiCl > CaCl$_2$ > 纯水 > NaCl > KCl。其中,KCl 调控后的层间距(1.14 nm)比
文献中报道的最小值(1.3 nm)还要低。

此外,分析了 GO 膜对各种离子溶液的吸附性能。将浸泡后的 GO 膜通过离
心除去表面溶液,称得 GO 膜对 KCl、NaCl、CaCl$_2$、LiCl、MgCl$_2$ 溶液的湿重分别
是原膜的 2.4 倍、3.6 倍、3.0 倍、3.6 倍、3.1 倍。将这些湿膜在烘箱中烘干,再分
别测其干重。结果表明,用 NaCl、CaCl$_2$、LiCl、MgCl$_2$ 溶液处理后的 GO 膜干膜
质量都有所增加,说明盐分进入了膜内部。然而,KCl 溶液处理后的 GO 膜干膜
质量与原 GO 膜相比几乎没有变化。这说明 GO 膜内部的盐离子非常少,KCl 溶
液处理后的 GO 膜可以阻止 K$^+$ 再进入膜内部。

因为 KCl 可以调控 GO 膜保持最小的层间距,因此将 GO 膜先在 KCl 溶液
中浸泡,然后加入其他离子,再通过 XRD 分析 GO 膜层间距的变化。结果表明,
对 KCl + M 溶液(M = NaCl、CaCl$_2$、LiCl、MgCl$_2$),GO 膜的层间距分别是
1.14 nm、1.14 nm、1.12 nm、1.12 nm,如图 1 - 27(d)所示。而且,这些层间距可以
稳定保持超过 140 h。这些结果表明,K$^+$ 可以有效稳定地调控 GO 膜层间距固定
在 1.1 nm,同时可以阻止其他离子(包括 K$^+$ 本身)再进入膜内。

为了进一步证明阳离子对 GO 膜层间距有效精确的调控效应,通过真空抽
滤在 Al$_2$O$_3$ 基底上制备了 GO 膜用于离子透过实验测试。测试结果表明,未处理
的 GO 膜对 Na$^+$、Ca^{2+}、Mg^{2+} 的透过速率分别是 0.19 mol/(m^2 · h)、0.019 mol/
(m^2 · h)、0.025 mol/(m^2 · h)。KCl 溶液处理后的 GO 膜对 Na$^+$、Ca^{2+}、Mg^{2+} 的
透过量则已经低于检测极限,这说明其离子脱盐率可达到 99%(这里的离子脱盐
率指的是离子透过速率的比值)。与此同时,水分子仍可通过 KCl 处理后的 GO
膜,其透过速率为 0.1 L/(m^2 · h)。

模拟结果表明,阳离子最容易稳定吸附在氧化和苯环共存的位置。阳离子对
GO 膜层间距的固定作用主要是因为水合阳离子与苯环和氧化区域的相互作用。
然而,只有对于 K$^+$ 来说,水合离子和 GO 的相互作用能与阳离子的水合能是相当
的。这意味着当水合钾离子进入 GO 层片之间后水合钾离子的结构是不稳定的,
从而使水合钾离子不能透过 KCl 处理后的 GO 膜。这些研究结果促进了 GO 膜在

水脱盐、气体纯化、锂离子电池、超级电容器和分子分离等领域更进一步的应用。

1.4.2 还原

Yang 等(Yang,2018)研究了还原程度对 GO 膜渗透性的影响。通过控制氢碘酸的处理时间来控制 GO 膜的还原程度。从宏观上来看,随着氢碘酸处理时间分别增加到 0.5 min、1 min、2 min、3 min 和 5 min,GO 膜的颜色由黄色逐渐变成深棕色进而到黑色。接触角的测试结果(图 1-28)表明,随着 HI 蒸气处理时间延长,膜的亲水性降低,接触角由约 30°上升到约 70°。此外,GO 膜的厚度和表面粗糙度都逐渐降低,这是纳米通道的收缩和含氧官能团的移除所造成的。XRD 结果(图1-29)表明,还原会使 GO 膜的层间距从 1.15 nm 显著降低至0.37 nm,同时减弱膜在湿态下的溶胀情况。HI 蒸气处理 2 min 时,rGO 膜会在22.3°处出现一个新的宽峰,当处理时间达到 5 min 时,峰位略微移动到 24°,同时峰宽变窄。通过一个 H 形的扩散膜池测试膜的离子传输性能,一侧装去离子水,另一侧装氯化钠盐溶液。测试结果表明随着还原程度的增加,离子渗透速率显著降低,这主要是由传质通道变窄引起的。通过压力,过滤装置对膜的纯水通量和脱盐率进行评估(图1-30),结果表明初始的 GO 膜通量大约为 11 L/(m² · h · bar),HI 蒸气处理5 min 的 GO 膜通量降低至 1 L/(m² · h · bar)。氯化钠的脱盐率则从 28.6% 提高到 56.9%。以上实验结果表明,可以通过控制 GO 膜的还原程度

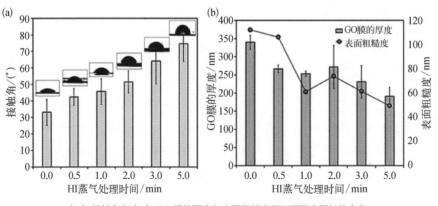

（a）接触角和（b）GO 膜的厚度与表面粗糙度随还原程度增加的变化

图 1-28 HI 蒸气处理时间对膜亲水性和结构的影响

石墨烯膜材料与环保应用

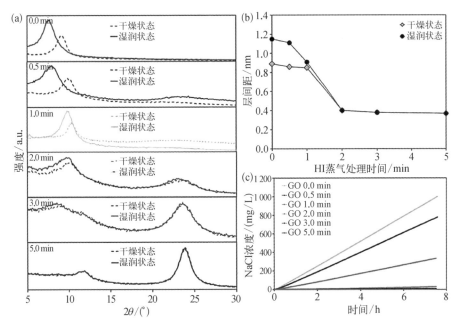

图 1-29 GO 膜层间距以及离子透过性能随还原程度的变化

（a）GO 膜在干、湿态下的 XRD 图谱；（b）从 XRD 结果计算得到的不同 HI 蒸气处理时间下 GO 膜的层间距；（c）扩散膜池测得的不同 GO 膜的盐离子渗透性能

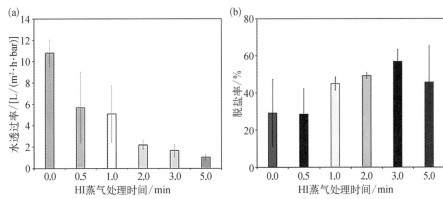

图 1-30 不同还原程度的 GO 膜的纯水通量和氯化钠脱盐率

有效调控膜的透过性和分离性能。

　　Qiu 等（Qiu，2011）的研究结果表明可以通过控制还原温度调控膜的水透过性，温度越高，石墨烯片具有更多的褶皱，从而增大传质通道的孔径，提高通量。他们采用 CCG 为原料通过真空抽滤制备石墨烯膜。如图 1-31 所示，CCG 纳米片由于热扰动在溶液中呈现褶皱的形貌。将这些纳米片相互堆叠成膜后，这些

褶皱会构成连通的水通道，允许液体渗透。随着 CCG 分散液水热处理温度的升高，膜的水透过速率显著提高。对乙醇和甲苯的测试结果也呈现此趋势。AFM和 SEM 表征结果表明，CCG 膜的表面褶皱程度随水热处理温度的升高而提高。通过纳米金和铂颗粒悬浮液的过滤实验间接推测膜的层间距，直径为 13 nm 的Au 颗粒只能通过 150℃‑CCG，而直径为 3 nm 的 Pt 颗粒只能被 90℃‑CCG 拦截，这说明随着水热处理温度的升高，膜的纳米尺寸从小于 3 nm 扩大到大于13 nm。不过值得注意的是，为了更好地保持 CCG 膜的褶皱，石墨烯膜在测试之前没有进行干燥，抽滤成膜后立即进行水透过的测试。

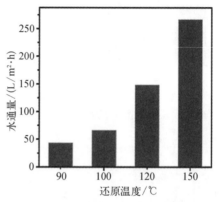

（a）褶皱 CCG 膜的水传输通道示意图　　　（b）CCG 膜在不同还原温度下的水通量

与上述湿态的具有褶皱传质通道的 CCG 膜不同，Han 等制备的干态超薄的表面平滑的石墨烯膜可用于高效的纳滤应用。通常来说，CCG 是通过化学还原或热还原 GO 制备得到的。在这项研究中，通过使 GO 在碱液中回流制备还原的GO（base‑refluxing reduced GO，brGO）。此方法可除去 GO 表面的氧化碎片，得到更纯净的 rGO。brGO 表面残留的含氧官能团分布在石墨烯片边缘和孔缺陷周围，如图 1‑32 所示。由于还原作用在 rGO 表面形成的本征孔缺陷有利于水分子更快地传输。XRD 结果表明，brGO 在 12.6°和 24.1°有两个衍射峰，而化学还原或热还原的 GO 只在 24.1°有一个衍射峰，这说明 brGO 表面仍残留一定量的含氧官能团，因此 brGO 可以在水溶液中具有很好的分散性。得益于其单层的水分散性，扫描结果表明制备得到的石墨烯薄膜呈现紧密有序堆叠的层状结构,膜表面比较光滑和平坦,膜的厚度只有 22～53 nm。通过死端过滤设备对超薄石墨烯纳滤膜(ultrathin Graphene Nanofiltration Membranes,uGNMs)的过滤性能进行测试(表 1－1),结果表明其纯水通量可高达21.8 L/(m² · h · bar),对有机染料的脱除效率达到 99%以上,对各种盐离子的脱盐率在 20%～60%。此外,对分离机理进行了研究,物理尺寸筛分和静电相互作用是实现分子分离的主要原因。

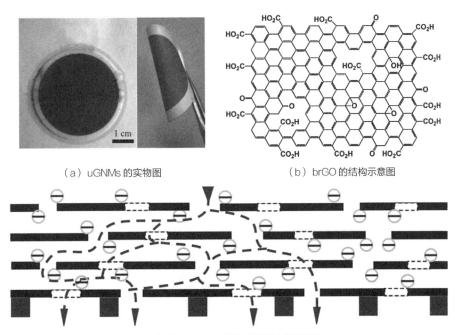

图 1－32 uGNMs 的结构和水传输水渗透路线

(a) uGNMs 的实物图 　　　　　(b) brGO 的结构示意图

(c) uGNMs 可能的水渗透途径示意图

表 1－1 不同厚度的 uGNMs 对不同染料分子的脱除效率

brGO 负载量/(mg · m⁻²)	厚度/nm	纯水通量/(L · m⁻² · h⁻¹ · bar⁻¹)	MB[a]			DR 81[a]		
			截留率/%	(J/J₀)/%[b]	c/c₀[c]	截留率/%	(J/J₀)/%[b]	c/c₀[c]
14.1[d]	22	21.81	99.2	90.0	1.27	99.9	89.6	1.31
17.0[e]	26	12.62	99.7	91.1	1.30	99.8	89.7	1.33
21.2[e]	33	5.00	99.7	89.4	1.32	99.9	87.2	1.33
28.3[e]	44	4.37	99.6	90.4	1.33	99.9	95.8	1.34
34.0[e]	53	3.26	99.8	95.0	1.36	99.9	95.6	1.35

a 是指 MB 和 DR 81 两种染料原溶液的浓度为 0.02 mmol/L;b 是指膜在染料溶液中的水通量 J 和膜在纯水中的水通量 J_0 的比值;c 是指当滤液体积为 10 mL 时,原溶液的浓度 c 和初始原溶液的浓度 c_0 的比值;d 是指测试压力为 1 bar;e 是指测试压力为 5 bar。

来自中国科学院金属研究所的 Khalid 等利用单宁酸和茶氨酸作为还原剂和交联剂制备了可扩大层间距的 rGO 膜。这些膜表现出超高的水通量和优异的分离效率（图 1-33）。例如，rGO-TH 膜的水透过速率可达到 1×10^4 L/$(m^2 \cdot h \cdot bar)$，比之前报道的 GO 膜和商用的纳滤膜高了 10~1 000 倍。同时，rGO-TH 膜对罗丹明 B(Rhodamine B,RB)和亚甲蓝(Methylene Blue,MLB)的脱除效率接近 100%。而且，这些膜在纯水、酸性和碱性溶液中可稳定保持数月不分层。此外，还提出了一种绿色的方法制备这种高稳定高通量的 GO 纳滤膜，即使用同时包含 TA 和 TH 的绿茶提取物(Green Tea,GT)与 GO 混合制备 GO 纳滤膜(rGO-GT)，500 nm 厚的 rGO-GT 膜对 RB 的脱除效率接近 100%，水通量可达到 1 529 L/$(m^2 \cdot h \cdot bar)$。

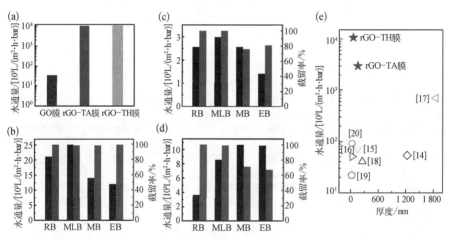

图 1-33 GO 纳滤膜的透过性和分离性能

（a）纯水通过性能；（b）~（d）有机染料（50 μmol/L）的分离性能；（e）与已报道的 GO 纳滤膜的透过性能的对比图

为什么 TA/TH 改性的 GO 膜具有如此优异的水通量、染料脱除效率和水溶液稳定性呢？因为 TA/TH 在膜结构中具有四个作用：（1）作为还原剂还原 GO 增加原始石墨区；（2）作为交联剂连接相邻 rGO 片；（3）作为间隔物扩大相邻 rGO 片之间的层间距；（4）和 rGO 片一起阻隔溶质分子通过。

这项研究成果提供了利用有机小分子设计 GO 膜的二维纳米流体通道的一般思路，同时所制备的高通量、高稳定的 GO 纳滤膜不仅具有很大的潜力用于水处理,也为限域在纳米空间层之间的湿态化学反应研究开辟了新的可能性。

1.4.3　成膜工艺

美国南加州大学 Miao Yu 教授课题组探索了通过真空抽滤法制备 GO 膜过程中的加工-结构-性能之间的关系。其研究发现,通过调控抽滤速度制备得到的 GO 膜的二维通道表现出截然不同的结构(图 1-34)。当抽滤速度比较快时,GO 片层上氧化区域与邻片的非氧化区域对应,形成错配的结构 Ⅱ;当抽滤速度减慢到之前的 1/12 时,GO 片层上的氧化区域与邻片的 GO 氧化区域相对,非氧化部分与非氧化区域相对,形成完好对应的结构 Ⅰ。MD 模拟计算也证实,结构 Ⅰ在热力学上更加稳定,随着时间的推移更易组装成这样的结构。通过 XRD 表征,降低抽滤速度后,GO 片层间距发生了变化,从 0.84 nm 略微降低至 0.82 nm。两种 GO 膜的抗还原能力也不同,在相同热还原条件下,其 rGO 膜的孔径由 0.39 nm 减小至 0.35 nm 左右,碳氧比含量也有明显差异。选择渗透实验结果表明,缓慢抽滤的 GO 膜选择性更好,对己烷和 2,2-二甲基丁烷的选择性为 5.3,还原后达到 13.3,而快速抽滤的 GO 膜对应的选择性仅为 1 和 2。

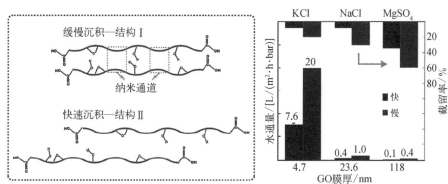

图 1-34　GO 膜可能的层间结构示意图和对不同盐溶液的过滤性能

GO 膜对水分的吸附实验说明水分优先吸附在氧化区域。不同湿度下的 GO 片的 AFM 表征进一步验证了所提出的结构 Ⅰ 和结构 Ⅱ。考虑到水的超快传输与其非氧化区域密切相关,那么缓慢抽滤形成的结构 Ⅰ 具有更畅通的传输通道,应该具备更高的水通量。通过压力驱动的纯水过滤实验,其结果验证了该猜测。缓慢抽滤的 GO 膜较快速抽滤的 GO 膜水通量提高了2.5～4倍,而且在2 h 内检测保持稳定。通过对 KCl、NaCl 和 MgSO₄溶液的过滤性能进行测试,其结果表明缓慢抽滤的 GO 膜同时表现出更高的脱盐率(1.8～4倍)。

此研究通过调控沉积速率就可以控制 GO 膜二维通道纳米结构进而同步提升其水通量和脱盐率,这种简单有效的 GO 膜组装方法使超薄高性能 GO 膜在水净化领域的应用前景更加光明。

Abozar 等通过剪切诱导 GO 液晶相取向成功制备了有望实现大规模生产的大面积 GO 膜。首先,该文提供了一种简单高效的制备 GO 碟状向列相液晶浓缩液的方法,如图 1 - 35 所示。传统的制备 GO 浓缩液的方法需要用到加热或真空设备,耗时耗能。该文在较低浓度 GO 溶液中引入一种高吸水、高分子凝胶珠(交联的聚丙烯酸酯基共聚物),这种凝胶珠可以吸收溶液中的水分溶胀而不吸收 GO 纳米片。因此可以通过控制凝胶珠的含量和加入时间得到不同浓度的浓缩液。

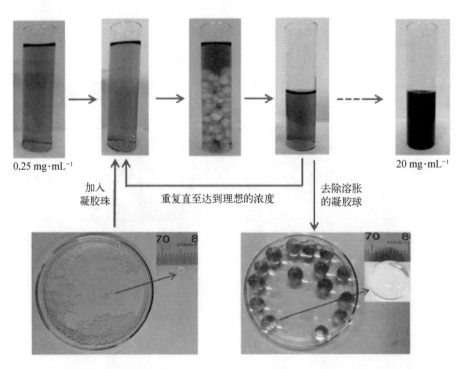

图 1 - 35 GO 浓缩液制备流程图

然后,通过研究 GO 悬浮液的流变性质和界面性质,该文发展出简单的刮刀一步法在多孔基底上成功制备了密实的、连续的、均匀的大面积 GO 膜,如图 1-36 所示。采用刮刀实现剪切取向主要是因为刮刀在大规模、连续化、高速的工业化液相薄膜制备过程中很常用。该方法制备的 GO 膜厚度为 65～360 nm。

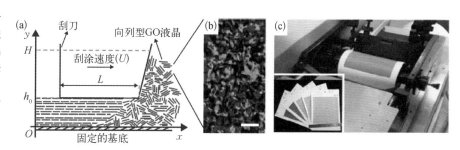

图 1-36 大面积的氧化石墨烯液晶取向膜的制备方法示意图和实物图

以厚度为 150 nm 的 GO 膜为例,该文系统地研究了 GO 液晶取向膜(SAM)的水通量、有机探针分子过滤性能、盐离子过滤性能、抗污染性能和稳定性,如图 1-37 所示。SAM 较真空抽滤的 GO 膜和商用纳滤膜水通量分别提高了 7 倍和 9 倍,且其水通量随压力的增大线性升高。SAM 对水合半径大于 0.5 nm 的有机

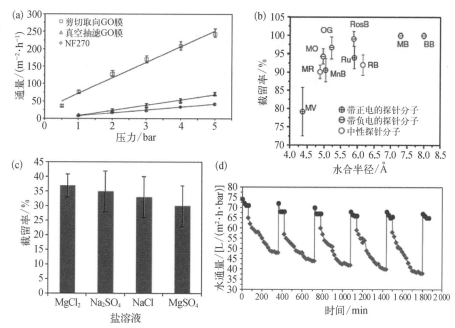

图 1-37 SAM 的过滤性能和稳定性

探针分子的截留率达到90%以上,且其对带负电的探针分子的截留率大于带正电的探针分子,支持了电荷调控的分离原理。SAM对盐离子的截留率保持在30%～40%的适中水平。在稳定性测试中,SAM经过简单的冲洗即可再利用,水通量可恢复至90%以上。

最后,该文揭示了SAM和真空抽滤GO膜中GO纳米片的堆叠有序性,如图1-38所示。偏光图显示,SAM表现出GO纳米片在薄膜平面内的高度取向性,其取向因子达到0.99(1代表完全取向,0代表随机取向)。而真空抽滤GO膜中GO纳米片取向性较差,取向因子只有0.3。高度取向的GO纳米片构成了更加规整有序的纳米网络通道,降低了水的流动阻力,从而使SAM的水通量大大提高。

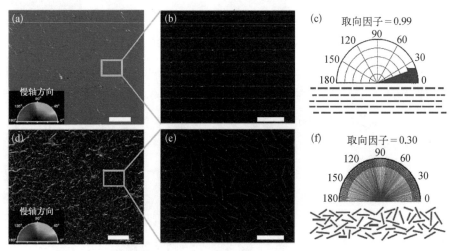

图 1-38 SAM 和真空抽滤 GO 膜的偏光图

(a) ~ (c) SAM; (d) ~ (f) 真空抽滤 GO 膜

该研究为提高GO膜过滤性能提供了新思路、新方法,同时在均匀、连续、大面积GO膜的制备方面取得了突破,推动了GO膜在低压、低污染、高通量和高截留率的水处理膜领域的应用。

1.4.4　测试条件

当GO膜用于液体过滤与分离时,对GO膜在湿态下的行为研究非常必要。

Huang 等一次发现测试条件如溶液 pH、盐浓度和测试压力可有效调控 GO 膜的孔结构从而调控其分离性能。通过真空抽滤法在聚碳酸酯基底上制备 GO 膜，GO 纳米片和 GO 膜的表征如图 1-39 所示。在 GO 膜表面可清晰地看到许多褶皱，这些褶皱是水和溶质分子的传输路径之一。此外，GO 膜的纳米通道网络还包括片层堆叠形成的二维孔隙。这些纳米通道的尺寸对 GO 片层的电荷变化非常敏感。

图 1-39 GO 纳米片和 GO 膜的表征

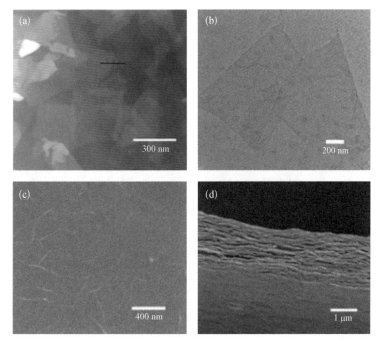

（a）沉积在硅基底上的 GO 纳米片的 AFM 图；（b）GO 纳米片的 TEM 图；GO 膜表面（c）和截面（d）的 SEM 图

如图 1-40(a)所示，水通量随着测试盐溶液浓度的升高急剧下降。这是因为当测试溶液中加入电解液后，静电双层的屏蔽效应使 GO 负电性减弱，从而 GO 片之间的静电斥力减小，GO 层片构成的纳米通道收缩变窄。静电屏蔽效应可通过 GO 在不同浓度的氯化钠溶液中的电势得到验证。溶液 pH 对 GO 膜分离性能的影响如图 1-40(b)所示，当 pH 比较小时，GO 片层间的静电斥力由于羧基的质子化而减弱，所以纳米通道孔径减小，水通量降低而对染料的截留率升高。当 pH 小于等于 2 时,GO 膜对水几乎不透。同时,当 pH 从 6 降到 2 时,溶液中离子浓度增加,屏蔽效应增强,这也是层间距收缩的一个原因。当 pH 在 6～8 时,GO 的电负性几乎不变,离子浓度很低,因此屏蔽效应也可以忽略不计,所以水通量和对染料的截留率几乎没有太大变化。当 pH 大于 9 时,离子浓度迅速增加,屏蔽效应使 GO 层间距减小,从而造成水通量的下降和脱除效率的提高。值得注意的是,虽然 pH=11 和 pH=3 时离子浓度相同(屏蔽效应相当),但 pH=11 时 GO 膜的水通量更高,这进一步说明 GO 表面的电负性也是影响 GO 层间距的一个重要因素,pH=11 时 GO 纳米片的电负性更高,静电斥力更大,因此水通量更高而脱盐率更低。

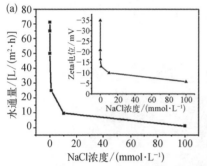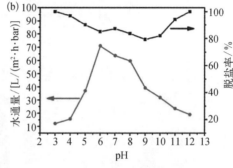

图 1-40　盐溶液浓度和 pH 对 GO 膜分离性能的影响

　　GO 膜在不同压力下的染料分离性能如图 1-41 所示。在第一次加载压力的情况下,水通量在低压范围内快速上升然后在高压下缓慢上升。染料的截留率则一直增加,在 1 MPa 下达到最高值。在高压下,GO 的褶皱通道不能继续保持而发生塌陷,导致纳米通道收缩。当压力更高时,负电的 GO 片层静电斥力增大,使层间距的进一步缩小变得困难。GO 纳米通道随压力的收缩提高了 GO 膜的分离效率。然而,纳米通道的塌陷是否会在释放压力后恢复呢?在第一次加压完成后 30 min,对 GO 膜进行第二次压力加载。第二次的水通量与压力的关系曲线与第一次的非常接近,轻微的偏差可能是由于孔道的收缩。这说明纳米通道的变形在 30 min 内可恢复 90%。为了验证此说法,对第二次加载压力过程的染料截留率进行分析,在 0.2 MPa 和 0.5 MPa 下分别是 89.59% 和 99.22%,较第一次的 87.10% 和 95.20% 有所提高。这进一步说明 GO 膜纳米传输通道通过

图 1 - 41　压力对
GO 膜分离性能的
影响

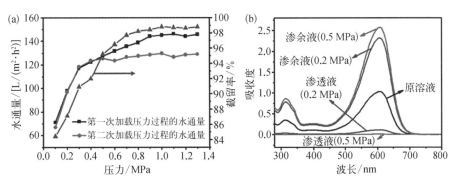

（a）GO 膜对伊文思蓝（Evans Blue，EB）的分离性能随压力的变化，其中染料截留率是在第一次
加载压力过程中记录的；（b）第二次加载压力过程在不同压力下 GO 膜过滤的 EB 溶液的 UV - Vis 光谱

加压卸压是弹性的、可恢复的。

　　Baoxia Mi 课题组（Yoontaek，2017）也系统地研究了在不同 pH 下 GO 膜
过滤离子和有机分子的性能和机理。在反渗透膜系统下分别测试了 GO 膜
对典型的单价离子（Na^+、Cl^-）、多价离子（SO_4^{2-}、Mg^{2+}）、有机染料（甲基蓝、
罗丹明 WT）和药物以及日用护肤产品中的杀菌剂（三氯生、三氯卡班）的分
离性能。其研究结果表明，在 pH = 7 的中性环境下，GO 膜对二价阳/阴离子
和所有测试的有机分子都有较高的去除效率，其性能与这些溶质的电荷、尺
寸或亲、疏水性都没有关系。而 GO 膜对单价离子的去除效率比较低。这种
现象与传统的纳滤膜有很大差别，因为常用的纳滤膜都是带负电的，对带有
高价负电荷的溶质的去除效率比较高。随着 pH 的变化，GO 膜的一些核心
性质（电荷、层间距）会发生明显变化，从而引发一系列不同的 pH 决定的界
面性质和分离机理（图 1 - 42）。这些也说明 GO 膜可以作为一种 pH 响应的
过滤膜，通过调控溶液的 pH 进而调节膜的分离性能。同时，一些有机分子
的形状也会显著影响其去除效率，这是因为迁移过程中 GO 表面未氧化的区
域会发生 π - π 相互作用。

1.4.5　电控

　　水分子在膜和毛细通道中的可控运输是一种普遍存在的自然现象，对生物

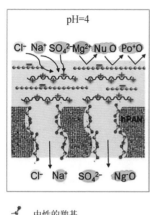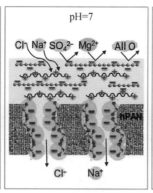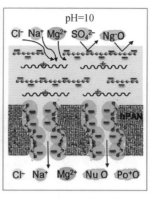

図 1-42 pH 对 GO 膜的结构、性质和脱盐机理的影响示意图

 中性的羧基　　　～～～ 中性的PAH　　　•••••••• 中性的GO

 带负电的羧酸盐　　⌇⌇⌇⌇ 带正电的PAH　　　 带负电的GO

All O 所有有机物　NgˉO 负电有机物　　Nu O 中性有机物　　Po⁺O 正电有机物

体极其重要,因此,发展通过外界刺激可精确控制分子渗透的智能膜引起了广泛的关注。其中,电场控制可实现信号的快速响应同时也适合复杂的集合系统。目前,膜的调控主要限于对膜润湿程度的调节和可控的离子传输,水的可控渗透未见报道。虽然有诸多理论工作进行了电控水渗透的研究,实验方面还未有突破。曼彻斯特大学国家石墨烯研究所(NGI)的周凯歌、K. S. Vasu、R. R. Nair 课题组实现了电控氧化石墨烯膜的水渗透,为开发智能膜技术开辟了一条途径,有望革新人工生物系统、组织工程和过滤技术领域。

如图 1-43(a)所示,此智能 GO 膜器件实际上是通过在 GO 膜两侧加上金属电极构造的,即在沉积于多孔银的 GO 膜表面蒸镀一层 10 nm 厚的多孔金,组装成 Au/GO/Ag 三明治结构。将此器件粘在一个具有圆形孔穴的塑料板上,然后密封住装满水的不锈钢容器,使该器件朝向水蒸气,然后通过测量水的失重计算水的渗透速率。同时,通过 Keithley 在器件两侧施加直流电压实现电控。然后,利用通常在大电场、有水出现时,绝缘体表面会形成永久的导电路径的现象,通过可控电场击穿在氧化石墨烯膜内部形成导电丝。

图 1-43(b)是形成导电丝过程中的 I-V 曲线。从图中可以看出,在临界电压 V_c 之前,电流变化不明显,一旦达到 V_c,部分电场被击穿,电流突然上升。图 1-43(d)是通过峰力隧道原子力显微镜(Peak Force Tunneling AFM, PF

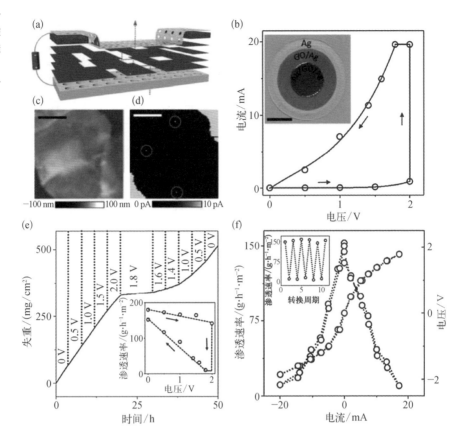

TUNA)表征的电流图像,这证实了存在直径小于 50 nm 的导电丝。导电丝的密度大约是 $10^7/cm^2$。图 1‑43(e)是导电丝形成过程水的失重和相应的水渗透速率随时间/电压的变化。从图中可以看出,在临界电压 V_C 之前,水的渗透速率没有明显变化,一旦达到 V_C,部分电场被击穿,水流速度陡然下降。然后,通过低横向(out-of-plane)电阻 GO 膜的水的渗透速率与施加外场电压成反比。当电压为零时,水的渗透速率又可恢复到初始值的约 85%。形成导电丝后,GO 膜的横向电阻和电控水渗透现象非常稳定。如图 1‑43(f)所示,电控水渗透与电压方向无关,在多个循环下依旧可逆。

为了了解电压/电流对水渗透影响的机理,研究人员通过对比不同面积和不同厚度 GO 膜的性能证实电流密度是控制水渗透的关键因素,水渗透速度主要是通过导电丝的电流而不是施加电压来调控的。那么为什么电流能控制 GO

膜内的水渗透呢？电流可以通过焦耳热或者电化学作用影响水的传输。研究结果发现，膜的温度随电流没有明显变化。而不同电流下 GO 膜的红外光谱结果表明[图 1-44(a)]，当电流存在时，所有和水分子有关的化学键的峰强降低；当电流归零时，相应的化学键的峰强也恢复至初始值。那么这些峰强的降低是否对应着水含量的减少呢？研究人员通过不同电流下 GO 膜的 X 射线衍射结果表明[图 1-44(b)～(d)]，GO 膜的层间距随着电流的增加而减小，当电流从 0 mA 增加到 25 mA 时，对应的层间距从 0.92 nm 降低到 0.85 nm。综合以上结果，认为 GO 膜的电控水渗透现象是因为电流对水分子的电离作用。在该 GO 膜内，电场强度可高达约 10^7 V/m。这么高的电场可

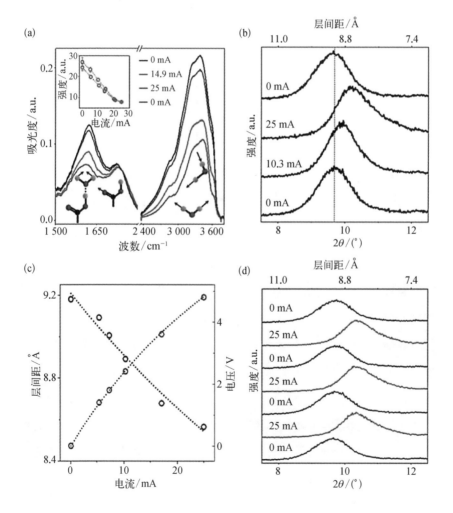

图 1-44 电控 GO 膜的水渗透机理分析：原位傅里叶变换红外光谱仪（Fourier Transform Infrared Spectrometer, FTIR）和 XRD

使水分子电离成水合氢离子和氢氧根离子,而这些带电离子的漂移会显著抑制水流速度。分子动力学模拟结果也进一步支持了离子浓度对水渗透速度的影响的结论。

1.4.6 其他方法

Huang 等制备了具有 3～5 nm 纳米凹槽的 GO 膜用于高效的超滤应用。如图 1-45 所示,首先,通过真空抽滤正电的氢氧化铜纳米线(Copper Hydroxide Nanostrands,CHNs)和负电的 GO 纳米片混合溶液制备了 GO/CHNs 复合膜。然后对该复合膜用水合肼还原处理 15 min,去除 GO 表面的含氧官能团从而提供分离膜在水溶液中的稳定性。最后,用乙二胺四乙酸去除 CHNs,得到最终的具有纳米线凹槽的 GO(Nanostrand-Channeled GO,NSC-GO)膜。氢氧化铜纳米线去除后其纳米纤维的结构仍可以保持,通过此设计可有效调控 NSC-GO 膜的纳米通道尺寸较窄地分布在 3～5 nm。对 NSC-GO 膜进行压力驱动的分离性能测试,其水通量可高达 695 L/(m² · h · bar),是 GO 膜 10 倍,商用超滤膜的 100 倍,同时该复合膜可保持对伊文思蓝的脱盐率为 83%。此结果表明具有纳米凹槽设计的 NSC-GO 膜可以在不降低脱盐率的同时显著提高水透过速率。

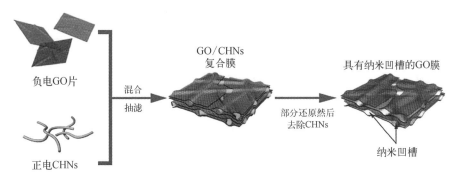

图 1-45 NSC-GO 膜的制备流程示意图

负电GO片　混合抽滤　GO/CHNs复合膜　部分还原然后去除CHNs　具有纳米凹槽的GO膜　纳米凹槽　正电CHNs

此外,NSC-GO 膜对 EB 的脱除效率随压力的变化与高分子膜显著不同。如图 1-46(a)所示,在 I 区域膜的截留率大约为 83%,变化较小,进入 II

区域后连续降低至约 50%，随后进入 III 区域后截留率又逐步回升并可高达 95.4%。为了理解这种不寻常的现象背后的机理，对该过程进行了分子动力学模拟。结果表明，当对充满水的 GO 膜施加压力时，纳米通道的截面形状从圆形变成扁平的长方形，然后再变成圆形[图 1-46(c)~(d)]。对应的截面面积先上升后下降[图 1-46(b)]。因此，NSC-GO 膜的截留率随着压力的增加先降低后升高。当压力卸载后，纳米通道又可恢复至最初的形状。

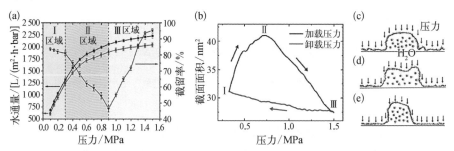

图 1-46 NSC-GO 膜对压力的响应

（a）对 EB 的水通量和截留率随施加压力的变化，黑色和红色曲线分别代表第一次和第三次压力加载过程的水通量变化，蓝色曲线是第一次压力加载过程的截留率的变化；（b）纳米通道的截面面积随压力的变化的模拟结果；（c）~（e）半圆柱的纳米通道对压力的响应模拟

　　GO 膜的传质机理主要是基于 GO 片层层堆叠所构成的二维纳米通道，分子沿着没有官能化的石墨烯网络传输。GO 膜的离子筛分性能主要取决于纳米通道的宽度，即 GO 片层间距。GO 片层间距受环境湿度的影响很大，当 GO 膜浸入水溶液中时，2~3 层水分子将会插层浸入 GO 片层间，导致 GO 膜发生溶胀，层间距达到 1.35 nm。除去 GO 片层的厚度（约 0.35 nm），溶胀的 GO 膜的有效孔径（约 0.9 nm）大于典型的水合离子半径从而限制了 GO 膜在离子分离方面的应用。近日，来自曼彻斯特大学的 J. Abraham 等通过物理限域效应实现了 GO 膜层间距在 1 nm 以内（0.64~0.98 nm）的精确调控，并发现层间距的改变对膜的离子选择性能有很大影响，而几乎不改变水分子的传输能力（图 1-47）。

　　首先，将真空抽滤制备的 GO 膜切成长方形的条带，在不同湿度环境中保存一到两周，精确调控 GO 条的层间距。然后将相同层间距的条带用环氧树脂粘

图 1-47 物理限域对 GO 膜层间距的精细调控

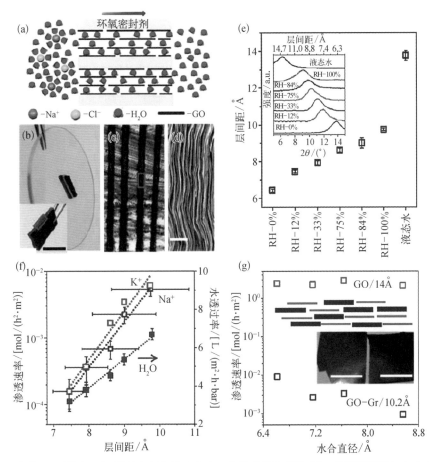

（a）GO 膜的水和离子传输方向示意图；（b）～（d）PCGO 膜的实物、光镜和扫描图；（e）GO 膜层间距和湿度的关系；（f）水和钠钾离子的渗透速率与 GO 膜层间距的关系曲线；（g）GO 和 GO-Gr 膜的离子渗透速率

起来使条带堆叠至约 1 mm。这种包埋在环氧树脂中相互堆叠的 GO（PCGO）膜由于环氧树脂的物理限域作用，在不同的湿度环境下或水中将不再发生溶胀效应，层间距保持不变。

对不同层间距的 PCGO 膜测试多种离子的渗透性能，发现钠钾离子的渗透速率与层间距呈现指数递减的关系。当层间距从 0.98 nm 降到 0.74 nm 时，渗透速率降低了两个数量级。与此同时，水分子的渗透速率仅有略微的降低。为了深入了解离子透过不同层间距的 PCGO 膜的传质机理，进行了不同温度下离子渗透实验和分子动力学模拟。结果表明层间距对离子选择性的影响主要是由水合离子去水合效应引起的。在离子溶液中,水分子通常包围在离子周围形成水化膜稳定离子。当水合离子将要进入尺寸小于自身的孔道时,水分子必须从水化膜上脱离,而此去水合过程需要一定的活化能,活化能越高,离子进入传输通道越难,渗透速率也越低。而对于水分子来说,水分子之间的相互作用力很弱,一个水分子很容易摆脱周围水分子的作用而顺利进入传输通道,因此水分子受通道尺寸影响很小。

受以上实验结果的启发,通过在 GO 层片结构中引入石墨烯片(GO-Gr)来减小 GO 膜的溶胀效应,这主要是由于石墨烯的疏水性可以抑制水分子插层进入层间。此 GO-Gr 膜的离子渗透速率较 GO 膜降低了两个数量级,而水分子的渗透速率几乎不受影响,仅降低了 20%。对 GO-Gr 膜在正渗透环境下进行测试,其 NaCl 脱盐率约可以达到 97%。此研究成果说明改变 GO 层间距可有效调控其离子选择性能,为推进 GO 膜脱盐应用指明了新的方向。

目前大量关于 GO 膜用于液体分离的研究都是针对水溶液体系,有机过滤涉及的很少。但是由于现在规模越来越庞大的化工以及医药产业,有机纳滤膜的开发是非常重要的,并且目前成熟的高分子膜在有机溶剂中稳定性较差,开发无机有机纳滤膜显得尤为关键。GO 膜在有机过滤中应用的缺乏可能是因为先前的一些报道指出有机溶剂不能透过微米厚的 GO 膜但是水可在其内部超快传输。虽然后来有一些工作结果表明 GO 膜在有机溶剂中会发生溶胀,有机溶剂可透过 GO 膜,但是由于和之前报道的结果相矛盾,也有人认为有机溶剂的透过是由于膜制备过程中存在的缺陷导致的。因此,实现高通量、精细的有机溶剂纳滤(Organic Solvent Nanofiltration, OSN)是一个很大的挑战。

近期,来自曼彻斯特大学的 Nair 组指出通过调控 GO 膜的层状结构,可实现 GO 膜在 OSN 领域的应用,对甲醇中小的有机染料分子可达到 99.9% 的脱除率,为 GO 膜在过滤分离领域的应用开辟了一个新的方向。如图 1-48 所示,通过在阳极氧化铝上真空抽滤大片层的 GO 水溶液(片层直径为 10~20 mm)可得到超薄的 GO 膜。AFM 结果表明 GO 膜的厚度大约为 8 nm。与小片层的 GO(片层

直径为 $0.1 \sim 0.6~\mu m$)膜相比，大片层 GO 膜 XRD 的衍射峰更窄，这说明其片层取向性更好。这是由于大片层 GO 片之间有更大的接触面积，所以结合更紧密有序。

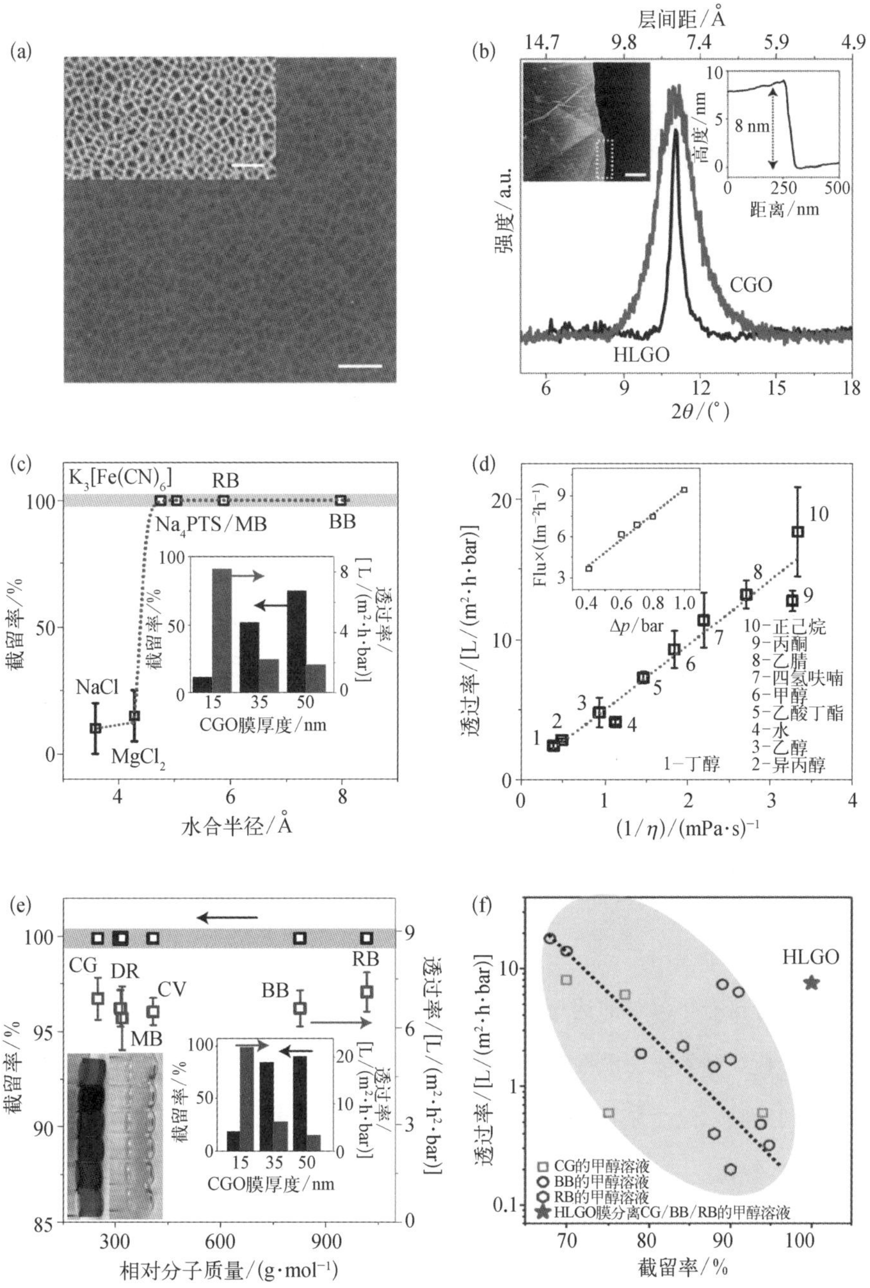

图 1 - 48 GO 膜的有机溶剂纳滤

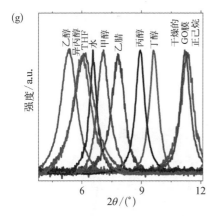
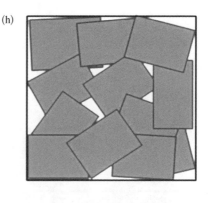

（a）在阳极氧化铝基底上的 HLGO 膜的 SEM 图;（b）HLGO 膜和小片层 GO 膜的 XRD 图;（c）HLGO膜对不同分子的分离性能;（d）HLGO膜对不同溶剂的透过性能;（e）HLGO膜对甲醇溶剂中染料小分子的过滤性能;（f）HLGO 膜的 OSN 性能与之前报道的 OSN 膜的对比;（g）HLGO 膜在不同溶剂中的 XRD 图;（h）"针孔"结构的示意图

　　将各种盐离子和分子的水溶液作为进料液,对这种高度取向的 GO（Highly Laminated GO,HLGO）膜进行分子分离性能测试,结果表明 HLGO 膜表现出明显的分子去除分界点,即可截留所有水合半径大于 0.45 nm 的分子或离子。以水和有机溶剂为例,对 HLGO 膜进行了液体透过速率的测试。有趣的是,这种 HLGO 膜对所有测试溶剂都是高度通透的,并且和溶剂黏度的倒数呈线性关系,所以具有最小黏度的正己烷拥有最高的透过率。将几种染料分子溶于甲醇中用来评估 HLGO 膜在 OSN 领域的应用潜能,测试结果表明几乎 100% 的染料都被有效截留,溶剂的透过率仅降低了 30% 左右。事实上,这样的性能对 OSN 应用来讲是很不容易的,而且与之前的 OSN 膜对比,HLGO 膜同时具备高通量和高截留率。

　　为了分析有机溶剂的透过机理,对 HLGO 膜在不同溶剂中的层间距用 XRD 进行了分析。结果表明极性溶剂会插层入 GO 层片间而非极性溶剂对其层间距没有任何影响。这个结果也就排除了有机溶剂是通过二维纳米通道传输的可能。因此,提出了一种"针孔"的传质通道。这种针孔是 GO 片相互搭接过程中边缘部分没有搭接完整而留下的小孔。有机溶剂在针孔中快速传输,然后从一个针孔转向下一个针孔实现跨膜传输,而 GO 片层间距通过物理排除效应实现原子级的精确筛分。

由于对水溶液和有机溶液独特的溶剂超快传输效应和精细的分子分离性能，GO膜将继续在分子过滤和分离领域里备受关注。设计和制备具有杂乱的层片结构和更小的片层间距的微米厚的GO膜将促进其在OSN领域的应用进程。

Pawar等(Pawar，2016)将甘蔗渣烧焦碳化制备了互相穿插的多级次孔结构的3D部分氧化的石墨烯网络，然后将部分氧化的石墨烯压成薄膜，用于脱盐。这种3D多级次氧化石墨烯构成的网络包括比较大的微孔和小尺寸的微孔或者纳米孔。这种随机取向的多级次结构有助于同时达到微米和纳米尺度上的粒子过滤效果。除此之外，这些网络结构使粒子通道变得迂回曲折，增加了氧化石墨烯与溶液中粒子的相互作用，因此更有利于捕获溶液中的杂质粒子，提高过滤性能。文中指出，纳米孔可以阻碍盐离子的通过，起到一个纳米筛的作用。其测得的脱盐率可以达到90%以上。

1.5 氧化石墨烯基复合膜

1.5.1 碳纳米管

Gao等将单壁碳纳米管(Single-Walled Carbon Nanotube，SWCNT)插层到GO膜层结构中成功制备了GO-SWCNT复合膜，可用于高效分离尺寸大于1.8 nm的溶质分子。首先，将SWCNT和GO以不同的配比(0∶1、1∶10、1∶4、1∶2)混合并超声分散，然后直接在阳极氧化铝基底上真空抽滤GO/SWCNT的混合溶液制备SWCNT插层的GO膜，其制备过程如图1-49所示。扫描电镜结果表明SWCNT的插入在膜表面和内部构建了很多褶皱的传输通道，该复合膜的厚度大约为40 nm。透射电镜结果也表明SWCNT均匀地插层在膜内部。SWCNT的插入有助于增加膜的传输通道，增大膜的通量，不过同时也可能破坏GO膜的层状结构降低截留率。

为了获得最优的膜性能，探究了SWCNT与GO的配比对膜分离性能的影

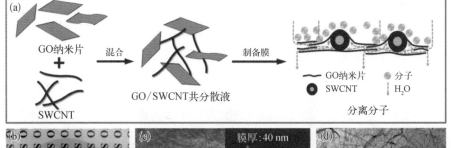

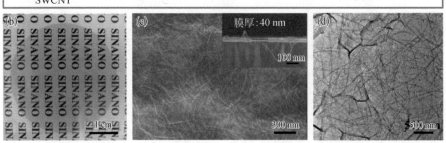

（a）制备流程示意图;（b）漂浮在丙酮-水溶液中的 GO‑SWCNT 复合膜的实物图;（c）GO‑SWCNT 复合膜的表面和截面扫描图;（d）GO‑SWCNT 复合膜的透射电镜图

响,结果如图 1‑50 所示。当 SWCNT 与 GO 的配比为 1∶10 时,复合膜的透过性与纯 GO 膜相比几乎没有增加。当 SWCNT 与 GO 的配比增加至 1∶4 时,膜的渗透通量增加至 720 L/(m² · h · bar),对考马斯亮蓝(Coomassie Brilliant Blue,CBB)的截留率从 99.1% 略微下降至 98.6%。当继续增加 SWCNT 与 GO 的配比至 1∶2 时,虽然渗透通量升高至 1 190 L/(m² · h · bar),但是 CBB 的截留率已降低至 77.6%。因此当 SWCNT 与 GO 的配比为 1∶4 时复合膜的分离效果最优。将该 GO‑SWCNT 复合膜分别浸泡在 pH = 1、pH = 7 和 pH = 13 的水

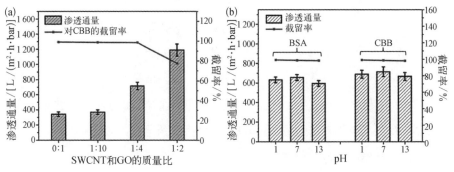

（a）SWCNT 与 GO 的配比对膜分离性能的影响;（b）在酸碱溶液中浸泡一周后的膜的分离性能

溶液中 7 d 后,通过对比三者对牛血清白蛋白(Bovine Serum Albumin,BSA)和 CBB 溶液的分离效果评估膜的耐酸碱性。结果表明,该复合膜的水通量和截留率与 pH 关系不大,这说明该膜具有优异的 pH 稳定性,优于现有的高分子基分离膜和陶瓷基分离膜,可用于酸性或碱性条件下的废水处理。

Han 等(Han,2015)将石墨烯和多壁碳纳米管(Multi-Walled Carbon Nanotube,MWCNT)组装在一起制备了 MWCNT 插层的石墨烯(G-CNT)膜。石墨烯膜具有比 GO 膜更窄的层间距,具有更高的小分子脱除效率,不过同时水通量比较低。在石墨烯层片间加入 MWCNT 可扩大纳米通道从而提高通量。研究结果表明(图 1-51),G-CNT 膜的水通量可达到 11.3 L/(m²·h·bar),是纯石墨烯膜的两倍。此外,该 G-CNT 膜对直接黄和甲基橙的截留率分别为大于 99% 和大于 96%,保持了较高的染料脱除效率。同时,G-CNT 膜对盐离子也表现出不错的脱盐率,对硫酸钠和氯化钠溶液分别达到 83.5% 和 51.4%。此外,研究了石墨烯膜和 G-CNT 膜对牛血清白蛋白、海藻酸钠(Sodium Alginate,SA)和腐殖酸(Humic Acid,HA)的抗污染性能。结果表明,石墨烯膜和 G-CNT 膜都表现出优

图 1-51 G-CNT 膜的结构、分离性能和抗污染性能

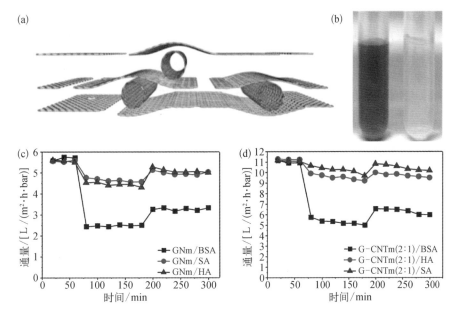

(a)G-CNT 膜的结构示意图;(b)0.05 g/L 的甲基橙溶液过滤前和过滤后的对比图;(c)石墨烯膜和(d)G-CNT 膜的抗污染测试图,通量与时间的关系曲线分为三个阶段:纯水过滤 60 min;0.9 g/L 的 BSA、HA 和 SA 溶液过滤 120 min;清洗后纯水过滤 120 min

异的抗 SA 和 HA 污染的性能,不过 BSA 的污染比较严重,这主要是由疏水的蛋白分子与石墨烯片强烈的相互作用引起的。

Chen 等(Chen,2016)也通过真空抽滤法制备了 rGO 和 CNT 的复合薄膜,研究了碳纳米管的分散性对膜分离性能的影响。采用嵌段共聚物(Block Copolymers,BCPs)辅助分散 CNT,研究了 BCPs 的种类和含量对 CNT 分散性的影响。如图 1-52 所示,研究结果表明,F127 和 P123 都能提高 CNT 的分散性,在相同的添加量下,F127 的效果更好。F127 和 P123 都是 PEO-PPO-PEO 三嵌段共聚物。当和 CNT 混合时,PO 基团黏附在 CNT 的外壁上,EO 基团伸入水中通过空间排斥作用防止 CNT 发生团聚。然后采用这种 rGO-CNT 膜用于饮用水的净化,去除一些纳米颗粒、染料、蛋白质分子、有机磷酸酯、糖类和腐殖酸等。如表 1-2 所示,实验结果表明,rGO-CNT 膜具有优异的透过速率、截留效果和抗污染性能,对甲基橙的截留率在 97.3% 以上,对其他溶质分子的截留率都在 99% 以上。膜的透过速率可高达 20~30 L/(m²·h·bar)。

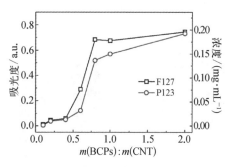

(a)BCPs 的种类和含量对 CNT 分散性的影响

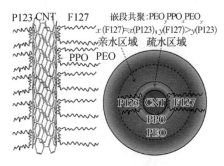

(b)BCPs 提高 CNT 分散性的机理示意图

图 1-52 BCPs 对 CNT 分散性的影响

样　　品	Mw/Da	分散不均		分散均匀		表 1-2 CNT 的分散性对 rGO-CNT 复合膜分离性能的影响
		J/[L/(m²·h·bar)]	R/%	J/[L/(m²·h·bar)]	R/%	
纯水	18	66.5	—	31.5	—	
直接红 80	1 373	52.3	48.1	26.4	>99	
氯唑坚牢桃红	991	55.6	48.3	27.7	>99	
氯唑黑	782	58.2	46.2	26.1	>99	
噻唑黄	696	57.6	44.4	25.9	>99	
甲基橙	327	61.2	27.5	29.1	>97.3	

1.5.2　石墨烯

石墨烯膜具有很好的力学强度,使其可以承受错流系统的压力和剪切力。多孔石墨烯被预测可以 100% 脱除盐分,同时水传输速度可达到 10^{-2}/($m^2 \cdot s \cdot MPa$)。然而,在实际应用中,制备大面积无缺陷的石墨烯是一个很大的挑战。GO 可以达到吨级的量产,而且层状 GO 膜具备独特的离子传输特性,GO 优异的水溶液分散性使其具备以多种方式成膜的可能性。抽滤制备的 GO 膜脱盐率约可以达到 60%,水通量可以通过引入圆柱状的纳米材料大幅提高。然而,这些性能都是通过死端过滤测试系统得到的,且盐溶液浓度非常低。真正的脱盐膜需要承受高的压力且需要保持长期运行的稳定性。纯 GO 膜在高压下会从基底上揭下来,且抽滤成膜的方法并不适合大规模量化生产。近期有研究者将取向的 GO 封装在环氧基体中,可以实现高通量和大于 90% 的高脱盐率。然而,其制备工艺非常复杂,使用起来很困难。总的来说,GO 膜用于水处理还存在不少问题:在保证较高通量的横流操作中,有的力学性能差;有的脱盐率不高;有的力学性能好,且脱盐率高达 97%,但是成膜技术不能实现低成本的工业放大。

基于此,来自信州大学全球水资源创新中心的 Aaron Morelos‑Gomez 等报道了一种基于喷涂工艺、适合规模化、环境友好制备的高性能 GO/FLG(少层石墨烯)膜。将含有氧化石墨烯和少层石墨烯的水溶液喷涂到 PVA 修饰的聚砜膜上,然后经过热处理和 Ca^{2+} 交联过程(图 1‑53)制得 GO/FLG 膜。研究表明,PVA 界面吸附层对于提高薄膜的力学性能起到决定性作用,确保 GO/FLG 膜可以在高强度错流测试中稳定工作 120 h,实现 86% 的脱盐率和 96% 的阴离子染料脱除率(图 1‑53)。此外,通过对比试验发现,相对于纯的 GO 膜,GO/FLG 膜具有更好的耐氯性,更适合标准的工业净水中的清洗工艺。相比于 GO/DWCNT(双层碳纳米管)膜,GO/FLG 膜的水通量较低,而脱盐率更高。

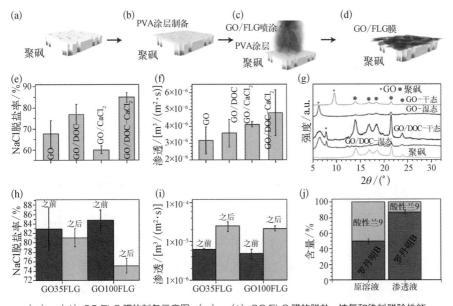

图 1-53 GO/FLG 膜的制备和性能测试

（a）~（d）GO/FLG 膜的制备示意图;（e）~（j）GO/FLG 膜的脱盐、抗氯和染料脱除性能

1.5.3 其他二维材料

GO 膜基于其二维纳米通道的空间位阻效应应用于纳滤和超滤领域已被广泛证实,然而,利用 GO 膜实现脱盐性能仍有很大挑战。除了尺寸排除效应,溶质离子与 GO 膜表面的 sp^2 区域和含氧官能团之间存在多元静电和化学相互作用,因此 GO 膜也有望应用于脱盐领域。Sun 等通过真空抽滤 GO 和氧化钛(Titania,TO)纳米片的混合水溶液制备了 GO/TO 膜。利用弱紫外光照对 GO/TO 膜进行光催化还原。通过调控 GO 与 TO 的含量比例和还原程度优化薄膜的结构和分离性能。

通过 XRD 对 GO/TO 膜的结构进行表征,如图 1-54 所示,在干燥状态下,紫外光的照射对复合膜的层间距几乎没有影响。在完全湿润状态下,当紫外光照时间大于 1 d 后,复合膜的层间距由约 0.95 nm 增加至约 1.22 nm。这主要是因为当 GO/TO 膜经紫外光照射时,一方面 GO 纳米片被还原,层间距减小,溶胀性能减弱;另一方面,TO 纳米片发生光致亲水转变,空气中更多的水分子吸附插

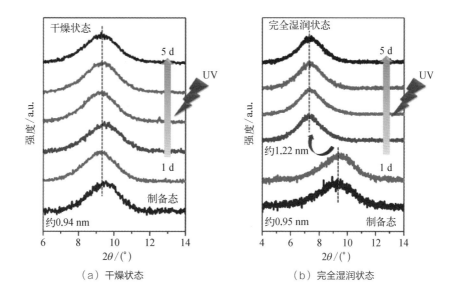

图 1-54 紫外光催化还原 0~5 d 的 GO/TO 膜的 XRD 表征

（a）干燥状态   （b）完全湿润状态

入复合膜层间使层间距增大，溶胀性能增强。

对 rGO/TO 膜进行浓度梯度驱动离子扩散实验，通过同位素标记法研究盐溶液中水分子和钠离子的跨膜传输特性，如图 1-55 所示，rGO/TO 膜与 GO/TO 膜相比，水渗透速率略微降低，钠离子几乎被完全阻隔，这说明 rGO/TO 膜具有优异的脱盐性能。经计算，rGO/TO 膜的水透过量可保持在 60% 以上，而名义脱盐率可高达约 92.7%。rGO/TO 膜优异的脱盐性能主要是因为还原使复合薄膜层间距减小，优异的水透过率主要是因为 TO 的光致亲水转变特性，使复合膜的润湿性不会降低，有利于保持较高的水通透性。

Sun 等还合成了单层 Co-Al 和 Mg-Al 层状双氢氧化物（Layered Double Hydroxide，LDH）纳米片，然后将带有相反电荷的 GO 和 LDH 纳米片组装制备了 GO/LDH 膜，实现了仅根据离子电荷量对不同离子的选择性分离。

如图 1-56 是 GO 和 LDH 纳米片及其异质组装的结构示意图。以 GO/LDH 膜（Co-Al）为例，采用 XRD 表征复合薄膜的结构，结果表明 GO/LDH 膜由阴离子性 GO 和阳离子性 LDH 纳米片的超晶格单元构成。层间距约为 0.77 nm，其代表相邻二维构筑模块的平均面间距离。对 GO/LDH 膜的结构对湿度变化的响应探究结果表明，复合膜的层间距对湿度变化不敏感，将复合膜浸入水中完全润湿，其层间距与干燥状态下基本不变，保证了复合膜在水中的结构稳定性。

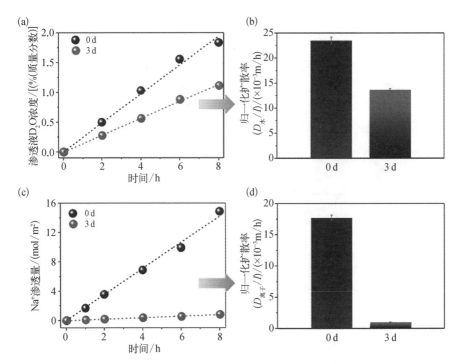

（a）（b）水的渗透特性曲线和归一化的扩散速率；（c）（d）钠离子的渗透特性曲线和归一化的扩散速率

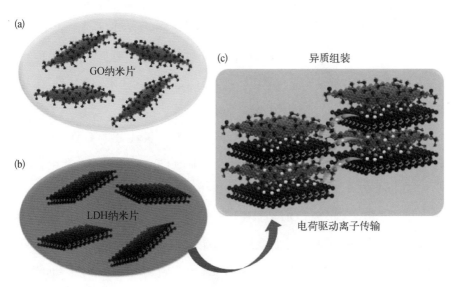

　　对该复合膜进行浓度梯度驱动离子扩散实验，如图 1－57 所示，具有不同价态的金属阳离子在 GO／LDH 膜中的传输遵循电荷主导的趋势，不受阳离子种类的影

响。一价和三价金属阳离子间的扩散率之比高达30。同时，复合膜对金属阳离子(如钠钾离子)的传输速率几乎不受阴离子种类影响(如 Cl^-、NO_3^- 和 CO_3^{2-})，这表明离子在 GO/LDH 膜中的跨膜传输仅由正电荷主导，进一步简化了选择性离子分离的要求。GO/LDH 膜的电荷驱动离子分离的特性主要归因于 LDH 纳米片插入 GO 层间导致纳米通道收缩和疏水化，以及来自 LDH 纳米片的静电相互作用和来自 GO 纳米片的化学相互作用之间的协同效应的结果。

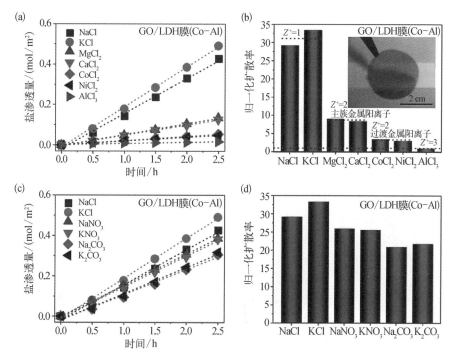

图 1 - 57 GO / LDH 复合膜对不同盐离子的跨膜传输特性

（a）~（d）GO/LDH 膜（Co - Al）对不同盐的跨膜渗透曲线和扩散率（以 AlCl₃ 为基础进行归一化）

1.5.4　纳米纤维

氧化石墨烯凭借其优异的亲水性、化学稳定性、力学性能和抗污染性在水处理膜领域备受关注。然而，纯的氧化石墨烯膜在溶剂中并不稳定，而且氧化石墨烯膜的大规模制备也是一个重要挑战。传统的真空抽滤等方法并不适合大面积氧化石墨烯膜的制备。因此,制备大面积的、自支撑的、力学性能优异的高性能氧化石墨烯纳滤膜是迫切需要的。

静电纺丝技术制备自支撑的无纺布薄膜已经被应用到脱盐等领域。电纺无纺布具有高的孔隙率和互穿的网络结构,在水处理过程中需要较低的跨膜压力。近期,Chen 等(Chen,2018)借助静电纺丝和静电喷网技术制备了氧化石墨烯和尼龙 6 纳米纤维的多层复合纳滤膜(GO@nylon 6 纳滤膜)。GO 片层黏附固定在尼龙 6 纳米纤维网络结构中,GO 层的厚度可以通过静电喷网的时间调控。这种多层纳滤膜主要有三个优势:(1)静电喷网可制备均匀厚度可控的薄膜;(2)GO 层和尼龙 6 纳米纤维层交织的结构有助于提高纳滤膜的力学稳定性;(3)静电纺丝方法有利于制备大面积的 GO 纳滤膜,面积可达 20 cm×30 cm。

如图 1-58 所示,该 GO@nylon6 纳滤膜呈现 GO 层和尼龙 6 纳米纤维层层层堆叠的结构,GO 和尼龙 6 之间没有发生化学反应。XRD 结果表明 GO@

图 1-58

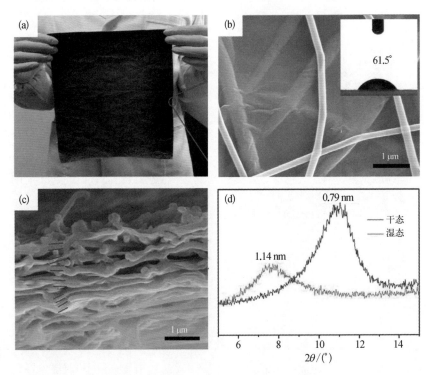

(a)大面积 GO@nylon6 纳滤膜照片;(b)(c)GO@nylon6 纳滤膜的表面和截面扫描图;(d)GO@nylon6纳滤膜干态和湿态下的 XRD 图

nylon6 纳滤膜干态下的层间距为 0.79 nm,和纯 GO 膜的层间距差不多。将GO@ nylon6 纳滤膜分别浸泡在纯水、酸性和碱性溶液中,膜片在 4 周内能保持很好的完整性。对 GO@nylon6 纳滤膜的性能进行测试,在湿态下膜的层间距增大为 1.14 nm,GO 层起到分子筛分的作用。通过对不同的染料分子和盐溶液进行测试(表 1-3),结果表明,GO@nylon6 纳滤膜可以达到11.15 L/(m² · h · bar) 的水通量,同时对有机染料分子保持很高的脱盐率(甲基蓝>95%,甲基橙>99%)。对硫酸钠、氯化钠、硫酸铜和硝酸铅的脱盐率分别为56.5%、27.6%、36.7% 和 18.9%。此外,GO@nylon6 纳滤膜对一些常见的有机溶剂也有很高的通量,甲醇、乙醇和甲基吡咯烷酮的通量分别为 8.4 L/(m² · h · bar)、5.3 L/(m² · h · bar)和 0.8 L/(m² · h · bar),同时在有机溶剂中也具有很好的化学稳定性。

表 1-3 不同 GO 层厚度的 GO @ nylon6 纳滤膜的分离性能

样　　品	水通量/[L/(m² · h · bar)]	MB		MO	
		截留率/%	(J/J₀)/%	截留率/%	(J/J₀)/%
GO@nylon6-7	40.45	78.23	80.25	86.47	82.46
GO@nylon6-10	15.16	88.65	78.23	97.73	81.93
GO@nylon6-13	11.15	95.66	75.86	99.82	79.78
GO@nylon6-16	4.95	96.29	72.34	99.89	78.25

1.5.5 纳米颗粒

Xu 等(Xu,2013)将 GO 和二氧化钛(TiO_2)纳米颗粒配成混合溶液,通过真空抽滤制备 GO-TiO_2复合膜。如图 1-59 所示,TiO_2纳米颗粒附着在 GO 片层表面,填充在 GO 片层构成的二维纳米传输通道中间,可有效扩大层间距。该 GO-TiO_2复合膜可用于去除水溶液中的甲基橙和罗丹明 B 染料分子。不过只有在过滤测试初期(滤液不超过 10 mL)时甲基橙的截留率可在 80% 以上,随着过滤时间的延长,截留率显著降低至约 60%。类似地,罗丹明 B 也是如此,而且对罗丹明 B 的去除机理中,主要是膜的吸附效应,而不是分离效应。

Yang 等(Yang,2018)将银纳米颗粒(Silver nanoparticle,nAg)沉积在聚多巴胺(Polydopamine,PDA)表面改性的 rGO 膜表面制备 nAg@PDA-rGO 复合

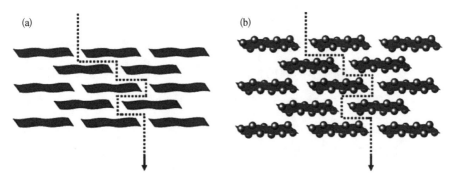

图 1 - 59 GO 和 GO - TiO₂ 复合膜的传输路径示意图

膜,用于同时提高膜的离子脱盐率和抗污染性能。在压力过滤测试中,nAg@ PDA - rGO 复合膜表现出比 GO 膜更优的脱盐率,不过伴随着水通量的降低。在正渗透过程中,nAg@PDA - rGO 复合膜表现出提高的水通量和降低的反向溶质通量。而且,如图 1 - 60 所示,nAg@PDA - rGO 复合膜具有极低的细胞附着率和存活率,这说明其具有优异的抗生物污染性能。

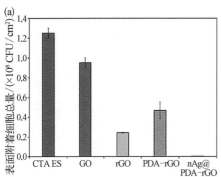
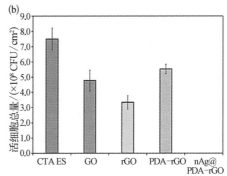

图 1 - 60 膜表面附着和存活的铜绿假单胞菌的数量

参考文献

[1] Cohen-Tanugi D,Grossman J C. Water desalination across nanoporous graphene [J]. Nano Letters,2012,12(7):3602 - 3608.

[2] Lin L C,Grossman J C. Atomistic understandings of reduced graphene oxide as an ultrathin-film nanoporous membrane for separations[J]. Nature Communications, 2015,6:8335.

[3] Cohen-Tanugi D, Grossman J C. Mechanical strength of nanoporous graphene as a desalination membrane[J]. Nano Letters, 2014, 14(11): 6171 – 6178.

[4] Cohen-Tanugi D, Lin L C, Grossman J C. Multilayer nanoporous graphene membranes for water desalination[J]. Nano Letters, 2016, 16(2): 1027 – 1033.

[5] O'Hern S C, Stewart C A, Boutilier M S, et al. Selective molecular transport through intrinsic defects in a single layer of CVD graphene[J]. Acs Nano, 2012, 6 (11): 10130 – 10138.

[6] O'Hern S C, Boutilier M S, Idrobo J C, et al. Selective ionic transport through tunable subnanometer pores in single-layer graphene membranes[J]. Nano Letters, 2014, 14(3): 1234 – 1241.

[7] Surwade S P, Smirnov S N, Vlassiouk I V, et al. Water desalination using nanoporous single-layer graphene [J]. Nature Nanotechnolgy, 2015, 10 (5): 459 – 464.

[8] Sun P Z, Zhu M, Wang K L, et al. Selective ion penetration of graphene oxide membranes[J]. Acs Nano, 2013, 7(1): 428 – 437.

[9] Morelos-Gomez A, Cruz-Silva R, Muramatsu H, et al. Effective NaCl and dye rejection of hybrid graphene oxide /graphene layered membranes [J]. Nature Nanotechnology, 2017, 12(11): 1083 – 1088.

[10] Abozar A, Phillip S, Martin S T, et al. Large-area graphene-based nanofiltration membranes by shear alignment of discotic nematic liquid crystals of graphene oxide [J]. Nature Communications, 2016, 7: 10891.

[11] Sun P Z, Liu H, Wang K L, et al. Ultrafast liquid water transport through graphene-based nanochannels measured by isotope labelling [J]. Chemical Communications, 2015, 51(15): 3251 – 3254.

[12] Nair R R, Wu H A, Jayaram P N, et al. Unimpeded permeation of water through helium-leak-tight graphene-based membranes [J]. Science, 2012, 335 (6067): 442 – 444.

[13] Joshi R K, Carbone P, Wang F C, et al. Precise and ultrafast molecular sieving through graphene oxide membranes[J]. Science, 2014, 343(6172): 752 – 754.

[14] Sun P Z, Zheng F, Zhu M, et al. Selective trans-membrane transport of alkali and alkaline earth cations through graphene oxide membranes based on cation – π interactions[J]. ACS Nano, 2014, 8(1): 850 – 859.

[15] Radha B, Esfandiar A, Wang F C, et al. Molecular transport through capillaries made with atomic-scale precision[J]. Nature, 2016, 538(7624): 222 – 225.

[16] Wei N, Peng X S, Xu Z P. Understanding water permeation in graphene oxide membranes[J]. ACS Appl Mater Interfaces, 2014, 6(8): 5877 – 5883.

[17] Wei N, Peng X S, Xu Z P. Breakdown of fast water transport in graphene oxides [J]. Physical Review E Statistical Nonlinear & Soft Matter Physics, 2014, 89 (1): 012113.

[18] Boukhvalov D W, Katsnelson M I, Son Y W. Origin of anomalous water

permeation through graphene oxide membrane[J]. Nano Letters, 2013, 13(8): 3930 – 3935.

[19] Jiao S P, Xu Z P. Non-continuum intercalated water diffusion explains fast permeation through graphene oxide membranes[J]. ACS Nano, 2017, 11(11): 11152 –11161.

[20] Saraswat V, Jacobberger R M, Ostrander J S, et al. Invariance of water permeance through size-differentiated graphene oxide laminates[J]. ACS Nano, 2018, 12(8): 7855 – 7865.

[21] Dikin D A, Stankovich S, Zimney E J, et al. Preparation and characterization of graphene oxide paper[J]. Nature, 2007, 448: 457 – 460.

[22] Stankovich S, Dikin D A, Compton O C, et al. Systematic post-assembly modification of graphene oxide paper with primary alkylamines[J]. Chemistry of Materials, 2010, 22(14): 4153 – 4157.

[23] Sun S, Wang C Y, Chen M M, et al. The mechanism for the stability of graphene oxide membranes in a sodium sulfate solution[J]. Chemical Physics Letters, 2013, 561 – 562: 166 – 169.

[24] Yeh C N, Raidongia K, Shao J J, et al. On the origin of the stability of graphene oxide membranes in water[J]. Nature Chemistry, 2015, 7(2): 166 – 170.

[25] Thebo K H, Qian X T, Zhang Q, et al. Highly stable graphene-oxide-based membranes with superior permeability[J]. Nature Communications, 2018, 9 (1): 1486.

[26] Mi B X. Graphene oxide membranes for ionic and molecular sieving[J]. Science, 2014, 343(6172): 740 – 742.

[27] Hu M, Mi B X. Enabling graphene oxide nanosheets as water separation membranes[J]. Environmental Science & Technology, 2013, 47(8): 3715 – 3723.

[28] Chen L, Shi G S, Shen J, et al. Ion sieving in graphene oxide membranes via cationic control of interlayer spacing[J]. Nature, 2017, 550(7676): 380 – 383.

[29] Han Y, Xu Z, Gao C. Ultrathin graphene nanofiltration membrane for water purification[J]. Advanced Functional Materials, 2013, 23(29): 3693 – 3700.

[30] Xu W L, Fang C, Zhou F L, et al. Self-assembly: A facile way of forming ultrathin, high-performance graphene oxide membranes for water purification[J]. Nano Letters, 2017, 17(5): 2928 – 2933.

[31] Akbari A, Sheath P, Martin S T, et al. Large-area graphene-based nanofiltration membranes by shear alignment of discotic nematic liquid crystals of graphene oxide [J]. Nature Communications, 2016, 7: 10891.

[32] Huang H B, Mao Y Y, Ying Y L, et al. Salt concentration, pH and pressure controlled separation of small molecules through lamellar graphene oxide membranes[J]. Chemical Communications, 2013, 49(53): 5963 – 5965.

[33] Zhou K G, Vasu K S, Cherian C T, et al. Electrically controlled water permeation through graphene oxide membranes[J]. Nature, 2018, 559(7713): 236 – 240.

[34] Huang H B, Song Z G, Wei N, et al. Ultrafast viscous water flow through nanostrand-channelled graphene oxide membranes[J]. Nature Communications, 2013, 4: 2979.

[35] Abraham J, Vasu K S, Williams C D, et al. Tunable sieving of ions using graphene oxide membranes[J]. Nature Nanotechnology, 2017, 12(6): 546－550.

[36] Yang Q, Su Y, Chi C, et al. Ultrathin graphene-based membrane with precise molecular sieving and ultrafast solvent permeation[J]. Nature Materials, 2017, 16 (12): 1198－1202.

[37] Gao S J, Qin H L, Liu P P, et al. SWCNT-intercalated GO ultrathin films for ultrafast separation of molecules[J]. Journal of Materials Chemistry A, 2015, 3 (12): 6649－6654.

[38] Sun P Z, Chen Q, Li X D, et al. Highly efficient quasi-static water desalination using monolayer graphene oxide/titania hybrid laminates[J]. NPG Asia Materials, 2015, 7: e162.

[39] Sun P Z, Ma R Z, Ma W, et al. Highly selective charge-guided ion transport through a hybrid membrane consisting of anionic graphene oxide and cationic hydroxide nanosheet superlattice units[J]. NPG Asia Materials, 2016, 8(8): e259.

第 2 章

氧化石墨烯添加
改性高分子膜

虽然 GO 膜已被证实在液体过滤与分离领域具有广阔的应用前景,但距实际应用仍非常遥远,存在诸多问题,如难以实现大面积制备、膜在水溶液环境中易溶胀、稳定性差、脱盐率低等。因此,将 GO 作为亲水改性剂加入发展成熟的高分子水处理膜基体中,可充分发挥 GO 优异的物理化学性质和传质特性,提高高分子水处理膜基体的分离性能,促进 GO 在膜分离技术领域的应用。

2.1 高分子膜概述

2.1.1 高分子膜的分类

根据孔径尺寸,分离膜可分为微滤(Microfiltration,MF)膜、超滤(Ultrafiltration, UF)膜、纳滤(Nanofiltration,NF)膜和反渗透(Reverse osmosis,RO)膜。MF 膜的孔径尺寸大于 50 nm,可用于去除悬浮固体、原生动物和细菌等。UF 膜的孔径尺寸为 2~50 nm,主要用于去除病毒和胶体。具有纳米孔的 NF 膜和 RO 膜可去除溶解的盐离子,是主流的脱盐膜。RO 膜的结构最为致密,其孔径尺寸为 0.3~0.6 nm,具有很高的 NaCl 脱盐率(>98%),而 NF 膜结构更为疏松,孔径尺寸小于等于 2 nm,通常被称为"低压 RO 膜",对 NaCl 脱盐率较低(20%~80%),主要用于脱除高价离子(Ca^{2+}、Mg^{2+} 和 SO_4^{2-}),同时具有更高的水通量。

2.1.2 高分子膜的结构和制备

MF/UF 多孔高分子膜可独立用于废水处理或作为 NF 膜和 RO 膜脱盐过程的预处理。高分子 MF 膜和 UF 膜是应用最广泛的,其主要的制备成膜工艺是

相转化法。MF 膜的截面孔分布可以是对称的或是非对称的,对称的 MF 膜截面
孔径变化不明显,膜的厚度是影响其过滤分离性能的主要因素。非对称的 MF
膜是由孔径小的表面分离层和孔径大的支撑层组成的,分离层的孔结构和厚度
决定了膜整体的过滤分离性能。UF 膜的结构通常是非对称的,如图 2-1 所示,
由开孔的底部支撑层和相对致密的表层构成,支撑层和表层属于同一种材料。
表层起到主要的分离作用,支撑层可使水溶液无阻碍地跨膜传输。

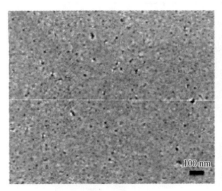
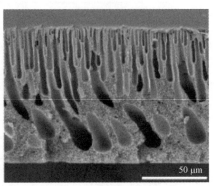

（a）表面形貌　　　　　　　　　　（b）截面形貌

图 2-1　聚砜 UF
膜的 SEM 照片

　　平板 MF/UF 膜主要通过相转化法制备,以无纺布作为基底,提高膜的力学
强度。相转化法是指将含有聚合物和溶剂的均相聚合物溶液浸入非溶剂凝固浴
中,并在可混溶的溶剂和非溶剂交换过程中发生聚合物固化。此方法制备的膜
的特性可通过改变浇铸条件、聚合物种类、聚合物浓度,溶剂/非溶剂体系和添加
剂以及凝固浴条件实现调控。目前 MF/UF 高分子膜材料主要包括醋酸纤维素
(Cellulose Acetate, CA)、聚砜(Polysulfone, PSF)、聚醚砜(Polyethersulfone,
PES)、聚丙烯腈(Polyacrylonitrile, PAN)、聚丙烯(Polypropylene, PP)、聚四氟乙
烯(Polytetrafluoroethylene, PTFE)和聚偏二氟乙烯(Polyvinylidine Fluoride,
PVDF)等。这些材料在水处理应用中表现出优异的渗透性、选择性和工作稳定
性。PSF 和 PES 是 UF 膜最常用的材料,也是 NF 膜和 RO 膜标准的中间多孔承
托层材料。PP 和 PVDF 是 MF 膜最常用的材料。

　　NF 膜和 RO 膜一般呈现以超薄致密表层作为分离层的复合结构(Thin

Film Composite，TFC）。如图 2 - 2 所示，RO 膜的结构演化经历了两个阶段：非对称结构［图 2 - 2(a)］和薄膜复合结构［图 2 - 2(b)］。两种结构都包含三个部分：无纺布基底支撑层、中间多孔支撑层和超薄分离表层。两种结构的主要区别在于：非对称结构的超薄分离表层和中间多孔支撑层是同一种材料，通过相转化一步法制备得到，而薄膜复合结构超薄分离表层和中间多孔支撑层是两种不同的材料，通过相转化两步法分别制备得到。由于薄膜复合结构的分离表层和多孔支撑层的结构和性能可以单独分离调控，具有更优的脱盐性能，目前 NF 膜和RO 膜的结构主要为薄膜复合结构。

图2-2　RO 膜的结构类型

（a）非对称结构　　　　　　　　　　（b）薄膜复合结构

在薄膜复合结构中，无纺布基底支撑层通常为水处理专用无纺布，一般是聚酯类材料，厚度约为 100 mm，主要起到支撑和提高力学强度的作用。中间多孔支撑层主要是聚砜类材料，厚度也约为 100 mm，主要起到微滤和支撑的作用，同时也是分离层制备的载体。超薄分离表层是反渗透膜中的技术核心，是聚酰胺(PA)类材料，厚度仅有 50~200 nm，起到关键的截留盐离子的作用。

PA 分离层通过界面聚合工艺制备形成，反应原理如图 2 - 3 所示。将二元胺和三元酰氯单体分别溶于水相和油相中，当两相溶液接触时，单体在界面处迅速发生缩聚反应，形成 PA 分离层。二元胺在有机溶液中具有较高的溶解度，而三元酰氯在水中的溶解性低且易水解，所以聚合反应在油相中靠近两相界面的反应区进行。由于反应初期形成的初生态膜会抑制二元胺单体的进一步扩散，因此反应具有自抑性，有利于形成超薄的分离层。RO 膜的分离层通常选用间苯二胺(M-Phenylenediamine，MPD)和 TMC 作为反应剂，而 NF 膜一般选用具有

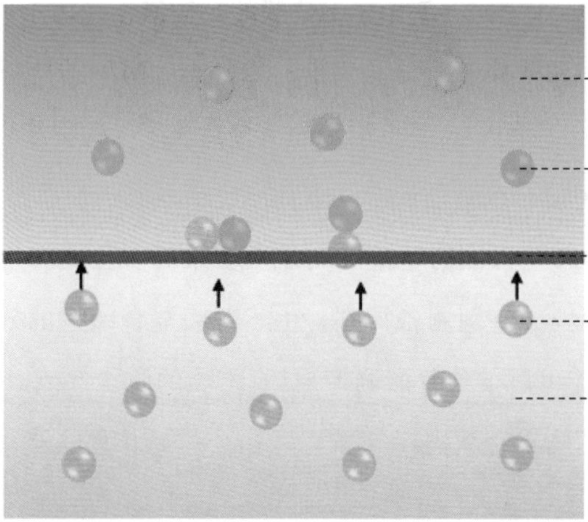

图 2 - 3 原位界面聚合反应过程示意图

油相

三元酰氯

分离层

二元胺

水相

更低反应活性的哌嗪(Piperazine,PIP)作为二元胺单体,有利于形成具有更低交联度的 PA 分离层。

2.1.3 高分子膜的性能评价指标

高分子膜分离性能的评价指标主要有五个:水通量、脱盐率/截留率、抗污染性能、抗氯性能和长期稳定性。

水通量的定义如下:

$$J = \frac{Q}{At}$$

式中,Q 为渗透液的体积;A 为过滤膜的有效面积;t 为过滤的时间间隔。

水通量表示单位时间内通过单位膜面积的水的体积,主要用来表征分离膜过滤速度的快慢。依据测试原理的不同,水通量的测试方法主要分为两类:死端过滤和错流过滤。在死端过滤中,水流的方向垂直于膜平面,膜表面的污染层厚度随着时间延长而增加,浓差极化严重,测得的水通量偏低,适用于实验室研究。在错流过滤中,水流的方向平行于膜平面,膜表面积累的污染物可被及时冲刷掉,降低膜的污染,同时极大程度地减弱浓差极化,测得的水通量更加客观,在工业应用中都采用错流过滤模式。不过其需要膜具有很好的力学强度,可承受较大的剪切力。

脱盐率的定义如下：

$$R(\%) = \left(1 - \frac{c_p}{c_f}\right) \times 100$$

式中，c_p 和 c_f 分别表示渗透液和原溶液的盐离子浓度。

脱盐率表示反渗透膜能脱除的盐离子的百分比，是表征脱盐性能的直观量化物理量。由于在稀溶液中，溶液的电导率和盐离子浓度呈正比，原溶液和渗透液的盐离子浓度通过测量溶液的电导率间接获得。同理，对于其他溶质分子的截留率，c_p 和 c_f 分别表示渗透液和原溶液中溶质的浓度。

在液体过滤与分离过程中，原溶液中的胶体、蛋白和微生物等容易沉积在膜表面造成膜污染，使传质阻力增加，水通量降低，能耗增加。因此，分离膜在应用过程中需要具有一定的抗污染性能。膜的抗污染性能一般通过膜在过滤污染液前后水通量的变化程度来表征。水通量下降得越多，说明膜的抗污染性能越差。

在海水脱盐过程中，脱盐程序前，盐溶液一般都要经过含氯的漂白粉进行杀菌处理，减弱生物污染。然而，聚酰胺会和游离氯发生化学反应从而破坏分离层的结构，使 NF 膜或 RO 膜性能失效。因此，聚酰胺 NF 膜或 RO 膜都需要具有一定的抗氯性能。抗氯性能主要通过对比次氯酸钠溶液处理前后膜水通量或脱盐率的变化程度来评估。水通量（脱盐率）变化的幅度越小，说明反渗透膜的抗氯性能越好。

在实际过滤与分离应用中，分离膜需要定期清洗重复使用，因此，膜的长期稳定性非常重要。膜的长期稳定性主要通过观察多次清洗后膜分离性能的回复情况来评估。

2.1.4　高分子膜存在的问题及改性方法

虽然高分子膜的制备和应用已实现商业化，但由于膜本体材料的限制，其发展还存在诸多问题。例如，水通量和截留率之间存在"效益背反"现象，难以同时实现高水通量和高截留率；膜的抗污染性能仍有待提高以节省能耗；NF 膜和 RO 膜的抗氯性能仍有待优化以提高膜使用寿命；NF 膜的离子选择性能有待改善等。因此，对高分子膜进行改性从而提高其水通量、截留率、抗污染性能、抗氯性能和离子选择性至关重要。

根据不同的改性方法，目前的改性研究总体可分为四方面：改变膜材料、调控膜制备工艺、填充改性和表面改性。其中，填充改性和表面改性可在高分子膜的基础上引入新的调控自由度，被认为是设计高性能新型分离膜材料的主要发展方向。此外，随着纳米科技的兴起，多种具有天然传质通道的纳米材料被证明具有优异的传质特性，将新型纳米材料作为改性剂，设计并制备 MF/UF 混合基质膜、薄层纳米复合膜（Thin Film Nanocomposites，TFN）和纳米功能涂层成为膜分离领域的研究热点。

传统纳米复合膜的结构主要针对 MF 膜和 UF 膜，在相转化法制膜的过程中将改性纳米填充材料分散在聚合物的溶液中。纳米改性材料的引入不仅可以调节膜的孔结构和物理化学性质，还可以给膜引入新的特性，包括抗菌性、光催化性质等。Zhao 等（Zhao，2012）采用相转化法制备 PVDF 膜的过程中引入官能化的 MWCNT，发现膜的亲水性有了显著的提高。膜表面与水之间强的氢键相互作用形成了水分子表面层，抑制了污染物的吸附，从而提高了膜的抗污染性能。研究表明，在 PES UF 膜的制备过程中引入金属纳米颗粒（NPs）包括 TiO_2、Al_2O_3 和 ZrO_2 也可以显著提高膜的亲水性（Maria，2013）。在 PVDF 空纤维膜的制备中引入 TiO_2 NPs，随着引入量的增加，膜的孔尺寸呈现先增加后减小的趋势，这主要是因为 TiO_2 NPs 的引入影响了聚合物分散液的黏度和相转化成膜的反应速度（Yu，2009）。在 PSF 膜的制备过程中引入氧化 MWCNT 同样显著影响膜的孔结构，并且规律和 TiO_2 NPs 的引入效果相似（Yin，2013）。除此之外，膜的表面电荷性质也会受纳米改性材料的影响，Zhao 等采用官能化的 GO 改性 PSF UF 膜，膜的表面电负性有了明显提高，从而改善了膜的抗污染性能（Zhao，2013）。

PA 分离层对 TFC 膜而言是至关重要的，纳米材料对 PA 分离层进行改性是

　　　　　　　　　　　　　　　　　　　　石墨烯膜材料与环保应用

提高 TFC 膜性能最直接也最有效的手段。TFC 膜面临的一大问题是水通量和截留率之间的折中现象,即水通量的提高往往伴随着截留率的下降,纳米材料的引入为提高膜的水通量,同时保持或提高其截留率提供了可能。研究表明,亲水性纳米填料的引入可以提高 PA 分离层的亲水性,当沸石的引入比例为 0.4% 时,TFN 膜的水接触角由初始的 70° 减小至 40°(Jeong,2007)。介孔二氧化硅的引入也显著提高膜的亲水性(Yin,2012)。PA 分离层亲水性的提高主要有两方面的原因,NPs 的引入可能和 MPD 发生水合作用,影响界面聚合反应过程,从而改变 PA 分离层的化学结构,此外,亲水性 NPs 自身在 PA 分离层表面的暴露也会提高膜表面的亲水性。PA 分离层的交联程度是影响膜过滤分离性能的关键因素,Roy 等研究发现 MWCNTs 的引入通过影响 PA 分离层的交联程度而提高了膜的水通量,而其截留率未受明显影响(Roy,2011)。除了影响 PA 分离层的交联程度外,纳米填充材料还可以通过在 PA 分离层中引入额外的水传输通道而提高膜的水通量。选择性地在 PA 分离层中引入纳米改性材料还可以提高膜的其他性能,比如引入具有杀菌效果的 Ag NPs 可以有效提高膜的抗菌性能(Lee,2007)、引入富电子的 MWCNT 可以提高膜的抗氯性能(Zhao,2014)、引入 SiO_2 NPs 可以提高膜的热稳定性(Jadav,2009)。

TFC 膜中多孔衬底主要为膜提供机械支撑,Pendergast 等(Pendergast,2010)研究发现采用 SiO_2 或沸石 NPs 改性的 PSF 衬底制备的 RO 膜相比于未经改性的膜具有更高的初始水通量,并且随着膜工作时间的延长,膜的水通量降低现象受到了明显的抑制。这主要得益于 PSF 衬底机械强度的提高,在测试中孔结构的塌陷以及密实化得到了改善。

膜的表面性质也是影响其性能的重要因素,纳米材料对膜表面改性也是提高其性能的一种思路。通过自组装的方式将 TiO_2 NPs 负载在膜表面,可以赋予膜新的光催化特性,在紫外光照射下实现膜的抗菌、自清洁和有机物分解的一系列性能。通过静电相互作用,在膜表面负载具有杀菌效果的 Ag、Cu NPs 可以赋予膜良好的抗菌性能。

作为二维单原子层石墨烯的衍生物,GO 凭借其独特的物理化学性质和传质特性成为高分子膜纳米改性剂的最佳选择。下面将对 GO 填充改性 RO 膜、NF

膜和 UF 膜的重要进展进行介绍。

2.2　氧化石墨烯添加改性反渗透膜

将 GO 分散在反应单体溶液中,通过原位界面聚合反应可制备 GO 添加改性的 RO 膜。加入 GO 可调控分离层的结构和表面性质,从而影响其通量、脱盐性能、抗污染性能、抗氯性能和抗菌性能。根据 GO 改性剂的形式,目前的研究主要包括以下三方面:GO、GO 量子点及 GO 与其他纳米材料的复合物。

2.2.1　GO

Chae 等将 GO 层片加入 MPD 水溶液中,均匀分散后与 TMC 进行原位界面聚合反应制备 PA-GO 复合膜。GO 片层呈方形,片层尺寸为 10~50 nm,大部分为单层或双层[图 2-4(a)]。初始的 PA 分离层表面呈现典型的"峰谷结构"[图 2-4(b)],加入 GO 对膜形貌无明显影响[图 2-4(c)]。对膜表面性质进行表征,如图 2-4(d)所示,随着 GO 含量的增加,膜表面的粗糙度和电负性显著降低,而亲水性提高。此外,加入 GO 使 PA 分离层厚度减小[图 2-4(e)],这可能是因为 GO 阻止了 MPD 分子的扩散。性能测试结果表明,加入 GO 显著提高了膜通量(约 80%),同时保持脱盐率不变[图 2-4(f)],提高了膜抗污染性能(约 98%)[图 2-4(g)]和抗氯性能[图 2-4(h)]。经历 4.8×10^4 ppm[①]·h 氯化后,脱盐率仍保持不变。因此,加入 GO 可有效优化膜的物理化学性质,从而同时改善 RO 膜各方面的不足。随后,Chae 等进一步在 PSF 中间多孔层中也加入 GO 纳米片,发现 GO 可有效调控 PSF 支撑层的亲水性、电负性和平均孔径,进一步提高复合膜的性能。

---

① ppm=10^{-6}。

图 2 - 4 分散在
MPD 水相中的 GO
对 RO 膜结构、性
质和性能的影响

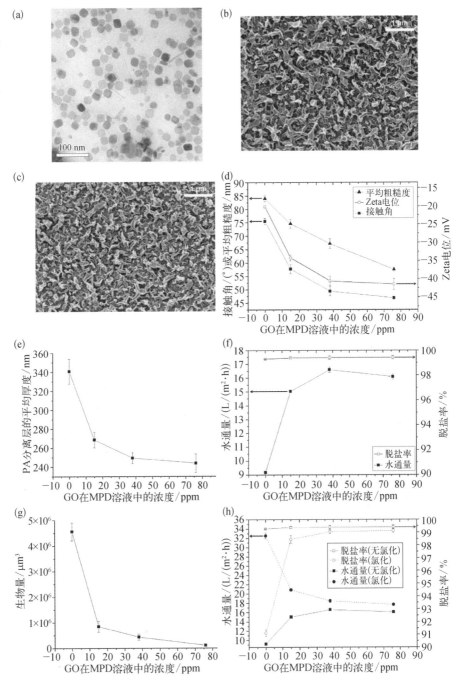

（a）GO 层片 TEM 表征；（b）（c）加入 GO 前后 PA 分离层表面的 SEM 图；（d）GO 含量对膜表面亲水性、粗糙度和电势的影响；（e）GO 含量对 PA 分离层厚度的影响；（f）（h）GO 含量对膜脱盐、抗污染和抗氯性能的影响；（g）GO 含量对膜表面生物量的影响

此外，Bano 等（Bano，2015）发现加入 GO 也可提高膜对 BSA 和 HA 分子的抗有机污染性能，及 RO 膜长期工作中的通量稳定性。Xia 等（Xia，2015）以当地河水中的天然水源作为原溶液，研究了 RO‐GO 复合膜对河水中有机物质的去除效果和抗有机污染性能。结果表明，加入 GO 可同时提高膜通量、抗污染性能及对有机分子的截留率。

除了加入 MPD 水相，GO 也可通过分散于 TMC 油相引入 RO 膜内部。Yin 等通过乙醇辅助分散将 GO 加入 TMC 油相制备了 RO‐GO 复合膜。为了在膜内部引入二维通道，选用多层 GO 而不是 GO 单片作为添加剂。其研究结果如图 2‐5 所示。添加 GO 对 PA 分离层表面形貌没有显著影响[图 2‐5(a)(b)]，GO 不会破坏 PA 分离层的本征结构。加入 GO 后，膜表面亲水性增加，接触角由 $60.4°±2.5°$ 降低至 $55.4°±1.7°$。随着 GO 含量的增加，膜表面粗糙度先降低后增加，降低是因为 GO 遮盖了表面部分粗糙结构，增加是因为 GO 含量过多使其会

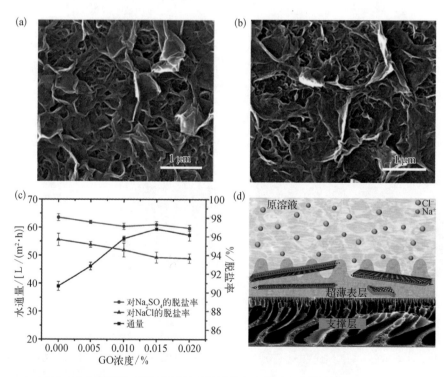

图 2‐5 分散在 TMC 油相中的 GO 对 RO 膜结构、性质和性能的影响

（a）（b）GO 含量分别为 0% 和 0.015%（质量分数）时 PA 分离层表面的 SEM 照片；（c）GO 含量对膜脱盐性能的影响；（d）复合膜传质原理示意图

在膜表面发生团聚。当 GO 含量为 0.015%（质量分数）时，复合膜的水通量由 $39\ \text{L}/(\text{m}^2 \cdot \text{h}) \pm 1.6\ \text{L}/(\text{m}^2 \cdot \text{h})$ 增加至 $59.4\ \text{L}/(\text{m}^2 \cdot \text{h}) \pm 0.4\ \text{L}/(\text{m}^2 \cdot \text{h})$，同时膜对 NaCl 的脱盐率从 95.7% ± 0.6% 降低至 93.8% ± 0.6%，对 Na_2SO_4 的脱盐率从 98.1% ± 0.4% 降低至 97.3% ± 0.3%。[图2-5(c)]。这可以用图2-5(d)来解释，添加的多层氧化石墨烯可能在内部形成了二维纳米通道，为水分子跨膜传输提供了一个快速通道。

Adam 等（Adam，2019）直接将 GO 加入 TMC 油相中，仅当含量很低时，膜通量和脱盐性能有一定提升，且无法同时提高脱盐和抗污染性能。以上结果表明，通过将 GO 分散于 TMC 油相中制备得到的 RO-GO 膜性能较差，这说明 GO 更适合加入 MPD 水相中，这可能是因为 GO 在水溶液中具有更好的分散性。

对 GO 进行表面修饰可提高其分散性及与高分子基体的相容性，进一步优化复合膜性能。Hossein 等使用双亲性高分子对 GO 进行接枝改性（Zwitterionic Functionalized GO，ZGO），然后通过界面聚合反应将 ZGO 添加至 PA 分离层。PA-ZGO 较 PA-GO 呈现更低的表面粗糙度和水接触角，从而具有更优的抗污染性能。Kim 等选用 TA 通过自聚合反应对 GO 进行表面涂覆改性（TA Coated GO，GOT）。由于 GO（亲水性）和 TA（自由基捕捉和抗菌性）功能特性的耦合作用，PA-GOT 较 PA-GO 具有更优的抗菌和抗氯性能。

对 GO 填充改性 RO 膜的研究进行分析，可发现 GO 对 PA 分离层的结构和性质的影响存在一些相互矛盾的结果。例如，一些研究认为加入 GO 几乎不影响膜表面形貌，也有研究表明加入 GO 使膜由粗糙结构转变为平整表面。Chae 等认为 GO 纳米片完全包裹于膜内部，而大部分研究结果表明 GO 会发生团聚裸露在膜表面。部分研究认为加入 GO 可降低分离层厚度，也有结果表明加入 GO 使膜厚度增加或几乎不影响膜厚度。关于 GO 与 PA 之间的相互作用，He 等（He，2015）通过 FTIR 分析认为 GO 未参与聚合反应，仅物理包覆在分离层内部，而 Mohamed（Mohamed，2016）和 Xia 等（Xia，2015）则认为 GO 会与反应单体发生反应，通过化学键与 PA 基体连接。上述矛盾的结论可能是由不同研究中 GO 的物理化学性质、高分子聚合反应工艺和 GO 在膜内部的分散差异性所导致的。

2.2.2 GO 量子点

研究表明，随着 GO 的片层尺寸从几微米到几百纳米的变化，其离子透过性显著提高，因为纳米片之间形成更多的毛细管道。同 GO 相比，GO 量子点（GO Quantum Dots，GOQDs）具有更小的尺寸、更高的比表面积，也可作为 RO 膜的改性剂。Song 等将 GOQDs 分散于 MPD 水相中制备得到了 PA‐GOQDs 复合膜。GOQDs 的表征结果如图 2‐6 所示，GOQDs 样品的高度在 0.4～1.8 nm，动态光散射表征结果显示其平均直径为 11 nm，从 TEM 图像可以看出其形貌为圆形。Zeta 电位表征说明其表面带负电荷，FTIR 表征显示其表面带有羧基和羟基，拉曼表征

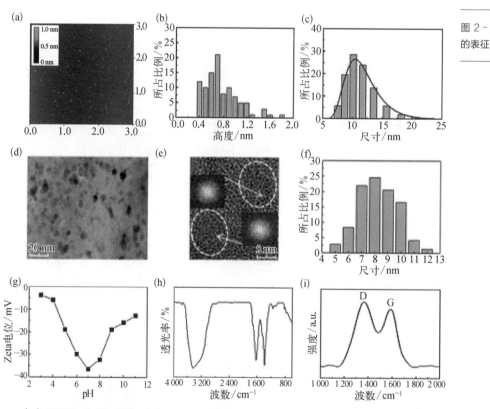

图 2‐6 GOQDs 的表征

（a）GOQDs 的 AFM 图像；（b）GOQDs 的高度分布；（c）GOQDs 的尺寸分布（动态光散射表征结果）；（d）GOQDs 的 TEM 图像；（e）GOQDs 的高分辨 TEM 图像；（f）GOQDs 的尺寸分布（TEM 图像统计结果）；（g）不同的 pH 下的 Zeta 电位；（h）GOQDs 的 FTIR 光谱；（i）GOQDs 的拉曼光谱

显示 GOQDs 具有较高的 I_D/I_G,这说明其边缘缺陷较多,跟预期一致。

SEM 结果表明,GOQDs 的引入改变了膜的形貌,在初始膜的脊-谷结构上增加了突出区域和粒状形貌。从截面的表征可以看出,GOQDs 导致聚合得到的 PA 分离层厚度减小。AFM 结果显示,GOQDs 的引入增大了膜的粗糙度。在界面聚合反应过程中,MPD 需要透过 GOQDs 与 TMC 反应,GOQDs 层的阻隔延缓了 PA 分离层的形成,减小了 PA 分离层的厚度,其自身周围形成团聚体,显著提高了膜层的粗糙度。

膜的水通量和脱盐率的测试结果表明,引入一定量的 GOQDs 可以提高膜的水通量,而不影响脱盐率。因为,一方面 GOQDs 提高了膜层亲水性,其构成的纳米通道缩短了水传输的路径,但是 PA 分离层的质量是决定膜脱盐性能的关键,引入过多的 GOQDs 会影响界面聚合得到的 PA 分离层的质量,从而导致脱盐性能下降。此外,该 PA - GOQDs 复合膜可长期稳定运行 120 h,GOQDs 还可同时提高膜抗污染和抗氯性能。

Mahdavi 等使用氮掺杂的 GOQDs(Nitrogen - doped GOQDs,N - GOQDs)作为添加剂提高了 RO 膜的水通量。同时,PA 和 N - GOQDs 形成的共价键提高了复合膜的热稳定性。

2.2.3　GO 与其他纳米材料的复合物

除了 GO 以外,其他纳米材料也有助于改善 RO 膜的性能,但由于较差的分散性难以均匀填充至高分子基体中,限制了其功能特性的发挥。GO 不仅具有优异的分散性,且具有超薄的二维结构和高比表面积,可作为其他纳米材料的分散载体从而促进其作为纳米填料的应用。研究表明,GO 有助于 TiO_2 纳米颗粒和 CNT 在 PA 基体中的均匀分散。较单组分 GO 而言,rGO/TiO_2 和 CNTa -GO 复合纳米改性剂使 RO 膜具有更优异的物理化学性质和膜性能。平均尺寸小于 50 nm 的 TiO_2 纳米颗粒分散在褶皱的 GO 表面[图 2 - 7(a)]。能量色散 X 射线光谱仪(Energy Dispersive X-Ray Spectroscopy,EDX)表征结果表明 GO 的二维结构有效阻止了 TiO_2 颗粒的团聚,使其均匀分散在 GO 表面[图 2 - 7(b)]。选取最优的纳米添加剂含量,对比相同含量下 TiO_2、GO 和 rGO/TiO_2 分别对 RO 膜脱盐性能的影响[图 2-7(c)],发现仅加入 TiO_2 脱盐率明显降低,这可能是 TiO_2 在膜内部发生团聚引入缺陷造成的;仅加入 GO 可在保持脱盐率的同时有效提高水通量,但加入 rGO/TiO_2 时的效果更优。

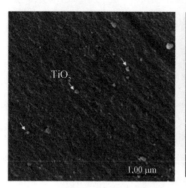 

图 2-7 rGO/TiO_2 的表征和对膜性能的影响

（a）rGO/TiO_2 的 SEM 图像　　（b）Ti 元素在 rGO/TiO_2 中的 EDX 分布图

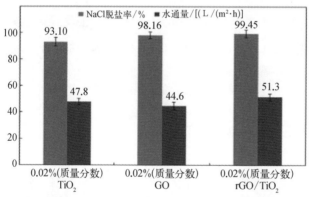

（c）相同含量的 TiO_2、GO 和 rGO/TiO_2 对 RO 膜脱盐性能的影响

2.3　氧化石墨烯添加改性纳滤膜

NF 膜和 RO 膜的结构、性质及传质机理相似,因此 GO 添加改性 NF 膜的思路和方法与 RO 膜基本一致。不过 NF 膜的脱盐性能一般通过 $MgSO_4$ 或 Na_2SO_4 评估,而 RO 膜通常使用 NaCl 测试。此外,NF 膜 PA 分离层具有相对较低的粗糙度和厚

度,因此 GO 对 NF 膜和 RO 膜的结构影响略有不同。同时,关于 GO 添加改性 NF 膜的研究主要关注其对膜通量和脱盐率的影响,关注其对抗污染和抗氯性能的影响相对较少。本节根据不同的添加方式对 GO 添加改性 NF 膜的研究进展进行介绍。

2.3.1　水相分散

Wang 等将 GO 分散于 PIP 水相中制备了 PA‐GO 复合膜。为了制备低压高通量的 NF 膜,首先优化了 PIP 单体的浓度,低浓度 PIP 溶液聚合反应形成的 PA 分离层厚度明显减薄,水通量达最高值。在优化后的 PA 基体中加入 GO,分离层厚度几乎不变($27\sim35$ nm),表面亲水性和粗糙度提高,电负性降低,水通量从 47.5 L/(m^2・h・bar)增至 62.55 L/(m^2・h・bar),脱盐率几乎不变($>90\%$)。为了进一步提高 GO 的亲水性和分散性,Li 等在强碱条件下使用氯乙酸将 GO 改性为羧基化 GO(carboxylated GO,cGO)。PA‐cGO 膜较 PA‐GO 膜具有更优异的亲水性(接触角从 $33.6°$降至 $26.2°$)、更高的水通量(从 43.5 L/(m^2・h・bar)增至 81.6 L/(m^2・h・bar))和 $MgSO_4$ 脱盐率(从 92.3%增至 99.2%)。此外,同 PA 膜相比,PA‐cGO 膜的抗污染性能也显著提升,且其可稳定运行 60 h,这说明 cGO 与 PA 基体具有较好的结合性能。

已有的关于 GO 添加改性 PA 分离层的研究主要讨论了 GO 对 PA 分离层宏观性质(亲水性、粗糙度、厚度和电负性)和脱盐性能的影响,对 GO 在 PA 分离层内的分散性和分布状态,及 GO 改善膜性能的作用机制还缺乏探讨,GO 二维通道是否有效构建也有待验证。此外,虽然 GO 对膜脱盐性能、抗污染性能和抗氯性能具有改善效果,但水通量整体水平仍较低。Hu 等系统开展了 GO 物理化学性质对膜结构及传质机理作用的基础研究,并获得了高通量和选择性离子分离的复合膜,对促进新型脱盐膜的发展具有重要意义。

如图 2‐8 所示,通过原位界面聚合反应制备了 PIP 和 GO 的纳滤复合膜。加入 GO 使膜从光滑表面转变至均匀密集的褶皱结构。分别对 GO 片层大小和含量进行优化,结果表明,仅有纳米片层 GO 可形成均匀的褶皱,当 GO 含量达到 100 ppm 时褶皱可布满整个表面。对膜的内部结构进行表征,透射结果表明 GO 限域在约 20 nm 的超薄分离层正中间,形成"三明治"的夹心结构,揭示了 GO 在 PA 分离层的分布状态。对离子分离性能进行测试,结果表明只有小片层 GO 可提高通量,最优 GO 含量为 300 ppm,最高通量可达约 24.2 L/($m^2 \cdot h \cdot bar$),较文献报道的纳滤膜通量提高了 4 倍,同时保持约 90% 的高脱盐率。此外,在达到相同脱盐性能的情况下,PIP-GO 膜所需的压力低于 PIP 膜,可减压 33%,节省能耗。这主要是因为加入 GO 一方面可提高膜的亲水性和粗糙度,褶皱表面可增大水透过面积,亲水性的提高促进了水分子在膜表面的吸附,因此加入 GO 后的膜表面可吸引更多水分子进入膜内部。另一方面可在膜内部构建超快水传输通道,加快水的渗透,从而实现膜通量的显著提高。

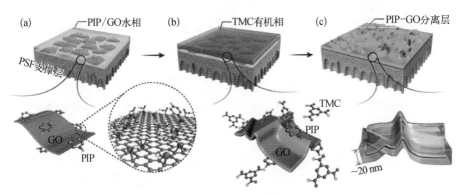

图 2-8 原位界面聚合反应形成 PIP-GO 膜的示意图

(a) PIP/GO 水相沉积在 PSF 支撑层表面;(b) 在 PIP/GO 水相表面沉积一层 TMC 有机相;(c) 反应形成的具有褶皱结构和"三明治"夹心结构的 PIP-GO 分离层

在纳滤膜中引入 GO 纳米片还可以提高 PIP 膜的选择性离子分离性能。对比 PIP 膜和 PIP-GO 膜对 $MgSO_4$、$CaCl_2$、$MgCl_2$、NaCl 和 KCl 的脱盐性能(图 2-9),对所有测试的盐溶液,GO 可提高水通量 10~15 L/($m^2 \cdot h \cdot bar$),其中 PIP-GO 膜对 NaCl 和 KCl 的水通量最高(约 75 L/($m^2 \cdot h \cdot bar$)),对 $MgSO_4$ 的水通量最低[约 69 L/($m^2 \cdot h \cdot bar$)]。此外,GO 可选择性地提高 $CaCl_2$ 和 $MgCl_2$ 的脱盐率(从 53.11%、64.57% 提高至 63.75%、73.08%),降低 $MgSO_4$、NaCl 和 KCl 的脱盐率(从 92.62%、34.91%、36.13% 降低至 91.17%、31.58%、32.84%),这说明加入 GO 可有效提高纳滤膜对二价和单价阳离子的分离效率(阴离子为 Cl^-)。此性能可用于选择性地去除硬水中的钙镁离子,保留必需的钠

石墨烯膜材料与环保应用

钾离子,提高水软化效率。对选择性离子分离机理进行分析:首先加入 GO 不影响高分子膜孔径大小,可排除物理尺寸的影响;然后透射电镜和 Zeta 电位结果表明哌嗪分子会吸附在 GO 纳米片表面,降低膜的负电性,因此是电荷调控的机理。当膜电负性减弱时,其对 Ca^{2+}、Mg^{2+} 的静电引力减弱,透过速率降低,脱盐率升高;而 Na^+、K^+ 则随着水流拖曳力的增大,透过速率升高,脱盐率降低。

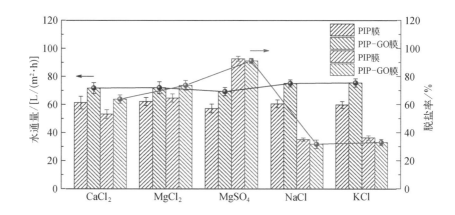

图 2-9 PIP 膜和 PIP-GO 膜对不同盐溶液的脱盐性能

Bi 等将石墨烯量子点(Graphene Quantum Dots,GQDs)添加至 PIP 水相中制备了 PA-GQDs 膜。与上述 NF 膜不同,此 PA 膜呈现光滑的表面。加入 GQDs 对膜形貌没有任何影响,但使膜孔径尺寸增大,水通量提高了 6 倍(从 15 L/($m^2 \cdot h \cdot bar$)增至 102 L/($m^2 \cdot h \cdot bar$))。而 Na_2SO_4 的脱盐率从 90.2% 急剧降低至 40.6%,说明 GQDs 在膜内部引入了缺陷,破坏了 PA 分离层的结构,这可能是 GQDs 在 PA 基体内的团聚造成的。

与 RO 膜相似,Mahdie(Mahdie,2015)和 Wang 等(Wang,2017)都选用 rGO/TiO_2 对 NF 膜进行了添加改性。在 GO 和 TiO_2 的耦合作用下,NF 膜的亲水性、水通量和抗污染性能得到了有效改善。

2.3.2 油相分散

除了加入 PIP 水相,Wen 等对 GO 进行了酰氯化改性(Acyl Chlorided GO,GO-COCl),然后通过乙醇辅助分散将 GO-COCl 添加至 TMC 油相中制备了

PA-GO膜。加入GO对膜通量和Na$_2$SO$_4$脱盐率有一定提高[分别从11.6 L/(m^2·h·bar)和95%增至22.6 L/(m^2·h·bar)和97.1%],但PA分离层厚度显著增加,膜亲水性反而降低,不利于膜性能的提高。因此,与RO膜的结论相似,将GO分散于水相更有利于提高复合膜的性能。

2.3.3　压力辅助

除了将GO分散于单体溶液中而引入PA膜内部,Lai等提出了一种"抽滤辅助"的界面聚合反应代替传统的"滚轮辅助"的界面聚合过程,减少了GO在制备过程中的流失,使其完全包裹于膜内部。具体步骤如图2-10所示,先在PSF基底上抽滤一层GO膜,然后抽滤水相溶液沉积PIP单体,最后加入TMC油相通过聚合反应形成PA-GO复合分离层。虽然在该过程中GO沉积在PA分离层底部,其仍可提高膜表面亲水性。膜厚从82.5 nm增至167.8 nm,粗糙度也显著提高,最终使膜通量提高了约31.4%。尝试将GO加入PSF支撑层,通过改变中间层的物理化学性质调控PA分离层的结构和性能。结果表明,PA分离层的粗糙度和厚度显著增加,亲水性不变,水通量有所提高。

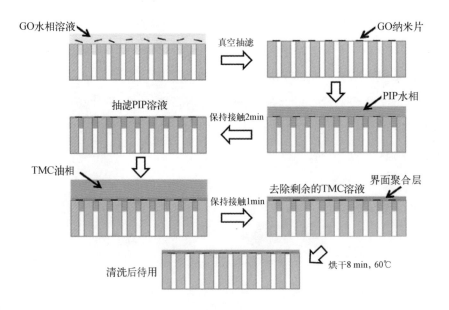

图2-10　"抽滤辅助"的界面聚合反应步骤示意图

2.4 氧化石墨烯添加改性超滤膜

2.4.1 纤维素膜

UF 膜是在污水处理中使用最广泛的膜种类之一,它可以实现大分子量物质从水体中的高效分离。膜材料本身是对其性能影响最大的因素,常规的高分子膜材料包括 PVDF、PAN 和 PES 等都是不可降解的,它们的过多使用势必会对环境造成不良影响。CA 材料具有良好的韧性、优异的生物相容性和低成本等优点,但是研究发现采用相分离法制备的 CA UF 膜的水通量往往较低,这主要是因为其孔隙率低、表面分离层致密。此外,CA UF 膜的抗菌性能、抗污染性能以及稳定性也不甚理想,这些都限制了其实际应用。

北京林业大学的 Zhang 等在相转化法制备 CA UF 膜的过程中引入 MOFs@GO(MOFs 为金属有机框架材料),得到混合基质 CA 膜。MOFs 有效抑制了 GO 的团聚,使得 MOFs@GO 改性的 CA UF 膜的亲水性明显提高,膜的水通量和抗污染性能得到改善。

CA UF 膜具有典型的非对称结构,下层是手指形状的大孔,上层是致密的分离层。GO、MOFs 和 MOFs@GO 的引入不会破坏 CA 的结构,研究发现下层孔径变大,这可能是因为 MOFs 和 GO 的加入加速了相转化进程。相比于相同 GO 添加量的 CA/GO,CA/MOFs@GO 的孔径要更大一些,这是因为 MOFs 有效抑制了 GO 纳米片的团聚,从而使其亲水性官能团被充分利用。AFM 表征测试结果表明,GO、MOFs 和 MOFs@GO 的引入降低了 CA UF 膜的表面粗糙度,其中 MOFs@GO 的效果更好。随着 GO 和 MOFs@GO 添加量的增加,CA UF 膜的亲水性提高,并且 MOFs@GO 的作用效果更明显。如图 2-11 所示,过滤分离测试结果表明,相比于未经改性的 CA UF 膜,GO、MOFs 和 MOFs@GO 的引入均在一定程度上提高了膜的水通量,其中 MOFs@GO$_{0.12}$ 的效果最好,这主要归因于三方面:(1) GO 的引入明显提高了膜的亲水性;

（2）多孔 MOFs 引入额外的水传输通道；（3）MOFs 和 GO 相互作用，抑制了 GO 团聚，使其充分发挥作用。抗污染测试结果表明，加入 MOFs@GO$_{0.12}$ 也可最大程度上提高膜的抗污染性能。

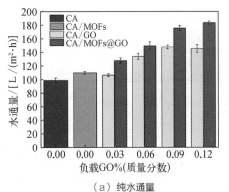

（a）纯水通量

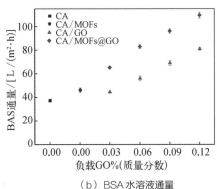

（b）BSA 水溶液通量

图 2-11 MOFs@GO 纳米填料对 CA UF 膜通量的影响

Colburn 等借助离子液体将 GQDs 分散于 CA UF 膜内制备了纳米混合基质膜，提高了纤维素膜的选择性、渗透性和表面特性。与以往报道的混合衬底膜不同，作者采用离子液体作为 GQDs 和纤维素的共同溶剂，在纤维素膜成型的过程中，引入 GQDs。结果发现，GQDs 与纤维素通过氢键牢固结合，在对流和剪切应力下稳定。GQDs 分布在纤维素膜的表面，提高了膜层表面的亲水性，并增加了表面的负电荷。该复合膜的过滤性能介于超滤膜和纳滤膜之间，可以选择性地分离分子量不同的模型染料，同时允许盐离子通过。此外，测试结束后 GQDs 仍较好地保留在复合膜内。

2.4.2 聚砜膜

对于目前最常用的聚合物超滤膜如 PES 膜和 PVDF 膜而言，膜本身的疏水性造成的膜污染是限制其使用的最大障碍。膜的污染会降低其工作通量，增加工作能耗，同时缩短膜的有效使用寿命。提高膜表面的亲水性是减少膜污染的有效手段，这主要得益于膜表面形成的水化层增加了污染物向膜表面吸附的势垒。

如图 2-12 所示,Zhao 等将 GOQDs 加入 PSF 铸膜液中通过相转化法制备了纳米复合超滤膜。研究发现,GOQDs 的引入提高了膜的亲水性、孔隙率、通量和抗污染性能。当 GOQDs 的添加量为 0.3%(质量分数)时,复合膜的水通量提高了 60%[从 82.52 L/(m²·h·bar)增加至 130.54 L/(m²·h·bar)],同时实现了对 BSA 分子 100% 的截留率。在抗污染测试中,当 GOQDs 含量为 0.5%(质量分数)时,复合膜达到最高的通量回复率(从 54.5% 增加至 89.7%)和最低的不可逆污染率(从 33.3% 降低至 10.3%)。对其机理进行分析,膜亲水性的提高得益于 GOQDs 自身丰富的亲含氧官能团。GOQDs 的引入增加了铸膜液的热动力学不稳定性,加速了相转化成膜过程中 N-甲基吡咯烷酮(N-Methyl Pyrrolidone,NMP)和水之间的扩散交换速率,从而增大了膜的孔隙率,有助于提高通量。膜表面纳米水合层一方面避免了污染物和膜表面的直接接触,另一方面减弱了两者之间的亲和力,从而提高了膜的污染抗力。

图 2-12 GOQDs 添加改性 PSF UF 膜

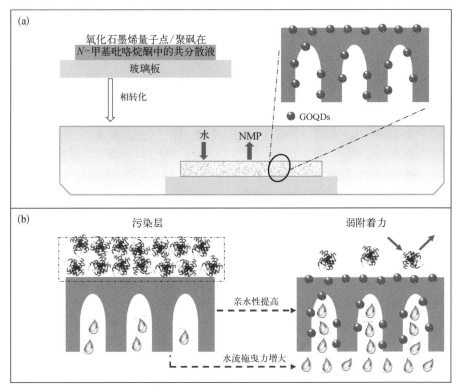

（a）复合膜制备过程示意图;（b）膜通量和抗污染性能提高机理示意图

参考文献

[1] Chae H R, Lee J, Lee C H, et al. Graphene oxide-embedded thin-film composite reverse osmosis membrane with high flux, anti-biofouling, and chlorine resistance [J]. Journal of Membrane Science, 2015, 483: 128-135.

[2] Chae H R, Lee C H, Park P K, et al. Synergetic effect of graphene oxide nanosheets embedded in the active and support layers on the performance of thin-film composite membranes[J]. Journal of Membrane Science, 2017, 525: 99-106.

[3] Yin J, Zhu G C, Deng B L. Graphene oxide (GO) enhanced polyamide (PA) thin-film nanocomposite (TFN) membrane for water purification [J]. Desalination, 2016, 379: 93-101.

[4] Mahdavi H, Rahimi A. Zwitterion functionalized graphene oxide/polyamide thin film nanocomposite membrane: Towards improved anti-fouling performance for reverse osmosis[J]. Desalination, 2018, 433: 94-107.

[5] Kim H J, Choi Y S, Lim M Y, et al. Reverse osmosis nanocomposite membranes containing graphene oxides coated by tannic acid with chlorine-tolerant and antimicrobial properties[J]. Journal of Membrane Science, 2016, 514: 25-34.

[6] Song X J, Zhou Q Z, Tian Z, et al. Pressure-assisted preparation of graphene oxide quantum dots incorporated reverse osmosis membranes: antifouling and chlorine resistance potentials[J]. Journal of Materials Chemistry A, 2016, 4(43): 16896-16905.

[7] Fathizadeh M, Tien H N, Khivantsev K, et al. Polyamide/nitrogen-doped graphene oxide quantum dots (N-GOQD) thin film nanocomposite reverse osmosis membranes for high flux desalination [J]. Desalination, 2019, 451: 125-132.

[8] Safarpour M, Khataee A, Vatanpour V. Thin film nanocomposite reverse osmosis membrane modified by reduced graphene oxide/TiO$_2$ with improved desalination performance[J]. Journal of Membrane Science, 2015, 489: 43-54.

[9] Kim H J, Lim M Y, Jung K H, et al. High-performance reverse osmosis nanocomposite membranes containing the mixture of carbon nanotubes and graphene oxides[J]. Journal of Materials Chemistry A, 2015, 3(13): 6798-6809.

[10] Zhao W, Liu H Y, Meng N, et al. Graphene oxide incorporated thin film nanocomposite membrane at low concentration monomers [J]. Journal of Membrane Science, 2018, 565: 380-389.

[11] Li H B, Shi W Y, Du Q Y, et al. Improved separation and antifouling properties of thin-film composite nanofiltration membrane by the incorporation of cGO[J].

Applied Surface Science, 2017, 407: 260 - 275.

[12] Bi R, Zhang Q, Zhang R N, et al. Thin film nanocomposite membranes incorporated with graphene quantum dots for high flux and antifouling property [J]. Journal of Membrane Science, 2018, 553: 17 - 24.

[13] Hu R R, Zhang R J, He Y J, et al. Graphene oxide-in-polymer nanofiltration membranes with enhanced permeability by interfacial polymerization[J]. Journal of Membrane Science, 2018, 564: 813 - 819.

[14] Hu R R, He Y J, Zhang C M, et al. Graphene oxide - embedded polyamide nanofiltration membranes for selective ion separation[J]. Journal of Materials Chemistry A, 2017, 5(48): 25632 - 25640.

[15] Wen P, Chen Y B, Hu X Y, et al. Polyamide thin film composite nanofiltration membrane modified with acyl chlorided graphene oxide[J]. Journal of Membrane Science, 2017, 535: 208 - 220.

[16] Lai G S, Lau W J, Goh P S, et al. Tailor-made thin film nanocomposite membrane incorporated with graphene oxide using novel interfacial polymerization technique for enhanced water separation[J]. Chemical Engineering Journal, 2018, 344: 524 - 534.

[17] Lai G S, Lau W J, Goh P J, et al. Graphene oxide incorporated thin film nanocomposite nanofiltration membrane for enhanced salt removal performance [J]. Desalination, 2016, 387: 14 - 24.

[18] Yang S J, Zou Q F, Wang T H, et al. Effects of GO and MOF@GO on the permeation and antifouling properties of cellulose acetate ultrafiltration membrane [J]. Journal of Membrane Science, 2019, 569: 48 - 59.

[19] Colburn A, Wanninayake N, Kim D Y, et al. Cellulose-graphene quantum dot composite membranes using ionic liquid[J]. Journal of Membrane Science, 2018, 556: 293 - 302.

[20] Zhao G K, Hu R R, Li J, et al. Graphene oxide quantum dots embedded polysulfone membranes with enhanced hydrophilicity, permeability and antifouling performance[J]. Science China Materials, 2019, 62(8): 1177 - 1187.

第 3 章

氧化石墨烯表面涂层

膜污染和氯氧化与膜表面性质密切相关。一般来说,提高表面亲水性、抗菌性和降低表面粗糙度可有效提高膜抗污染性能,而提高表面化学稳定性可改善膜抗氯性能。因此,表面涂层由于可直接调控膜表层的物理化学性质被认为是提高膜抗氯和抗污染性能最有效的方法。理想的表面涂层需要满足以下四方面要求:(1) 涂层不影响高分子膜本身的过滤性能,避免造成膜通量的降低;(2) 涂层与基底具有良好的结合强度,避免在储存或测试中脱落;(3) 表面改性剂廉价易得,涂层制备方法简单可控,可实现大规模生产和应用;(4) 涂层可有效改善膜表面性质,同时提高膜抗污染和抗氯性能。

GO 材料具有优异的物理化学结构和性质,可有效解决上述问题:(1) GO 多层结构具有超快的水传输特性,可大幅降低涂层产生的传质阻力;(2) GO 呈现二维片层结构,具有单原子层超薄的厚度,且表面含有丰富的含氧官能团,可与基底紧密贴合,通过范德瓦尔斯力、氢键和化学键实现优异的界面结合强度;(3) GO 以石墨为原料,通过化学氧化法可实现大规模、高质量制备,同时具有优异的水分散性,可基于绿色环保的液相法加工成型;(4) GO 具有优异的亲水性、抗菌性、化学稳定性和离子分离特性,可有效优化膜表面物理化学性质。综上,GO 优于传统的高分子和无机纳米颗粒改性剂,是水处理膜表面改性材料的最佳选择。

本章从涂层与基底的界面相互作用、抗污染性能、抗氯性能和膜过滤性能四个方面对 GO 表面改性高分子分离膜的研究进展进行介绍。

3.1　界面相互作用

GO 涂层与基底的相互作用方式决定了界面结合强度。GO 涂层与基底的相互作用可分为三种(图 3-1):物理相互作用、静电相互作用和共价键相互作

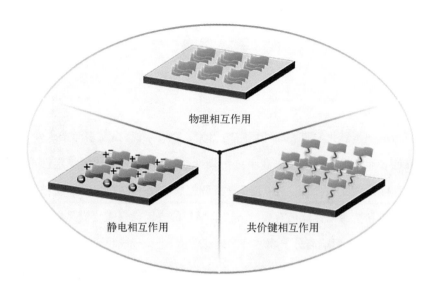

图 3-1 GO 涂层
与基底的相互作用
方式示意图

物理相互作用

静电相互作用　　　共价键相互作用

用。其中,物理相互作用主要指范德瓦尔斯力和氢键作用。

3.1.1　物理相互作用

GO 涂层可通过抽滤、刮涂和旋涂等液相法直接沉积在高分子滤膜表面,在此过程中,GO 在平行于膜平面方向上取向排列并由范德瓦尔斯力和氢键作用紧密连接,而 GO 涂层与高分子基底仅通过范德瓦尔斯力结合。Tsou 等分别通过压力辅助的自组装方法(Pressure Assisted Self-Assembly, PASA)、真空辅助的自组装方法(Vacuum Assisted Self-Assembly, VASA)和蒸发辅助的自组装方法(Evaporation Assisted Self-Assembly, EASA)在改性的聚丙烯腈(modified Polyacrylonitrile, mPAN)膜表面制备了 GO 涂层,涂层结构和界面结合力差别显著。EASA 由于向上的变压驱动力使 GO 随机松散排列,形成了不均匀的 GO 涂层,层间距达到 1.15 nm 且具有疏水表面。而 PASA 由于向下的恒定高压驱动力使 GO 紧密有序堆叠,涂层具有更薄的厚度和亲水表面,且与 mPAN 基底具有强界面结合力。

压力辅助沉积法制备 GO 涂层通常采用真空抽滤装置实现,而受限于真空抽滤设备较低的沉积压力,RO 膜通常难以通过压力法沉积 GO 涂层,而旋涂法难以调控涂层的厚度,均匀性较差。Hu 等创造性地使用此高压搅拌系统实现了在致密的 RO 膜表面通过物理沉积法制备均匀的 GO 涂层。压力辅助沉积法制备 GO 厚涂层如图 3-2(a)所示。压力辅助沉积法可通过调控 GO 含量控制 GO 涂层厚度,但当 GO 含量很少时,涂层的均匀性难以保证。因此,Hu 等在压力沉积基础上,开发一种"表层溶解法"制备均匀的 GO 薄涂层,同时实现了与 RO 膜优异的结合强度。如图 3-2(b)所示,首先,通过压力辅助沉积法在 RO 膜表面沉积 GO 厚涂层。然后,将湿润的 GO 涂层直接浸入去离子水中。由于 GO 的溶胀效应,表层的 GO 迅速解离溃散,脱离 RO 膜漂浮在去离子水中,而与 RO 膜紧密结合的 GO 薄层由于与基底很强的范德瓦尔斯力黏附在膜表面,形成稳定的 GO 薄涂层。"表层溶解法"的演化过程如图 3-2(c)所示。随着浸泡时间的延长,边缘的 GO 最先开始解离,然后整个 GO 表面出现裂纹,用镊子夹取 RO 膜轻轻晃动,靠近表面的 GO 全部脱落,留下一层与基底直接接触且紧密结合的均匀 GO 薄层[如图 3-2(c)中红色箭头所示]。最后用去离子水反复冲洗膜表面,去除残留的 GO 碎片,而 RO 膜表面始终呈现一层浅浅的黄色,这说明了 GO 薄涂层与 RO 基底优异的结合强度。如图 3-2(d)所示,RO 膜、GO 薄涂层和 GO 厚涂层分别呈现白色、浅黄色和黄色。

图 3-2 通过压力辅助沉积法在 RO 膜表面制备 GO 涂层

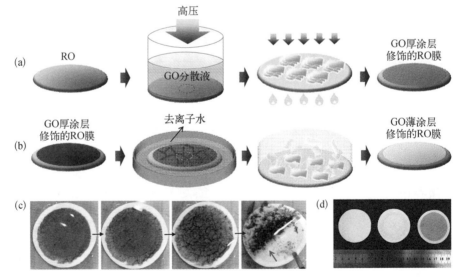

(a)压力辅助沉积法制备 GO 厚涂层;(b)"表层溶解法"制备 GO 薄涂层;(c)表层溶解过程实物图;(d)从左到右依次为纯 RO 膜、GO 薄涂层和 GO 厚涂层

除了使用纯 GO 进行表面改性，官能化 GO 也用于进一步提高 GO 的亲水性和与基底的黏附性。Hanaa 等采用壳聚糖对 GO 进行官能化处理，GO 表面的羧基与壳聚糖的氨基发生亲核加成反应形成了酰胺键。将改性后的 GO 沉积在 TFC 膜表面，有效提高了表面亲水性，降低了表面粗糙度，同时壳聚糖增加了涂层与基底的物理相互作用。随后，提出 GO 和多巴胺（Dopamine，DA）共沉积的方法提高界面黏附力。在沉积过程中，DA 发生自聚合反应形成 PDA，而 PDA 优异的本征黏附性可有效增加 GO 与基底的物理结合强度。反应过程如图 3-3 所示，首先将 GO 添加至 DA 溶液中，然后将 RO 膜浸入此混合溶液中，利用 DA 在氧气条件下的自聚合反应和优异的仿生物黏附性，可以诱导 GO 纳米片稳固地附着在 PA 分离层表面。

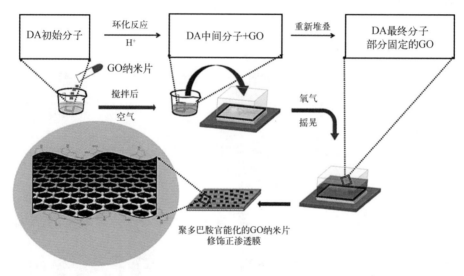

图 3-3 GO-PDA 原位膜表面改性工艺示意图

对于石墨烯来说，由于其超薄的柔性二维结构，涂层与基底共形后可实现与固液界面能相当的超高结合强度（单层石墨烯与氧化硅的黏附能达到 0.45 J/m²）。因此，对于表面含有丰富含氧官能团的 GO 二维柔性片层，有望通过纳米范畴内的强范德瓦尔斯力和氢键作用形成高结合强度的涂层。

理论研究预测，石墨烯与基底的物理黏附性能可通过改变石墨烯层数和基底的粗糙度进行调控。然而，在实际应用中，基材和涂层厚度通常已针对指定的应用限定,无法通过调控基底性质和涂层厚度改善界面结合强度。根据材料-结构-性能的构性关系,可通过改变表面改性材料 GO 的物理化学性质和涂层沉积工艺来调控涂层结构,从而优化界面黏附性能。然而,鉴于界面黏附的复杂性,目前尚没有一种测试方法可精确评估涂层与基底的真实物理结合强度。现有的一些测试方法可以定量评估界面结合力,如划痕实验、纳米压痕和原子力显微镜等,但不适合评估柔性的 GO 涂层与高分子软基底之间的界面结合强度。而且,这些测试方法容易受到诸多与黏附力无关因素的干扰,测试结果通常为半定量。基于此,Hu 等参照美国材料与试验协会关于用胶带测量附着力的检测标准(ASTM D3359),提出一种"胶带法"定性评估 GO 涂层与高分子软基底之间的结合强度。以 MF 和 RO 膜为基底,通过压力辅助沉积法制备 GO 涂层,系统研究了不同 GO 源和沉积压力对涂层结构的影响,揭示了 GO 的物理化学性质、制备工艺、涂层结构和界面黏附性能之间的关系,制备了高结合强度的 GO 物理涂层。测试了 GO 涂层对高分子膜纯水通量的影响,实现了 GO 涂层结合强度和功能性的统一。

首先,选用三种来源的 GO 制备表面涂层。AFM 表征结果表明,不同 GO 源的片层尺寸具有显著差别。GO-1、GO-2 和 GO-3 片层尺寸依次增大,分别约为 500 nm、1.5 μm 和 3 μm。此外,GO-2 和 GO-3 为完全剥离的单片,而 GO-1 因片层尺寸较小而堆叠至两层或多层。然后,通过"胶带法"定性评估 GO 涂层与高分子膜的界面结合强度,不同 GO 源在 MF 和 RO 膜表面形成的涂层结合强度如图 3-4 所示。对于 MF 膜,GO-1 涂层具有最高的结合强度,胶带测试区域无肉眼可见的 GO 片层脱落[图 3-4(a)],测试前后 GO-1 涂层的表面 SEM 形貌完全相同[图 3-4(d)],GO 片层裹覆在孔壁上或渗入微孔中,进一步证明 GO-1 在微观上也无脱落。GO-2 涂层结合强度显著变差,胶带测试区域有明显的 GO 片层脱落[图 3-4(b)]。SEM 表征结果进一步表明,测试后 GO 片层严重脱落,测试区域与非测试区域产生了明显的分界线[图 3-4(e)]。GO-3 涂层结合强度最差,宏观和微观表征结果都表明,胶带测试区域的 GO 片层完全脱落,MF 膜表面完全暴露[图 3-4(c)(f)]。对于 RO 膜,GO-1 涂层与基底结合最牢固。同时,胶带测试后,RO 膜发生分层[图 3-4(g)]。此外 SEM 结果表明,测试区域出现了明显的裂纹。根据裂纹内部裸露的多孔层结构判断,此裂纹是 PA 分离层在胶带作用力下发生的破坏。因此,在胶带测试中,RO 基底发生了明显的分层和破裂,而 GO-1 涂层仍稳定黏附在 RO 膜表面,这说明 GO-1 涂层与基底的结合强度足以保证其在脱盐中的有效应用。GO-2 和 GO-3 涂层与 RO 基底的结合强度很差,测试区域的 GO 片层几乎完全脱落[图 3-4(h)(i)(k)(l)]。

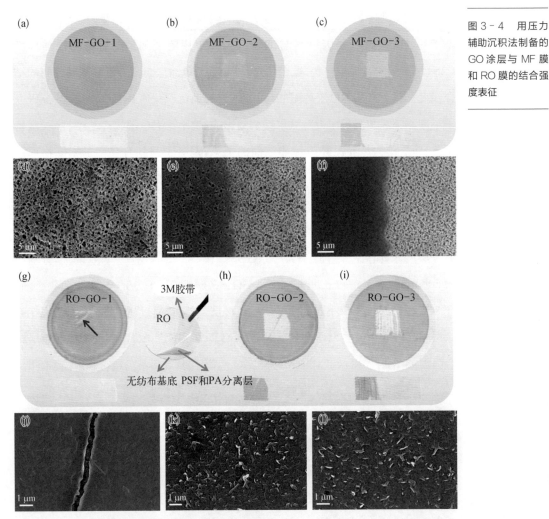

图 3-4 用压力辅助沉积法制备的 GO 涂层与 MF 膜和 RO 膜的结合强度表征

(a)～(c)"胶带法"测试后的 MF-GO 膜和胶带照片;(d)～(f)GO-1、GO-2 和 GO-3 涂层非测试区域(左半边)和测试区域(右半边)的 SEM 照片;(g)～(i)"胶带法"测试后的 RO 和 RO-GO 膜和胶带照片;(j)～(l)GO-1、GO-2 和 GO-3 涂层测试区域的 SEM 照片,红色箭头所示为 PA 分离层裂缝内部暴露的 PSF 中间多孔层结构此外,当沉积压力从 0.69 MPa 降至 0.1 MPa 时,GO 涂层与 MF 膜的结合强度由最强降至最弱。对其机理进行分析,揭示了 GO 片层尺寸、沉积压力、涂层结构与结合强度的关系。如图 3-5 所示,在高压沉积过程中,GO-1 纳米片包覆在 MF 膜的多孔骨架上[图 3-5(a)],或贴附在 RO 膜的"峰谷"轮廓上[图 3-5(c)],与基底形成共形结构,从而获得强界面结合力。否则,降低压力或增大片层尺寸,都将导致 GO 涂层悬浮在 MF 膜和 RO 膜表面,遮盖膜表面结构,呈现 GO 膜的形貌,形成非共形结构[图 3-5(b)(d)],从而具有弱界面结合强度。

图 3-5 GO 源和沉积压力对涂层形貌和结合强度的调控机理示意图

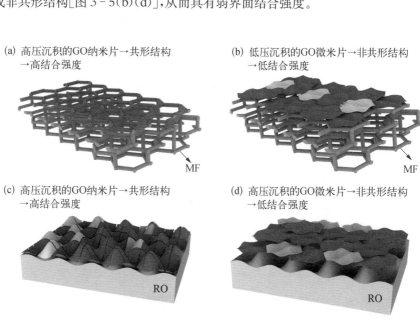

(a) 高压沉积的GO纳米片→共形结构→高结合强度

(b) 低压沉积的GO微米片→非共形结构→低结合强度

(c) 高压沉积的GO纳米片→共形结构→高结合强度

(d) 高压沉积的GO微米片→非共形结构→低结合强度

(a)(c) 高压沉积的 GO 纳米片在 MF 膜和 RO 膜表面的结构示意图;(b)(d) 低压或高压沉积的 GO 微米片形成的涂层在 MF 和 RO 膜表面的结构示意图

3.1.2 静电相互作用

GO 和 TFC 膜表面都呈现电负性,因此可对 GO 或高分子滤膜进行改性,引入带正电的官能团,使涂层与基底通过静电相互作用产生更强的界面结合力。

Wansuk 等使用乙二胺(Ethylenediamine,EDA)对 GO 改性制备了带正电的氨基化 GO 层片(Aminated‐GO,AGO)。在反应过程中,碳化二亚胺(ethyl (dimethylaminopropyl) carbodiimide,EDC)作为偶联剂诱发 GO 表面的羧基与 EDA 的端氨基反应形成酰胺键。然后,如图 3-6 所示,通过层层自组装(Layer-by-layer self-assembly,LBL)的方法在 RO 膜表面交替沉积 AGO 和 GO 制备了 GO 功能涂层。此涂层与 RO 膜通过静电引力紧密连接,较范德瓦尔斯力具有更强的界面相互作用。

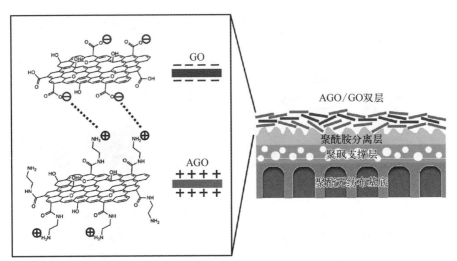

图 3-6 通过层层自组装法交替沉积带正电的 AGO 和带负电的 GO 在 RO 膜表面制备的 GO 涂层示意图

除了将 GO 改性为带正电的衔接媒介外,还可使用带正电的聚合物辅助形成界面的静电键合。如图 3-7 所示,Meng 等在水解的 PAN 膜(hydrolyzed PAN,hPAN)表面交替沉积带正电的聚丙烯胺盐酸盐[Poly (allylamine hydrochloride),PAH]和带负电的 GO 层片,制备了静电结合的 GO 涂层。在此反应中,PAN 基底首先通过水解过程使部分腈官能团(—C≡N)转化为羧基官能团而携带负电荷,然后与沉积的 PAH 层通过静电引力(主要)、疏水作用以及氢键等多种相互作用方式相结合。

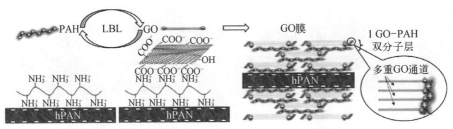

图 3-7 通过将 hPAN 基底交替浸泡在 PAH(pH=4)和 GO(pH=4)溶液中沉积 GO 涂层的过程示意图

此外,如图 3-8 所示,Zhang 等使用相同的设计思路在中空纤维膜表面沉积了 GO 涂层,以 EDA 替代上述的 PAH 作为 GO 层片间的正电连接剂,同时使用富含氨基的超支化聚乙烯亚胺(Hyperbranched Polyethylenimine,HPEI)对高分子基底进行改性,使涂层与基底通过静电作用结合。

图 3-8 通过层层自组装法在中空纤维膜表面制备 GO-EDA 静电双层的流程示意图

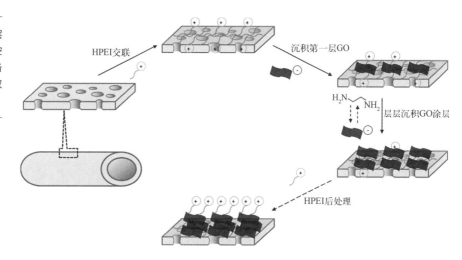

上述静电相互作用的 GO 涂层都是通过 LBL 沉积方法制备形成的,Wang 等借助外界电场在 hPAN 膜表面交替沉积 PEI 和 GO,制备的 GO 涂层具有更密实有序的结构,有利于提升在水溶液中的稳定性。如图 3-9 所示,将一块 8 cm×8 cm 的水解的聚丙烯腈(H-PAN)基底先浸泡在正电性的聚乙烯亚胺(Polyethyleneimine,PEI)中,使基底位于两片石墨电极中间,施加直流电,使 PEI

图 3-9 电场辅助沉积 GO 涂层示意图

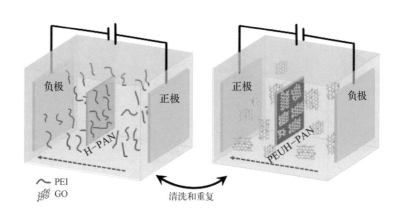

沉积在 H‐PAN 表面。然后,将沉积有 PEI 的 H‐PAN 基底冲洗干净后,浸入
GO 溶液中,改变直流电方向,将 GO 沉积在基底上。如此交替电沉积,可控制
GO 沉积的层数和厚度。在此过程中,通过优化沉积过程中的电压、沉积时间、
GO 浓度和 GO 层数可以优化 PAN 纳滤膜的过滤性能。使用电场辅助层层自组
装的成膜方法可以使 GO 纳米片更有序地堆叠,沉积时间更短更方便。

3.1.3　共价键相互作用

　　GO 表面丰富的含氧官能团使其成为化学反应的天然平台,可在 GO 涂
层与高分子滤膜之间引入交联剂,使其通过共价键相互作用产生更强的结
合力。

　　Meng 等(Meng,2013)在 PSF 滤膜表面沉积了一层 PDA,然后使用 TMC 将
GO 涂层与 PDA 进行化学键交联。如图 3‐10 所示,在此反应过程中,TMC 的
酰氯基团同时与 GO 表面的羟基或羧基和 PDA 表面的氨基或羟基发生反应。
之后通过层层自组装的方法交替沉积 GO 和 TMC,GO 层片之间也被共价交联

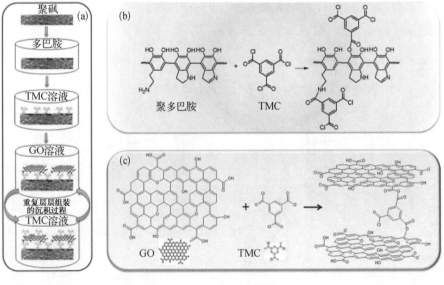

图 3‐10　在 PSF
膜表面制备 GO 薄
膜的流程和反应机
理示意图

　　(a)在 PSF 膜表面层层自组装制备 GO 薄膜的流程图;(b)TMC 和 PDA 的反应机理图;
(c)TMC 和 GO 的反应机理图

　　　　　　　　　　　　　　　　　　　石墨烯膜材料与环保应用

具有更优的稳定性。

虽然在高分子膜表面引入 PDA 可以提供化学反应的活性位点,有利于 GO 涂层与基底的共价结合,但 PDA 层同时造成膜通量严重下降(1 个数量级),因此,选择合适的交联剂将 GO 涂层和高分子基底直接进行化学键连接更有意义。如图 3－11 所示,Perreault 等使用 EDC 和 N－羟基琥珀酰亚胺(N-hydroxysuccinimide,NHS)将 GO 和 PA 膜表面的羧基活化,然后以 ED 为交联剂将 GO 涂层和 PA 基底直接共价连接。在此反应过程中,ED 的氨基与 GO 和 PA 的活化基团发生反应形成酰胺键。

图 3－11 GO 涂层与 TFC 膜的共价连接反应机理示意图

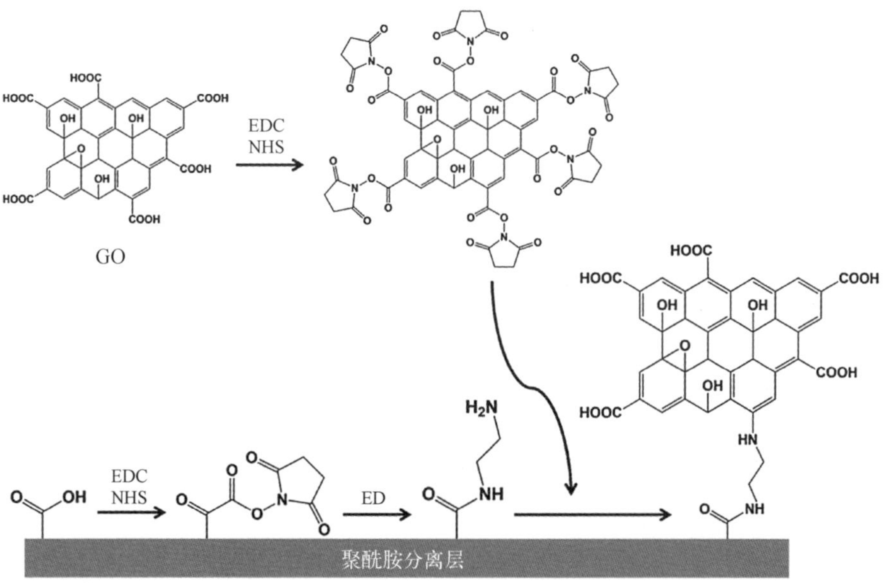

Zeng 等在微滤膜表面引入氨基官能团,然后通过相似的方法使官能团活化从而将 GOQDs 共价沉积在膜表面。

此外,Huang 等提出了一种光化学辅助接枝法将 GO 涂层共价键合在 RO 膜表面。在此反应中,通过固态叠氮反应使 GO 表面的环氧基被叠氮基取代形成叠氮官能化 GO(Azide-functionalized GO,AGO),然后使用 UV 辐照激活单线态氮化物中间体使其与 PA 表面的苯环反应,从而将 GO 涂层固定在 PA 分离层表面,如图 3－12 所示。

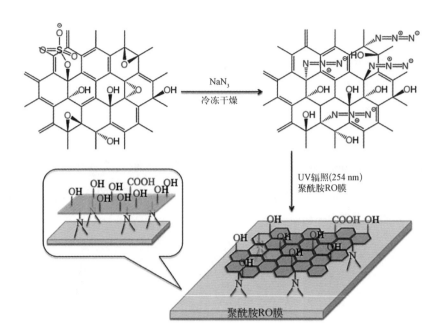

图 3-12 AGO 的合成及通过 UV 活化使 GO 共价接枝在 PA 表面的反应示意图

3.2 抗污染性能

在水净化过程中,源溶液中的胶体、蛋白和微生物等容易沉积在膜表面造成膜污染,使传质阻力增加、水通量降低、能耗增加、清洗成本提高、膜使用寿命缩短。GO 涂层可通过改善膜表面的亲水性、粗糙度和抗菌性有效提高膜抗污染性能。关于 GO 表面改性高分子膜抑制膜污染的研究主要分为两类:抗生物污染和抗有机污染。

3.2.1 抗生物污染

生物污染主要是由于微生物在 TFC 膜表面聚集,形成一层生物膜造成的,可通过提高膜表面抗菌性和降低细菌附着力得到改善。研究表明,GO 纳米片具有显著的抗菌效果,与细菌(比如大肠杆菌)直接接触会导致细胞形态破坏从而使细胞失活。GO 的抗菌机理主要包括以下三方面:(1)片层锋利的边缘直接刺破细菌的细胞膜;(2)破坏性地提取细胞膜中的脂类;(3)通过形成活性氧和电荷转移产生氧化应力。因此,GO 涂层可通过杀菌作用提高高分子膜的抗生物污染性能。

Perreault 等研究发现(图 3-13),在 TFC 膜表面沉积 GO 涂层,与大肠杆菌接触 1 h 后,GO 涂层可诱导 65%的细胞失活。SEM 照片显示细菌细胞收缩,完整性受损。

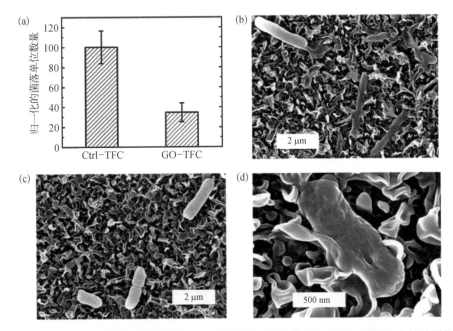

图 3-13 GO 表面改性的 TFC 膜的杀菌作用

(a)大肠杆菌细胞在室温下与膜接触 1 h 后的菌落数;(b)(d)GO-TFC 膜表面受损的大肠杆菌的 SEM 照片;(c)Ctrl-TFC 膜表面正常的大肠杆菌 SEM 照片

在 PES UF 膜上沉积 GO 涂层后,也具有显著的抗菌效果。首先将双亲性的水凝胶在 UV 辅助下枝接在 PES 膜表面(p-PES),然后通过真空抽滤法将 GO 层片沉积在膜表面。抗菌实验表明,PES 膜和 p-PES 膜都对大肠杆菌没有毒性,而 GO-p-PES 膜表面的大肠杆菌菌落数降低了 80%,这说明 GO 涂层显著提高了膜的抗菌性。激光共聚焦显微镜的观察结果进一步证实了 GO 对膜表面抗菌性的改性作用。

除了杀菌作用,Huang 等研究发现 GO 涂层也可显著降低细菌在膜表面的附着率。如图 3-14 所示,静态细菌黏附实验结果表明,未改性的 RO 膜表面大肠杆菌的覆盖率为 5.46%,而 GO 改性后大肠杆菌的覆盖率仅为 0.32%,细菌的附着率降低至原来的 $\frac{1}{17}$。这表明 GO 涂层可有效抑制细菌的初始附着，这对于防止细菌的生长和扩散至关重要，可有效抑制生物污染层的形成，提高 RO 膜抗生物污染性能。此外，如图 3-15

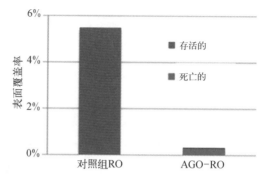

图 3-14 GO 表面涂层对大肠杆菌在 RO 膜表面附着情况的影响：RO 膜和 AGO-RO 膜表面存活的（蓝色）和死亡的（红色）大肠杆菌的定量分析

所示，在附着的大肠杆菌细胞中，由于 GO 分子的抗菌特性，近 90% 的细菌被灭活。通过 SEM 进一步观察细菌污染的膜，原始 RO 膜表面大部分被完整的大肠杆菌细胞覆盖，而 GO 改性的 RO 膜表面细菌的覆盖率大幅降低。

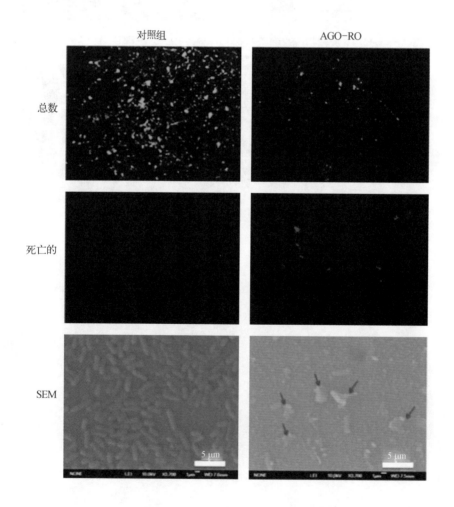

图 3-15 RO 和 AGO-RO 与大肠杆菌接触 24 h 后的表面荧光和 SEM 照片

为了增强 GO 的杀菌效果，耶鲁大学的课题组利用 GO 在磁场中可以垂直排列的性质制备了边缘充分暴露的 GO 改性的高分子膜，显著提高了膜的抗生物污染性能。在该工作中，GO、聚合物和溶剂的混合物在磁场中经历缓慢的溶剂挥发过程，制备得到 GO 垂直排列的高分子纳米复合水处理膜。由于相转化和界面聚合的成膜速度较快，磁场作用的时间过短，所以 MF 膜、UF 膜和 TFC 膜不适合用垂直排列的 GO 进行改性，该研究选用成膜速度较慢的 PODH 高分子过滤膜。如图 3-16 所示，Raman、AFM 和 SEM 的表征结果显示，GO 在高分子膜表面是垂直排

图 3-16 GO 垂直排列的表征

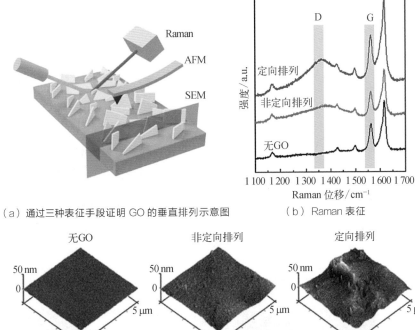

（a）通过三种表征手段证明 GO 的垂直排列示意图　　（b）Raman 表征

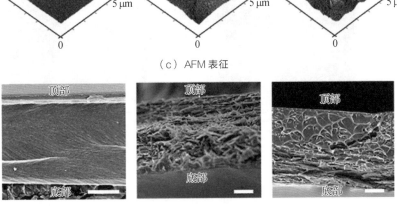

（c）AFM 表征

（d）SEM 表征

列的。测试结果表明，在高分子膜中加入 GO 并不会影响膜本身的过滤分离性能，但是平板计数法采样菌落结果显示垂直排列的 GO 提高了高分子膜的抗菌性能。

除了大肠杆菌，Perreault 等发现 GO 涂层也可有效抑制铜绿假单胞菌对 TFC 膜的污染。与细菌直接接触 1 h，其沉积量和存活率分别降低了 36% 和 30%。如图 3-17(a)所示，使用含有铜绿假单胞菌的污染液进行过滤测试，污染 24 h 后，TFC 膜的水通量降低了 40%，而 GO-TFC 膜的水通量降低了 20%，这说明 GO 涂层使 TFC 膜的生物污染程度降低了 50%，提高了膜表面抗生物污染性能。通过激光扫描共聚焦显微镜技术对 GO 的作用机理进行分析[图 3-17(b)～(d)]，GO-TFC 膜较 TFC 膜具有更薄的生物污染膜，且 GO-TFC 膜的 GO 涂层与生物污染膜之间存在一层死细胞。这说明 GO 涂层的抗生物污染效果主要归因于其杀菌作用。

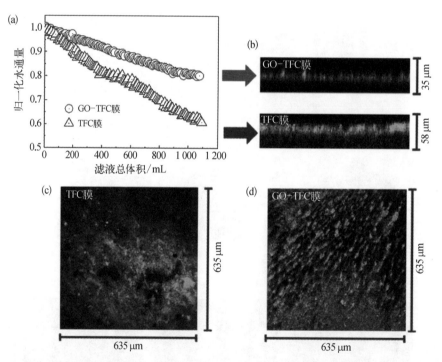

图 3-17 GO 涂层对 TFC 膜抗生物污染性能的影响

（a）在含有铜绿假单胞菌的生物污染实验中，TFC 膜和 GO-TFC 膜的归一化水通量随滤液总体积的变化；（b）污染实验测试 24 h 后 TFC 膜和 GO-TFC 膜表面形成的生物污染膜的激光扫描共聚焦显微镜侧视图；（c）（d）污染实验测试 24 h 后 TFC 膜和 GO-TFC 膜表面形成的生物污染膜的激光扫描共聚焦显微镜表面图为了更真实地模拟实际污染,Hanaa 等使用当地的湖水测试了 PDA 辅助 GO 改性的 TFC 膜的抗污染性能。三磷酸腺苷分析结果表明,PDA 使细菌附着率降低了 60%,而 GO-PDA 几乎可抑制所有细菌的黏附(98.5%)。

此外,Zeng 等研究证明,准零维的 GOQDs 由于更多的活性边缘暴露,具有比一维 SWCNTs 和二维 GO 更优异的抗菌和抗生物污染性能。GOQDs 的 TEM 表征结果显示,其平均尺寸约为 5.5 nm,从高分辨 TEM 图可以看出其结晶性良好,AFM 图像表明其高度约为 0.7 nm,这说明其为单层。SEM 结果显示,GOQDs 的引入使得 PVDF 膜表面变得粗糙,可以看到均匀的纳米涂层,并且两者结合力理想,在 15 min 超声后没有发生明显变化。如图 3 - 18 所示,GOQDs 涂层使 PVDF 膜的水接触角由 118.5°降至 34.3°,显著提高了膜表面的亲水性。含有大肠杆菌的污染液过滤结果表明,污染测试 12 h 后,原始 PVDF 膜的水通量显著降低了 88.4%,GO 层片表面改性后污染程度减缓,水通量降低 65.7%,而

图 3 - 18 PVDF 膜、GO-PVDF 膜、GOQDs - PVDF 膜的性能表征

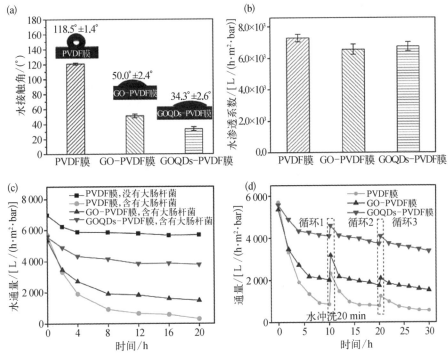

(a)水接触角;(b)水渗透系数;(c)在含有大肠杆菌的污染液过滤测试中,水通量随测试时间的变化;(d)污染-清洗循环测试

GOQDs-PVDF膜的水通量仅降低了24.3%,显著提高了膜的抗生物污染性能。此外,GOQDs涂层使MF膜在污染后更易清洗,初始通量的回复程度更高。

3.2.2 抗有机污染

分离膜的抗有机污染性能主要使用BSA水溶液作为模拟污染液来评估。

如图3-19所示,通过LBL方法在RO膜表面沉积GO涂层,可遮盖膜表面

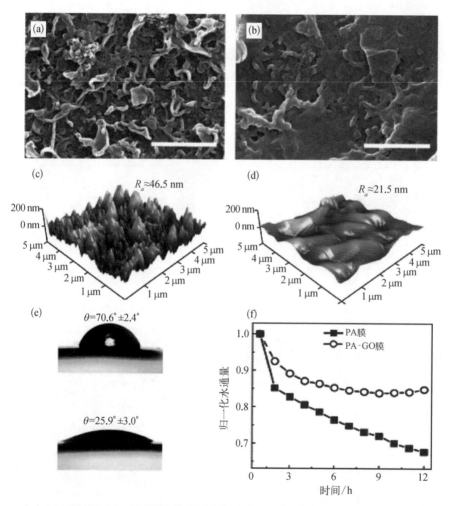

图3-19 GO涂层对TFC膜表面性质和抗有机污染性能的影响

(a)PA膜和(b)PA-GO膜表面的SEM表征;(c)PA膜和(d)PA-GO膜表面的AFM表征及粗糙度;(e)PA膜(上)和PA-GO(下)膜表面的水接触角表征;(f)PA膜和PA-GO膜归一化水通量随测试时间的变化

部分粗糙结构,降低膜表面粗糙度[图 3-19(a)~(d)],同时显著提高膜表面亲水性[图 3-19(e)]。使用含有 BSA 的盐溶液过滤测试 12 h,PA-GO 膜的水通量降低程度(约 15%)较 PA 膜(约 34%)更低[图 3-19(f)],这说明 GO 涂层可缓解 RO 膜的有机污染。这主要是因为疏水的 BSA 分子在 GO 涂层表面具有更低的附着力和黏附面积。

虽然 GO 涂层产生了一定的抗污染效果,但如图 3-19 所示,受限于 LBL 的涂层制备方法,GO 沉积层数有限,难以实现膜表面的完全覆盖和涂层厚度的优化。Hu 等分别通过"高压辅助沉积法"和"表层溶解法"在 RO 膜表面制备均匀的 GO 厚涂层和 GO 薄涂层,实现了 GO 涂层 100% 的覆盖率,并进一步探讨了 GO 涂层厚度对 RO 膜抗有机污染性能的影响。如图 3-20 所示,SEM 结果表明,RO 膜表面呈现典型的"峰谷结构"[图 3-20(a)]。沉积 GO 薄涂层后,膜表面的沟壑被 GO 纳米片填平,呈现光滑平坦的表面形貌[图 3-20(b)]。随着涂层厚度的增加,膜表面出现粗糙的褶皱结构,这说明 GO 厚涂层已经完全遮盖了 RO 膜的表面结构[图 3-20(c)]。AFM 结果表明 RO 膜、GO 薄涂层修饰的 RO 膜和 GO 厚涂层修饰的 RO 膜的表面粗糙度(RMS)分别为 64 nm、40 nm 和 50 nm,这说明 GO 涂层有效降低了膜表面粗糙度,且薄涂层的作用更显著。对涂层厚度进行定量表征[图 3-20(d)],GO 厚、薄涂层的厚度分别约为 200 nm 和 50 nm。对膜表面亲水性进行表征[图 3-20(e)],RO 膜表面接触角为 $54.15° \pm 2.45°$;GO 薄涂层可显著提高膜表面亲水性,接触角降至 $26.36° \pm 2.92°$;而 GO 厚涂层使膜表面亲水性急剧降低,接触角升高至 $70.66° \pm 2.51°$。使用 BSA 和 NaCl 混合污染液评估了 GO 涂层对 RO 膜抗有机污染性能的影响[图 3-20(f)]。随着测试时间的延长,污染物在膜表面沉积,传质阻力增加,RO 和 RO-GO 膜的水通量都逐渐降低。测试结束后,RO 膜水通量约降低 38%,而沉积 GO 薄涂层后,水通量降低程度明显减小(约 16%),污染程度减弱。对于 GO 厚涂层,水通量降低程度反而增加(约 42%),污染程度加重,这说明 GO 薄涂层可有效提高膜抗有机污染能力,而 GO 厚涂层则会降低膜抗污染能力。对其机理进行分析,发现抗有机污染性能实际上取决于膜表面形貌和性质,增加膜表面亲水性和降低粗糙度可有效提高膜抗有机污染性能。GO 薄涂层提高了膜表面亲水性,同时降

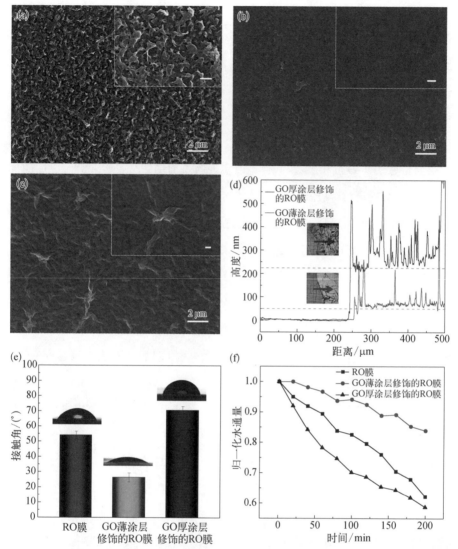

图 3 - 20 GO 涂层厚度对 RO 膜性质和抗有机污染性能的影响

（a）（b）（c）RO 膜、GO 薄涂层和 GO 厚涂层表面的 SEM 照片；（d）GO 涂层厚度表征；（e）RO 膜和 GO 薄、厚涂层表面的亲水性表征；（f）膜的抗有机污染性能

低了膜表面粗糙度,减弱了疏水 BSA 分子在膜表面的亲附力和附着面积,从而提高了膜抗污染性能。而 GO 厚涂层降低了膜表面亲水性,同时形成了粗糙的表面形貌,增加了污染物与表面的相互作用,从而加重了膜污染情况。

以上结果表明,GO 涂层过薄不能充分遮盖 RO 膜表面粗糙结构,过厚则会引入 GO 层片的粗糙褶皱结构,控制 GO 涂层的厚度刚好填平 RO 膜的峰谷结构形成光滑表面时有助于获得最优的抗污染性能。

在官能化 GO 表面改性 RO 膜的研究中,GO 涂层对膜表面性质和抗有机污染性能具有相似的作用,进一步证明了 GO 表面改性 TFC 膜提高抗污染性能的有效性。此外,如图 3-21 所示,使用 GO 表面改性 UF 膜,可有效减小膜的表面空隙,提高膜表面亲水性,从而使膜的有机污染情况减弱,同时清洗之后水通量恢复水平提高,提高了 UF 膜的抗有机污染性能。

图 3-21 GO 涂层对 UF 膜抗污染性能的影响

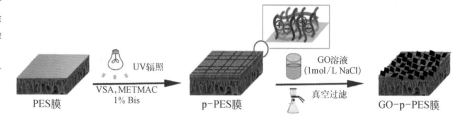

（a）两步法在 PES UF 膜表面制备 GO 修饰双亲性水凝胶涂层过程示意图

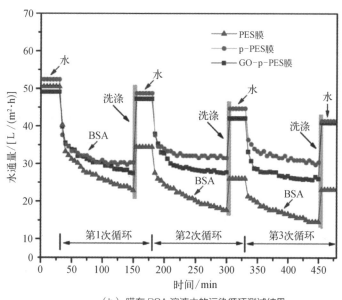

（b）膜在 BSA 溶液中的污染循环测试结果

虽然 GO 的亲水性和抗菌性使其成为一种极具潜力的抗污染材料,然而,GO 同时具有很大的比表面积和对有机分子的强吸附力,这些性质反而会加剧膜的污染。因此,GO 的各种性质特点会对 GO 膜污染产生怎样的独立和协同效应是制备抗污染 GO 膜有待解决的一个关键问题。

　　基于以上问题,来自马里兰大学的 Hu 等分别通过层层自组装和界面聚合的方法制备了 GO 膜和 PA 膜(图 3-22),分别在正渗透(Forward Osmosis,FO)和减压渗透(Pressure-retarded Osmosis,PRO)模式下测试了各自的抗污染和清洗恢复能力,揭示了 GO 的性质特点对 GO 膜污染的影响方式,同时发现在多孔支撑层背面沉积 GO 膜可以有效地控制 PA 膜在 PRO 模式下的膜污染。

（a）hPAN 多孔支撑层两面沉积的 GO 膜

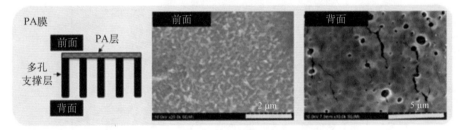

（b）PSF 多孔支撑层单面沉积的 PA 膜

图 3-22　GO 膜和 PA 膜的结构示意图和 SEM 表征

　　实验结果表明,GO 膜较 PA 膜具有更低的负电荷密度,这可能是由 GO 膜表面较小的羧基官能团密度造成的,小的羧基官能团密度可以弱化污染物和膜表面的相互作用从而提高膜的抗污染性能。GO 膜也具有更好的亲水性,可以降低污染物的附着力从而减少污染。由于 GO 大的比表面积和碳骨架疏水区域,GO 膜对污染物的吸附量是 PA 膜的 4～5 倍。在 FO 模式下的抗污染测试中,GO 膜的抗污染能力和 PA 膜相当。此外,有机污染物主要吸附在 GO 纳米片层的疏水区域。

　　在 PRO 模式下,GO 膜较 PA 膜表现出显著的更优的抗污染性能。如图 3-23 所示,这主要是因为在 PRO 测试中,多孔支撑层的前面(致密层)面向汲取液,背面(多孔侧)面向供给液。对于 PA 膜来说,供给液中的污染物很容易进入支撑层的多孔中,这种污染物依靠物理清洗过程中水流的剪切力很难被去除,因此清洗恢复效率比较低。对于GO膜来说,由于多孔支撑层背面有一层GO膜,可以有效阻碍污染物进入孔结构中从而使污染物仅附着在GO膜表面,这种污染物在物理清洗中依靠水流的剪切力就可以被有效去除,因此GO膜的清洗恢复效率也更高。鉴于GO的大片层结构使其容易在支撑层两侧组装成膜,在PA膜背面涂覆一层GO膜有希望解决在PRO过程中的不可逆污染问题,从而提高PRO过程的能量效率。

图 3-23 GO 膜和 PA 膜在 PRO 模式下的污染过程和性能测试

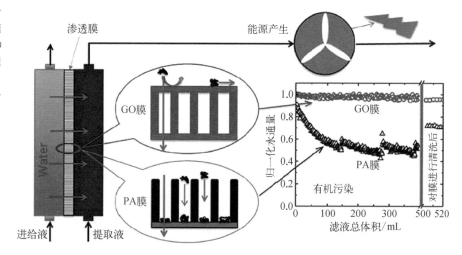

3.3 抗氯性能

3.3.1 膜氯化的概念、机理和影响

为了缓解 TFC 膜的生物污染,通常在源溶液中加入含氯的杀菌剂,而 PA 分离层容易与游离氯发生化学反应导致膜的降解和失效。如图 3-24 所示,以 RO 膜的全芳香 PA 分离层为例,氯化过程如下:PA 与 Cl 接触后,Cl 原子取代酰胺键中的 H 原子发生 N 的氯化,然后通过不可逆的 Orton 重排发生苯环的氯化,最终导致膜的降解和破坏。

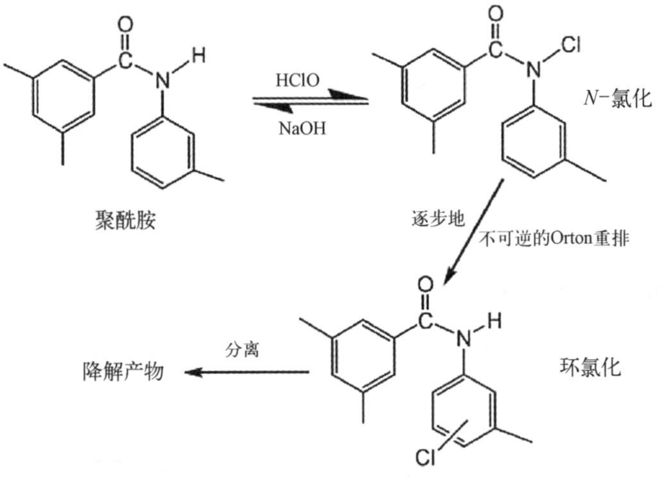

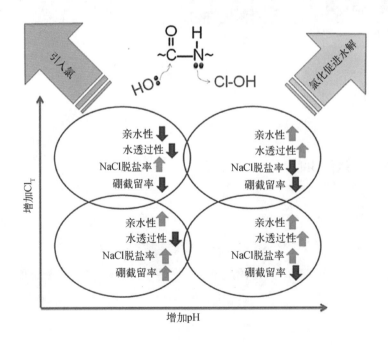

图 3-24 次氯酸盐氯化 PA 膜的机理示意图

聚酰胺

N-氯化

逐步地

不可逆的Orton重排

降解产物 ← 分离 ← 环氯化

氯化对 TFC 膜结构、物理化学性质和脱盐性能的影响与氯化条件密切相关。如图 3-25 所示，Van 等研究了膜性能随次氯酸钠溶液 pH、有效氯浓度和氯化时间的变化规律，揭示了 N-氯化和氯化促进水解两种竞争机制的影响。当 pH<7 时，Cl 原子主要以 HClO 的形式存在，更多的 Cl 进入 PA 基体内部；当 pH>7 时，溶液中具有丰富的羟基，氯促进的水解反应更有利。当氯化起主要作

图 3-25 氯化条件对 NF90 纳滤膜亲水性和分离性能的影响

石墨烯膜材料与环保应用

用时,膜表面变得更加疏水,使膜通量下降。当水解反应占主导时,膜亲水性提高,交联度降低,使水透过速率升高。对于带电溶质,在一般氯化条件下,由于电荷密度的增加,脱盐率提高,而当水解严重时,酰胺键断裂,脱盐率降低。中性硼酸的脱盐率可以作为分离层交联度变化的证据。

TFC 膜的氯氧化性能主要通过对比氯化前后水通量和脱盐率的变化程度来评估。一般来说,当脱盐率降低约 10%时认为膜已失效。

3.3.2　氧化石墨烯涂层提高膜抗氯性能的机制

提高 TFC 膜抗氯性能的方法主要有两种:改性 PA 的结构消除氯的敏感位点和表面改性屏蔽氯的反应位点。其中,表面改性更简单有效。目前的改性剂主要选用有机材料,而 GO 由于其柔性的二维结构、稳定的化学性质和选择离子透过性可有效地阻隔游离氯,更具优势。

关于 GO 表面改性 TFC 膜提高其抗氯性能的研究已有报道。实验结果如图 3－26 所示,Wansuk 等研究了 GO 的层数和氯化时间对 PA 膜抗氯性能的影响。如图 3－26(a)(b)所示,氯化 1 h 后,PA 膜的水通量显著上升,为初始值的 3～3.3 倍,其中 GO 表面改性使水通量的增加程度略微减弱。同时,PA 膜的脱盐率约降低了 50%,随着 GO 层数的增加,脱盐率降低的程度明显减弱,当 GO 层数为 10 层时,PA－GO 膜的脱盐率仅略微降低约 4%,这说明 GO 涂层可有效提高 PA 分离层的抗氯性能。氯化时间对 PA 膜分离性能的影响如图 3－26(c)(d)所示。随着氯化时间延长,水通量迅速增加然后达到平台区,PA 膜和 PA－GO 膜的水通量变化程度没有明显差别。而脱盐率持续降低,PA－GO 膜脱盐率降低的程度低于 PA 膜。当氯化时间达到 10 h 时,GO 涂层对 PA 膜的保护作用消失。

虽然 GO 涂层产生了一定的抗氯效果,但受限于 LBL 的涂层制备方法,GO 沉积层数有限,难以实现膜表面的完全覆盖和抗氯性能的最优化。Hu 等通过压力辅助的物理沉积法在 RO 膜表面制备了相对更厚的、具有 100%覆盖率的 GO 涂层,并探究了 GO 涂层对 RO 膜抗氯性能的影响。如图 3－27 所示,通过对比

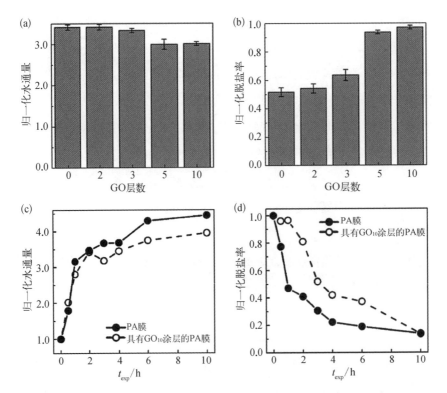

图 3 - 26 GO 的层数和氯化时间对 PA 膜抗氯性能的影响

（a）（b）氯化后 PA 膜的归一化水通量和脱盐率与 GO 层数的关系，氯化条件：有效氯浓度为 6 000 mg/L，pH= 10，氯化时间为 1 h；（c）（d）氯化后 PA 膜和具有 GO₁₀涂层的 PA 膜的归一化水通量和脱盐率与氯化时间的关系，氯化条件：有效氯浓度为 6 000 mg/L, pH= 10

RO 膜和 RO - GO 膜在游离氯浓度为 6 000 ppm 的 NaClO 溶液（pH＝7）中浸泡 1 h 前后的脱盐性能（NaCl）来评估 GO 涂层对膜抗氯性能的影响。氯化后，RO 膜和 RO - GO 膜的水通量都降至初始的约 20%［图 3 - 27（a）］。水通量的降低通常被认为是氯化导致膜疏水化的结果。然而，RO 膜的脱盐率显著降低至初始的约 80%，RO - GO 膜的脱盐率几乎保持不变［＞98%，图 3 - 27（b）］，这说明 GO 涂层可有效提高膜的抗氯性能，延缓膜的失效。此外，GO 厚、薄涂层对膜的保护作用相同，虽然 GO 厚涂层对 OCl⁻的渗透阻力更大，但其粗糙的褶皱表面增大了与 OCl⁻的接触面积，因此，GO 厚、薄涂层呈现相当的抗氯效果。

GO 涂层对膜抗氯性能的影响机制可通过 PA 分离层的异质结构来说明。PA 分离层在厚度方向上介质分布不均匀，呈现"三明治"结构，中间为致密的"核

图 3-27 GO 涂层对 RO 膜抗氯性能的影响

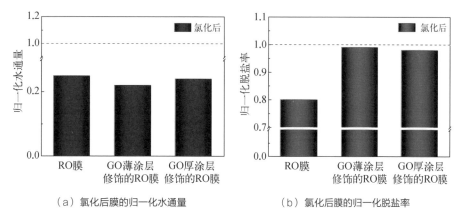

（a）氯化后膜的归一化水通量　　　　（b）氯化后膜的归一化脱盐率

层"，两侧为疏松的"外层"。一般来说，"核层"决定膜的"脱盐率"，而"水通量"与 PA 分离层的平均密度相关。在氯化过程中，OCl^- 首先与 PA 疏松的外层发生反应，然后逐渐渗入内部破坏致密的核层结构。因此，氯化过程会首先导致膜通量的变化，直至核层发生破坏时才会影响到脱盐率。图 3-26 和图 3-27 的实验结果表明，RO-GO 膜的水通量发生显著变化，而脱盐率几乎保持不变，这说明 RO 膜 PA 分离层的外层已经被氯化，核层还未受到破坏。因此，GO 涂层通过延缓 OCl^- 的扩散，而不是完全阻隔其传输来延长 RO 膜在氯化环境中的使用寿命，提高膜抗氯性能。GO 涂层对 OCl^- 的阻碍作用可归因于二维传质通道的尺寸排除效应。

　　Shao 等提出了另一种 GO 涂层提高 PA 膜抗氯性能的机制。如图 3-28（a）（b）所示，PA 膜氯化后水通量升高，脱盐率降低，而 GO 涂层可显著抑制 PA 膜的氯化，降低水通量和脱盐率的变化程度，这说明 GO 涂层可显著提高 PA 膜的抗氯性能。通过 XPS 分析氯化后 PA 膜和 PA-GO 膜表面的化学组成以揭示 GO 涂层对 PA 膜抗氯性能的影响机制。如图 3-28（c）（d）所示为氯化后 PA 膜和具有 GO_{10} 涂层的 PA 膜表面的 XPS Cl（2p）精细谱。结果表明，PA 膜分别在 197.1 eV、200.4 eV 和 201.98 eV 处出现三个特征峰，第一个峰来源于 O=C—N—Cl，后两个峰对应 C_6H_5Cl。这可由图 3-24 中 PA 膜的氯化机理解释：PA 与 Cl 接触后，Cl 原子取代酰胺键中的 H 原子发生 N 的氯化，形成 O=C—N—Cl，然后通过不可逆的 Orton 重排发生苯环的氯化，形成 C_6H_5Cl。PA-GO

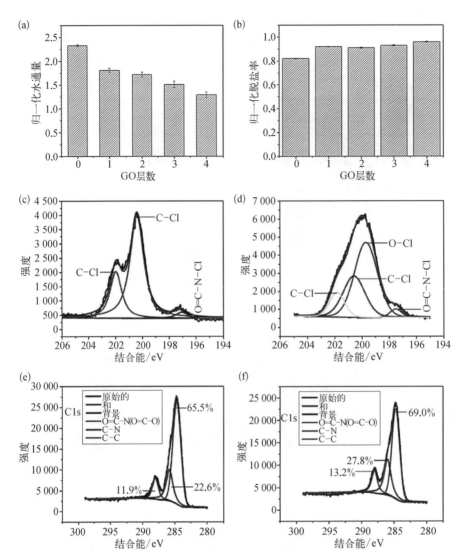

图 3 - 28 GO 涂层对 PA 膜抗氯性能的影响机制

（a）（b）氯化后 PA 膜的归一化水通量和脱盐率与 GO 层数的关系，氯化条件：有效氯浓度为 6 000 mg/L，氯化时间为 2 h；（c）（d）氯化后 PA 膜和具有 GO₁₀ 涂层的 PA 膜表面的 XPS Cl（2p）精细谱；（e）（f）氯化后 PA 膜和具有 GO₁₀ 涂层的 PA 膜表面的 XPS C1s 精细谱

膜分别在 197.1 eV、200.4 eV、201.98 eV 和 199.7 eV 处出现四个特征峰，在 199.7 eV 处新增的特征峰可归因于 O—Cl。这说明 GO 表面含氧官能团和 Cl 自由基发生反应，形成 O—Cl，从而避免 PA 与 Cl 的接触，提高 PA 膜的抗氯性能。如图 3 - 28（e）（f）所示为氯化后 PA 膜和具有 GO₁₀ 涂层的 PA 膜表面的 XPS C1s 精细谱。PA 膜和 PA—GO 膜均在 288.0 eV、286.0 eV 和 284.7 eV 处

出现三个特征峰,分别对应 O=C—N(O=C—O)、C—N 和 C—C。而且,PA-GO 膜表面 C—N 的含量高于 PA 膜,这说明 GO 涂层可保护 PA 分离层免受 Cl 的攻击。因此,GO 涂层也可通过与 Cl 发生反应作为牺牲层提高 PA 膜的抗氯性能。

3.4 膜过滤性能

通常来说,膜表面涂层会增加传质阻力而使水通量降低,而 GO 涂层由于其优异的物理化学性质和传质特性有望形成高通透的保护涂层。在已有的研究中,GO 涂层降低、不影响和提高膜通量的结果均有报道。需要说明的是,由于 MF/UF 膜孔隙率高、通量大,GO 表面改性势必会降低膜通量,此处仅讨论 GO 涂层对 TFC 膜过滤性能的影响。

3.4.1 降低膜通量

Shao 等通过旋涂法在 PA 膜表面沉积了数层 GO 层片,如图 3-29 所示,脱盐测试结果表明,随着 GO 层数的增加,PA 膜的水通量显著降低,当 GO 层数仅

图 3-29 GO 涂层对 PA 膜脱盐性能的影响

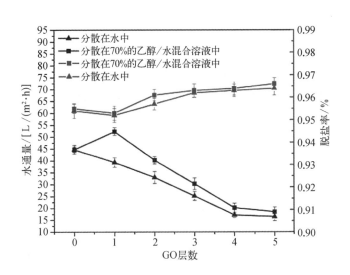

为 4 层时，水通量已严重降低约 67%。

3.4.2 保持膜通量

Choi 和 Perreault 等分别通过 LBL 和共价接枝的方法在 PA 膜表面沉积了数层 GO 涂层，SEM 表征中 PA‐GO 膜的表面形貌与上述 Shao 等的结果相似。然而，如图 3‐30 所示，脱盐测试结果表明 GO 涂层对 PA 膜的水通量和脱盐率几乎无任何影响。这与 Meng 等认为 GO 膜的水通量与厚度无关的研究结果一致。

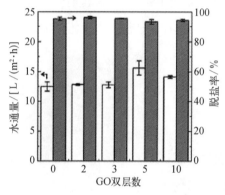

（a）PA 膜脱盐性能与 GO 层数的关系

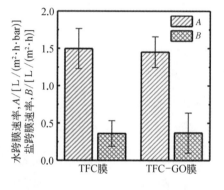

（b）TFC 膜和 TFC‐GO 膜对水和 NaCl 的透过速率

图 3‐30 GO 涂层对 PA 膜和 TFC 膜过滤性能的影响

Hu 等提出了此相悖结论可能的机制，且使涂层厚度达到 200 nm 时仍然不影响 RO 膜初始通量。GO 膜的水透过性与厚度关系的差异可能是由 GO 片层尺寸导致的。分别选取片层尺寸约为 200 nm 的 GO‐S 和约为 2 mm 的 GO‐L，通过研究其压力辅助沉积 GO 涂层过程中水透过体积随时间的变化来评估 GO 涂层通量与厚度的关系。如图 3‐31 所示，随着沉积时间延长（涂层厚度增加），GO‐S 的水透过速率（正比于斜率）几乎保持不变，而 GO‐L 的水透过速率显著降低，这说明纳米 GO 层片的水透过速率与厚度无明显关系，而微米 GO 层片的水透过速率与厚度密切相关。

选用 GO‐S 进行表面改性，如图 3‐32（a）所示。首先测试 RO 膜的脱盐

石墨烯膜材料与环保应用

图 3-31 压力辅助沉积 GO 涂层过程中水透过体积随时间的变化

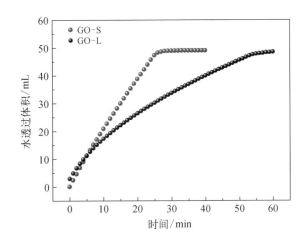

性能,清洗膜表面后原位沉积 GO 涂层,然后测试 RO-GO 膜的脱盐性能。测试结果如图 3-32(b)～(e)所示。原 RO 膜的水通量和脱盐率分别约为 79 L/(m²·h) 和 91%。沉积 GO 涂层后,GO 薄涂层修饰的 RO 膜(厚度约为 50 nm)和 GO 厚涂层修饰的 RO 膜(厚度约为 200 nm)呈现相似的脱盐性能,水通量分别降低至 68.53 L/(m²·h) 和 67.54 L/(m²·h),脱盐率略微升高至 93.65% 和 95.28%[图 3-32(b)(c)]。然而,由于沉积 GO 涂层的施压过程也可能造成膜通量的下降,因此,需要进行"修订实验",将图 3-32(a)中的涂层制备过程替换为相同时间的纯水过滤过程,通过对比 RO 膜脱盐性能的变化来排除基底的影响[图 3-32(d)]。将 RO 膜的初始脱盐性能通过"修订系数"(RO-修正/RO)进行修订后,结果表明,GO 厚、薄涂层对 RO 膜的水通量和脱盐率实际上没有任何影响,形成高通透的保护涂层[图 3-32(e)]。

3.4.3 提高膜通量和截留率

Zhao 等通过压力辅助沉积法在 TFC 膜表面制备了物理结合的 GOQDs 涂层,同时提高了膜的水通量和对盐及染料的截留率。如图 3-33 所示,GOQDs 涂层可提高 NF 膜表面亲水性,增加 NF 膜表面的电负性。

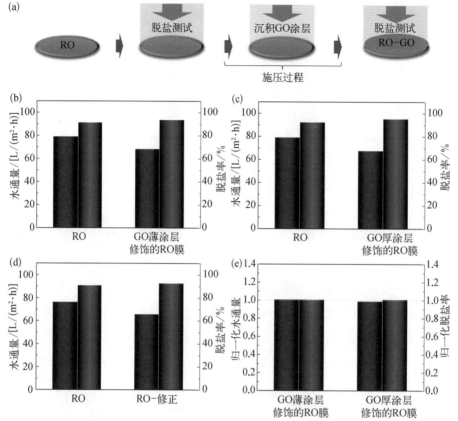

图 3 - 32　GO 涂层对膜脱盐性能的影响

（a）脱盐测试流程图；（b）GO 薄涂层修饰的 RO 膜；（c）GO 厚涂层修饰的 RO 膜；（d）RO-修正；（e）RO-GO 膜的归一化水通量和脱盐率

四种典型的盐溶液过滤性能的测试结果表明，初始 NF 膜的水通量约为 110 L/（m² · h），GOQDs 涂层可以提高膜水通量至 125 L/（m² · h）左右。同时，对所测试的四种盐溶液，GOQDs 涂层均可不同程度提高盐离子的截留率。此外，GOQDs 涂层也可同时提高 NF 膜对甲基橙溶液的水通量和截留率。将水通量的提高归因于膜亲水性的改善，而截留率的提高主要是因为膜表面电负性的提高增加了膜与阴离子和负电染料分子之间的静电排斥作用。

图 3-33 GOQDs 涂层对 TFC 膜表面性质和过滤性能的影响

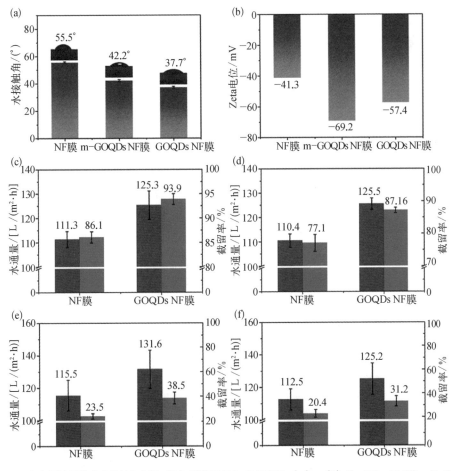

（a）膜表面静态水接触角表征；（b）膜表面 Zeta 电位表征；（c）~（f）Na₂SO₄、MgSO₄、NaCl 和 MgCl₂ 溶液的过滤性能，盐溶液浓度为 500 ppm，测试压力为 100 psi①

参考文献

［1］ Tsou C H，An Q F，Lo S C，et al. Effect of microstructure of graphene oxide fabricated through different self-assembly techniques on 1-butanol dehydration[J].

---

① 1 psi＝6.894 757 kPa。

Journal of Membrane Science, 2015, 477: 93 – 100.

[2] Hegab H M, Wimalasiri Y, Ginic-Markovic M, et al. Improving the fouling resistance of brackish water membranes via surface modification with graphene oxide functionalized chitosan[J]. Desalination, 2015, 365: 99 – 107.

[3] Hu R R, Wang C, Liu X, et al. Facile fabrication of unimpeded and stable graphene oxide coating on reverse osmosis membrane for dual-functional protection[J]. Chemistry Select, 2018, 3(43): 12122 – 12130.

[4] Hegab H M, Elmekawy A, Barclay T G, et al. Effective in-situ chemical surface modification of forward osmosis membranes with polydopamine-induced graphene oxide for biofouling mitigation[J]. Desalination, 2016, 385: 126 – 137.

[5] Koenig S P, Boddeti N G, Dunn M L, et al. Ultrastrong adhesion of graphene membranes[J]. Nature Nanotechnology, 2011, 6(9): 543 – 546.

[6] Hu R R, He Y J, Huang M R, Zhao G K, et al. Strong adhesion of graphene oxide coating on polymer separation membranes[J]. Langmuir, 2018, 34(36): 10569 –10579.

[7] Choi W, Choi J, Bang J, et al. Layer-by-layer assembly of graphene oxide nanosheets on polyamide membranes for durable reverse-osmosis applications[J]. Acs Appl Mater Interfaces, 2013, 5(23): 12510 – 12519.

[8] Hu M, Mi B X. Layer-by-layer assembly of graphene oxide membranes via electrostatic interaction[J]. Journal of Membrane Science, 2014, 469: 80 – 87.

[9] Zhang Y, Zhang S, Gao J, et al. Layer-by-layer construction of graphene oxide (GO) framework composite membranes for highly efficient heavy metal removal [J]. Journal of Membrane Science, 2016, 515: 230 – 237.

[10] Wang T, Lu J R, Mao L L, et al. Electric field assisted layer-by-layer assembly of graphene oxide containing nanofiltration membrane[J]. Journal of Membrane Science, 2016, 515: 125 – 133.

[11] Perreault F, Tousley M E, Elimelech M. Thin-film composite polyamide membranes functionalized with biocidal graphene oxide nanosheets [J]. Environmental Science & Technology Letters, 2014, 1(1): 71 – 76.

[12] Zeng Z P, Yu D S, He Z M, et al. Graphene oxide quantum dots covalently functionalized PVDF membrane with significantly-enhanced bactericidal and antibiofouling performances[J]. Scientific Reports, 2016, 6: 20142.

[13] Huang X W, Marsh K L, Mcverry B T, et al. Low-fouling antibacterial reverse osmosis membranes via surface grafting of graphene oxide[J]. ACS Appl Mater Interfaces, 2016, 8(23): 14334 – 14338.

[14] Lu X L, Feng X D, Zhang X, et al. Fabrication of a desalination membrane with enhanced microbial resistance through vertical alignment of graphene oxide[J]. Environmental Science & Technology Letters, 2018, 5: 614 – 620.

[15] Perreault F, Jaramillo H, Xie M, et al. Biofouling mitigation in forward osmosis using graphene oxide functionalized thin-film composite membranes [J].

Environmental Science & Technology, 2016, 50(11): 5840 - 5848.

[16] Kang G D, Gao C J, Chen W D, et al. Study on hypochlorite degradation of aromatic polyamide reverse osmosis membrane[J]. Journal of Membrane Science, 2007, 300(1 - 2): 165 - 171.

[17] Do V T, Tang C Y, Reinhard M, et al. Effects of chlorine exposure conditions on physiochemical properties and performance of a polyamide membrane-mechanisms and implications[J]. Environmental Science & Technology, 2012, 46(24): 13184 - 13192.

[18] Buch P R, Mohan D J, Reddy A V R. Preparation, characterization and chlorine stability of aromatic-cycloaliphatic polyamide thin film composite membranes[J]. Journal of Membrane Science, 2008, 309(1 - 2): 36 - 44.

[19] Freger Viatcheslav. Nanoscale heterogeneity of polyamide membranes formed by interfacial polymerization[J]. Langmuir, 2003, 19(11): 4791 - 4797.

[20] Shao F F, Dong L F, Dong H Z, et al. Graphene oxide modified polyamide reverse osmosis membranes with enhanced chlorine resistance[J]. Journal of Membrane Science, 2017, 525: 9 - 17.

[21] Zhao G K, Hu R R, He Y J, et al. Physically coating nanofiltration membranes with graphene oxide quantum dots for simultaneously improved water permeability and salt/dye rejection[J]. Advanced Materials Interfaces, 2019, 6(5): 1801742.

第 4 章

氧化石墨烯对植物
生长的影响

纳米材料优异的力学、光学、电学、磁学及热学等性能使其在电子、航天、能源、化工、机械、生物医学及环保等诸多领域展现出潜在的应用价值。为了应对人口快速增长和工业化发展导致的不断加剧的土壤污染问题，新兴的纳米技术在农业领域迅速崛起，以增强农业的可持续性发展。例如，纳米肥料（如纳米尺度的营养物、纳米级包膜肥料）和纳米农药（如活性成分纳米制剂、无机纳米材料）可有效控制农用化学品的释放，提升化学品的利用效率，使其递送更具有针对性。这不仅发挥了农用化学品的最大功效，同时避免了过量化学品流失造成的环境污染。纳米传感器和纳米修复剂可有效检测和移除环境中的污染物。综上所述，纳米材料已与农业生产密切相关，在农业领域有巨大的应用潜力。同时，纳米材料对农业及人类健康的潜在风险也逐渐受到关注，"植物纳米学"作为一个新的研究方向迅速崛起。植物是生态环境中的生产者，可以通过光合作用固定 CO_2，为人类提供食物并参与维持环境的可持续性发展。纳米材料对植物的影响及毒性作用逐渐成为一个重要的研究方向。

前述已提及，GO 是石墨烯的重要衍生物之一，利用强氧化剂对石墨进行氧化剥离得到。GO 保留了独特的石墨烯的碳基结构，表面含有丰富的羟基与环氧基，羧基与羰基则趋向于处在 GO 的边缘。GO 的含氧官能团赋予其亲水性、吸附性、优异复合性能等，拓宽了其应用范围。GO 在水净化等环境治理领域及生物医药领域的研究成果颇丰。近年来，GO 在农业领域的应用（缓释化肥的载体、新型的纳米杀菌杀虫剂）逐渐被关注。与此同时，GO 的广泛应用将使其被动或主动地释放至水体和土壤中，进而影响植物的生长。本章主要介绍 GO 等纳米材料对植物生长的影响及 GO 在农业领域的应用。

4.1 纳米颗粒和 CNT 对植物生长的作用

4.1.1 氧化物纳米颗粒对植物生长的作用

氧化物纳米颗粒对植物的作用受材料物理化学性质、作物种类及培养基种类等因素的影响很大。低浓度（2～10 ppm）的 TiO_2 纳米颗粒对小麦的幼苗生长呈促进作用，而更高浓度的 TiO_2 纳米颗粒则不产生影响或抑制生长。TiO_2 纳米颗粒对菠菜也有类似的浓度影响趋势，低浓度的 TiO_2 纳米颗粒促进种子的萌发，提升种子活力。与 TiO_2 块体相比，纳米颗粒凭借小尺寸效应可以穿透种皮，促进水分吸收。TiO_2 纳米颗粒有助于作物对矿物质的吸收，从而促进叶绿素形成，提高光合速率。纳米 TiO_2 与纳米 SiO_2 混合物可以增加黄豆中硝酸还原酶的含量，促进黄豆对水分和肥料的吸收与利用，完善其抗氧化系统，加速种子萌发和幼苗生长。单一 SiO_2 纳米颗粒对西葫芦的生长没有明显的影响。ZnO 纳米颗粒对绒毛牧豆树也没有明显的毒性作用，对黑麦草的毒性则表现在生物量的减少、根尖缩小和高度空泡化及根表皮塌陷等方面。黑麦草根系分泌物会改变 ZnO 纳米颗粒的 Zeta 电位和团聚尺寸，从而影响其毒性机制。Al_2O_3 纳米颗粒对烟草生长的影响始终表现为抑制作用。烟草的根长、生物量及叶子数量随 Al_2O_3 纳米颗粒浓度的增加而显著下降。与琼脂培养基相比，CuO 纳米颗粒在水培条件下对小麦的毒性有所增加。这主要是因为 CuO 释放的 Cu^{2+} 对小麦产生毒性，而水培环境会增加 Cu^{2+} 的含量。

4.1.2 金属纳米颗粒对植物生长的作用

在金属纳米颗粒中，Ag 作为杀菌剂在医疗及日常生活中应用最为广泛，极易暴露于环境中。下面以 Ag 为例说明作物种类、金属纳米颗粒性质（尺寸、形状及浓度）及培养基质等因素对整体作用结果的影响。

Yin 等探究了 Ag 纳米颗粒对 11 种湿地植物（黑麦草、柳枝稷、野甘草、芦苇及灯芯草等)萌发与生长的影响,发现这些植物对 Ag 纳米颗粒的响应不尽相同。大尺寸、低浓度的 Ag 纳米颗粒对植物的毒性作用较弱。Barrena 等发现29 nm 的 Ag 纳米颗粒对黄瓜和生菜发芽指数几乎无影响。El-Temsah 等探究不同尺寸的 Ag 纳米颗粒对黑麦草、大麦和亚麻发芽率的影响,结果表明,颗粒尺寸与作物种类共同决定最终发芽率。低浓度(10 mg/L)的 Ag 纳米颗粒(0.6～2 nm)对黑麦草的发芽率仍表现出抑制作用。而中等尺寸(5 nm 与 20 nm)的 Ag 纳米颗粒对大麦的萌发仅有微小的抑制作用。亚麻种子萌发则不受颗粒尺寸的影响。低浓度的 Ag 纳米颗粒对菜豆和玉米的生长有促进作用,而高浓度的 Ag 纳米颗粒却产生抑制作用。绿豆和高粱也表现出相同的浓度依赖趋势。Syu 等还发现不同形状的 Ag 纳米颗粒对拟南芥的生长会产生不同的影响。十面体的 Ag 纳米颗粒对根的生长促进作用最大,所导致的超氧化物歧化酶的积累也最少。球形 Ag 纳米颗粒对根长无影响,但是会使超氧化物歧化酶和花青素在拟南芥中有较高程度的积累。不同形状的 Ag 纳米颗粒对植物体内蛋白积累和基因表达也产生了不同的影响。

在水培条件下,Ag 纳米颗粒对生菜根长有明显的抑制作用。在土培条件下,Ag 纳米颗粒则不产生抑制作用。Lee 等的研究也表明培养基质的重要性。在琼脂培养基中,Ag 纳米颗粒对绿豆和高粱都表现出抑制作用,而将培养基换成土壤时,抑制作用被明显削弱。

金属纳米颗粒还会对植物产生一定的间接影响。零价 Fe 具有很强的还原性,可与土壤中的 Cd 发生氧化还原反应,改变 Cd 在土壤中的形态,从而抑制水稻对 Cd 的吸收。在土壤中,S 与零价 Fe 对 Cd 的形态转变有一定的协同作用。S 在还原性强的土壤中与 Cd 生成 CdS 化合物,进而将 Cd 固定在土壤中。

表 4-1 汇总了常用金属纳米颗粒对植物生长的影响。

表 4-1 常用金属纳米颗粒对植物生长的影响

材 料	植 物	影 响
Au	芥菜、拟南芥	提高发芽率,促进生长
Au、Cu	生菜	对发芽无影响
Ag	菜豆、玉米、绿豆、高粱	低浓度促进生长、增加根长,高浓度抑制生长
Ag	绿豆、高粱、浮萍	抑制生长

材　料	植　物	影　响
Ag	土豆	增加质量和产量
Ag	琉璃苣、罗勒	增加种子产量
Ag	小麦	抑制发芽
Ni	番茄	减少根长
Al	萝卜、油菜	增加根长
Cu	小麦、绿豆	减少根长，抑制幼苗生长
Cu、Zn	小麦	提高耐旱性
Al	黑麦、玉米、生菜	减少根长
Al	萝卜、油菜、生菜、玉米、黄瓜	对发芽无影响
Al	浮萍	促进生长
Zn	萝卜、油菜、黑麦、玉米、生菜、黄瓜	减少根长
Se	烟草	促进生长，促进发芽
Si、Pd、Au、Cu	生菜	促进发芽

4.1.3　CNT 对植物生长的作用

不同植物对 CNT 的作用有着不同的响应。Cañas 等研究了 SWCNT 溶液对 6 种作物（黄瓜、卷心菜、胡萝卜、生菜、番茄和洋葱）根伸长率的影响。结果表明，SWCNT 对番茄和生菜的根伸长率有显著的抑制作用，而对洋葱和黄瓜的根伸长率有一定的促进作用，卷心菜和胡萝卜则不受 SWCNT 的影响。种子尺寸较小时，其比表面积大、活性高，作物对 CNT 的作用更加敏感。

CNT 对植物的影响与处理方式密切相关。用 CNT 对番茄的种子进行浸泡，再用含有 CNT 的 MS 培养基培育，CNT 对番茄的作用就不再表现为抑制，而是提高其发芽率和增加幼苗高度。以土壤为培养基时，MWCNT 显著提升了番茄的果实产量。同时，CNT 对土壤微生物群落的多样性没有明显的影响，仅拟杆菌和厚壁菌的相对丰度有所增加，而变形杆菌的相对丰度稍有降低。MWCNT 对其他很多作物（玉米、黄豆、大麦、小麦、花生、芥菜、鹰嘴豆和大蒜）的发芽率和幼苗生长也都表现出了促进作用。与空白组相比，MWCNT 使发芽率提高 3～4 倍，生长速率和生物量也均有明显提升。MWCNT 提升作物发芽率的主要原因是它可以穿透种皮，增加种皮的吸水量。但是值得注意的是，过高的 CNT 浓度会对作物的生长产生抑制作用。对于水稻来说，无论是 SWCNT

还是 MWCNT,均表现出生长促进作用。在幼苗长度方面,SWCNT 的促进作用优于 MWCNT。一方面,CNT 穿透种皮,为水分子创造了新的纳米传输通道;另一方面,水分子在 CNT 平滑、低摩擦的表面实现了超快传输,促进了水稻对水分的吸收。

Khodakovskaya 等研究了 CNT 及活性炭对烟草生长的影响。采用含有不同浓度($0.1\ \mu g/mL$、$5\ \mu g/mL$、$100\ \mu g/mL$、$500\ \mu g/mL$)的 MWCNT 和活性炭的 MS 培养基培养烟草,结果如图 4-1 所示。$5\sim500\ \mu g/mL$ 的 MWCNT 处理可使烟草细胞的生物量增加 55%～64%。活性炭对烟草的促进作用并不明显,高浓度的活性炭反而会抑制烟草细胞的生长。

图 4-1 MWCNT 与活性炭对烟草细胞培养的结果

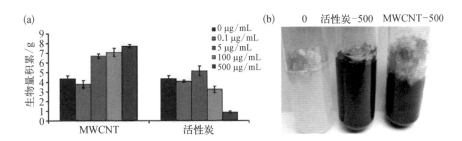

(a) 烟草细胞分别在常规 MS 培养基、活性炭增补的 MS 培养基($0.1\ \mu g/mL$、$5\ \mu g/mL$、$100\ \mu g/mL$ 和 $500\ \mu g/mL$)和 MWCNT 增补的 MS 培养基($0.1\ \mu g/mL$、$5\ \mu g/mL$、$100\ \mu g/mL$ 和 $500\ \mu g/mL$)中的生物量积累;(b) 烟草细胞分别在常规 MS 培养基、活性炭增补的 MS 培养基($500\ \mu g/mL$)和 MWCNT 增补的 MS 培养基($500\ \mu g/mL$)中的生长结果

CNT 对植物的作用也取决于培养基的选择。以固态培养基(固态琼脂及土壤等)培育植物,CNT 对作物的毒性作用被削弱,而以液态培养基培育时,CNT 则对植物的生长表现出强烈的抑制作用。Begum 等用含有不同浓度($0\ mg/L$、$20\ mg/L$、$200\ mg/L$、$1\ 000\ mg/L$ 与 $2\ 000\ mg/L$)的 MWCNT 的营养液培育苋菜、生菜、水稻、黄瓜、辣椒、秋葵与黄豆。高浓度的 MWCNT 对苋菜、生菜、水稻和黄瓜表现出显著的抑制作用,而辣椒、秋葵与黄豆未受影响。$1\ 000\ mg/L$ 的 MWCNT 对西葫芦的生长也有显著抑制作用。CNT 与作物的根系表面发生作用,贴附在根系表面的 CNT 阻碍了作物对水和养分的吸收,从而抑制其生长。CNT 还会引起作物的氧化应激反应,导致细胞死亡和电解质的渗出。

4.2　氧化石墨烯在水培条件下对植物生长的作用

在水培条件下,GO 往往表现出高植物毒性。很多研究从植物自身入手,通过分析植物器官结构变化、体内酶活性变化及基因表达变化等来揭示 GO 对植物所产生的毒性。

Jiao 等采用 GO 溶液水培烟草,研究了 GO 对烟草根长的影响,实验结果如图4-2所示。20 mg/L 的 GO 对根伸长表现出很强的抑制作用,与空白组相比,GO 处理增加了烟草不定根的数量,最终导致 GO 培养的烟草根总重为空白组的 1.5 倍。GO 对烟草根长的影响主要来源于其对植物生长素吲哚乙酸(Indole-3-acetic Acid,IAA)基因转录水平的影响。GO 的处理会加速与

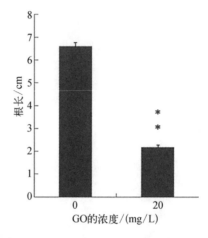

图 4-2　20 mg/L 的 GO 对烟草根长的影响

IAA 的合成相关的三种基因(IAA3、IAA4 和 IAA7)的转录。GO 的加入同时加速了生长素响应因子 ARF(ARF2 和 ARF8)的转录。IAA3、IAA4、IAA7 的增加会抑制 IAA 的合成,从而抑制根的伸长,而 ARF 的大量转录则会增加不定根的数量。进一步研究结果表明,GO 水培处理会提高烟草中的过氧化物酶(Peroxidase,POD)、超氧化物歧化酶(Superoxide Dismutase,SOD)和过氧化氢酶(Catalase,CAT)的活性。这些酶活性的提高说明活性氧簇(Reactive Oxygen Species,ROS)积累水平的提高,即 GO 引发了烟草体内的氧化应激反应。

Begum 等研究了 GO 对卷心菜、番茄、苋菜及生菜幼苗生长的影响,检测了植物根茎的生物量、细胞死亡水平及 ROS 水平。将尺寸为微米级的单层 GO 溶解于水中,配制一系列浓度的 GO。种子萌发期,仅用 GO 水溶液处理植物种子,而后将幼芽转移至含有不同浓度 GO 的霍格兰营养液中处理。植物萌发结果如图 4-3所示,番茄、卷心菜和苋菜的子叶和根系的生长均受到明显抑制,且 GO 浓度越高,

抑制作用越强。培养 20 d 后,对番茄、卷心菜和苋菜的根长、茎长及生物量进行测试,结果表明,GO 显著抑制了植物的生长,抑制程度依赖于 GO 浓度及培养时间。2 000 mg/L GO 处理的植物根极短且根毛几乎消失。这是因为植物根尖和根毛会分泌黏液,进而对 GO 产生一定的吸附作用。经过一段时间的水培,可以明显看到植物根部变黑。根部大量富集的 GO 会对植物产生毒性。植物的叶片的生长也因 GO 的处理而受到抑制。而与番茄、卷心菜和苋菜相比,生菜的生长并未受到 GO 的影响。原因在于生菜的根部结构与其他三种植物不同。番茄、卷心菜和苋菜的根为直根系,有明显的主根,而生菜的根为须根系,根部有大量的根须。同时植物之间不同的木质部结构决定了其分别具有不同的水传输速率,而且其对纳米材料的吸收过程也不同。可见,不同种类的植物对 GO 的响应并不相同。

图 4-3 GO 对子叶和根系的影响

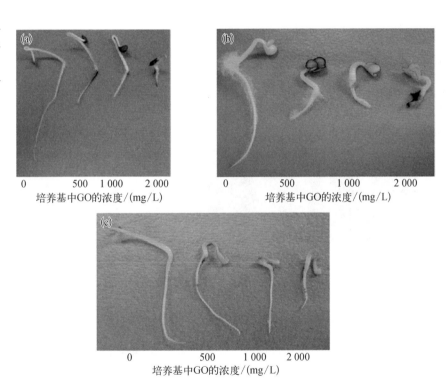

(a)~(c)分别为番茄、卷心菜和苋菜种子在有 GO 溶液的滤纸上和无 GO 溶液的滤纸上孕育 4 d 的结果

GO 在植物根部的大量积累会诱发植物产生过量的 ROS。H_2O_2 是细胞发生氧化应激过程中的一个中间产物,H_2O_2 的存在对应着 ROS 的积累。用 $2',7'$-二氯

荧光黄双乙酸盐(DCFH-DA)荧光探针染色法测试叶片的 ROS 积累水平,该方法可使得叶片中的 H_2O_2 可视化。对比空白组和浓度为 1 000 mg/L 的 GO 溶液处理的植物,结果如图 4-4 所示,GO 显著提高了叶片中 ROS 的积累量。用 3,3'-二氨基联苯胺(DAB)染色法进一步验证 ROS 的积累水平。H_2O_2 与过氧化物酶反应,分解为水和氧。释放的氧进一步氧化 DAB,产生黄褐色沉淀,沉淀处即为 H_2O_2 位点。如图 4-4 所示,两个图中的(a)(b)、(c)(d)、(e)(f)分别为卷心菜、番茄、菠菜叶片的检测结果,1 000 mg/L GO 处理的植物叶片呈现出大量明显的深黄色沉淀。

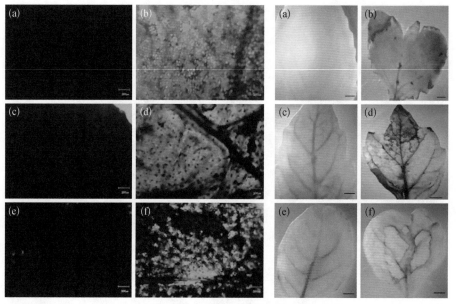

图4-4 利用2',7'-二氯荧光黄双乙酸盐(DCFH-DA)荧光探针染色法测试 GO 对叶片中 ROS 积累的影响

两个图中左列的(a)(c)和(e)分别为无 GO 培育的卷心菜、番茄和菠菜叶片;右列的(b)(d)和(f)分别为 1 000 mg/L GO 培育的卷心菜、番茄和菠菜叶片。绿色的信号表示 ROS 产生的位点

　　GO 对植物的毒性还表现为对细胞膜的破坏和提升细胞死亡率。利用伊文思蓝染色法和电导率法对细胞膜结构和细胞死亡率进行检测。伊文思蓝染色法的原理为活细胞的细胞结构正常,细胞膜具有良好的完整性,伊文思蓝会被阻拦在细胞外;死亡细胞的细胞结构异常,失去活性,细胞膜易被穿透,伊文思蓝可进入细胞,对死亡细胞进行染色。电导率法的原理则是将植物置于水中,细胞膜的破坏程度越高,其电解液渗出率就越高,测得的电导率值就越高。实

　　　　　　　　　　　　　　　　　　　　石墨烯膜材料与环保应用

验结果表明,GO 处理的植物细胞膜损伤严重,细胞死亡率升高。SEM 的测试结果表明,GO 的处理使植物的根部形态发生变化。空白组的根发育正常,而 1 000 mg/L GO 溶液处理的番茄、菠菜和卷心菜的根形态发生了变化。卷心菜的根部出现膨胀的现象,番茄和菠菜的根表皮松散、损伤严重。TEM 的测试结果表明,GO 并未被植物吸收或在植物体内有所传播。尽管如此,GO 仍然对植物具有高毒性。

Hu 等研究了 GO 对小球藻生长的影响。在 Blue – Green 培养基(BG 培养基)中添加 GO,配制含有不同浓度(10 mg/L、1 mg/L、0.1 mg/L 和 0.01 mg/L)GO 的培养液(GO10、GO1、GO0.1 和 GO0.01),用来水培小球藻。GO 具有亲水性,在溶液中具有很好的稳定性,为其与小球藻的相互作用提供了基础。对小球藻细胞进行 SEM 表征,结果如图 4 – 5 所示。活性炭组和空白组中小球藻细胞的形态基本一致,活性炭的存在仅引发了细胞轻微的皱缩。但是暴露在 GO 溶液中的小球藻细胞表面形貌发生了很大变化,细胞表面产生大量的纳米级水泡,其直径尺寸在 20～400 nm,如图 4 – 5(黄色箭头指示部分)所示。除此之外,GO 如同外衣一样将小球藻进行包裹,厚度约为 50 nm,相当于几十层堆叠的 GO 片,如图 4 – 5(蓝色圈指示部分)所示。小球藻表面 GO 的形貌特殊,如图 4 – 5(绿色圈指示部分)所示。一些 GO 片垂直于小球藻生长,形成约 20 nm 厚的锋利的 GO 片。一些 GO 片在两个小球藻之间形成连接桥,直径和长度分别小于 1 μm 和 2 μm。采用 TEM 观察细胞的超薄切片可发现小球藻的细胞壁向外弯曲,发生了质壁分离,两个小球藻之间的 GO 连接桥清晰可见。用拉曼光谱对小球藻表面的 GO 连接桥进行检测,均得到了 GO 的拉曼特征峰(G 峰和 D 峰)。同时检测到了糖类和含氮官能团的信号,这可能是小球藻在 GO 的胁迫下发生了应激反应,产生了渗出液,最终和 GO 共同构成了连接桥。通过红外检测进一步确定了 GO 与细胞之间的黏结是 GO 中的含氮官能团起主要作用。因为 GO 具有高比表面积和优异的力学柔韧性,很多研究曾致力于将其应用在颗粒物或微生物的包覆上。超声和涡旋流体等外界方法常被采用。而此项工作证明 GO 包裹细胞可自发进行,只是包裹机制尚不清楚。CNT 主要通过疏水、静电、配位及氢键等作用与细胞相结合。细胞表面和 GO 在 pH 为 5～8 的条件下均带负电,所以可以排除静电吸附作用。这种包裹行为可能为多点连续连接，遵循吉布斯自由能最小化法则，所以很有可能为配位作用机制。

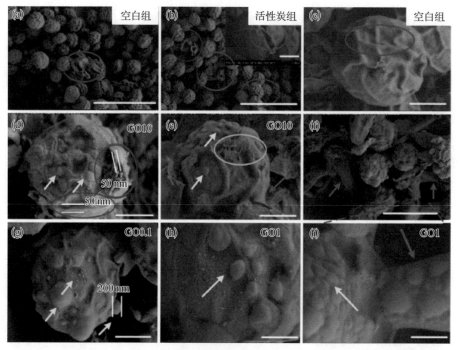

图4-5　小球藻的SEM图像

（a）（c）空白组中的小球藻；（b）活性炭组中的小球藻；（d）~（i）GO组中的小球藻（蓝色圈指示细胞表面的褶皱，黄色箭头指示水泡状结构，双白线指示GO涂层的厚度，绿色圈指示GO在细胞上的垂直生长，红色箭头指示桥状的微结构。（a）（b）中标尺为10 μm；（c）~（e），（g）中标尺为1 μm；（f）中标尺为5 μm；（h）（i）中标尺为500 nm

利用共聚焦荧光显微镜与TEM对细胞是否吸收GO进行检测，其中采用异硫氰酸荧光素（Fluorescein Isothiocyanate，FITC）对GO进行标记。检测之前对细胞进行了深度漂洗，以排除球藻表面残留的GO所引发的荧光效应。共聚焦荧光显微镜检测结果如图4-6所示，与空白组相比，实验组细胞中具有很强的荧光信号，这说明细胞对GO有一定的吸收。TEM表征则观察到GO引发的质壁分离现象，并在细胞壁与质膜之间发现了GO。同时GO对细胞器造成了一定的损伤，增加了淀粉粒的个数，类囊体成像变模糊，细胞内叶绿素的含量也有所降低。正常细胞壁的厚度约为50 nm，而GO-FITC组中细胞壁厚度减少至40 nm。

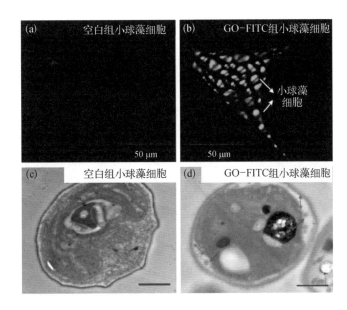

图 4-6　小球藻细胞的（a）（b）共聚焦荧光显微镜和（c）（d）透射电子显微镜图像（蓝色双箭头指示质壁分离，红色箭头指示无规则 GO 在细胞壁和质膜之间的沉积）

采用紫外可见分光光度计检测细胞的繁殖情况。空白组和活性炭组中的细胞数量随时间的增加而增加，但 GO 组中的细胞在第六天停止繁殖。平板计数法得到的最终细胞数量为空白组（1.98×10^8）、活性炭组（1.34×10^8）、GO10 组（9.2×10^7）、GO1 组（9.4×10^7）、GO0.1 组（1.05×10^8）和 GO0.01 组（1.99×10^8）。由此可知 GO 对细胞繁殖有一定的抑制作用。对细胞体内一些重要的抗氧化酶，如 SOD、CAT、POD 的活性进行了检测，并对丙二醛（Malondialdehyde，MDA）的浓度进行了检测。结果表明，POD 和 CAT 的活性均因 GO 而受到抑制，而 SOD 的活性未受到影响。GO 有选择性地抑制了一些抗氧化酶的活性，但是各组中的 MDA 的浓度差别不大，所以无法判定氧化性损伤。为了进一步分析氧化应激反应，利用荧光法测试 ROS 的积累水平。结果表明，GO 提升了 ROS 的积累量，这与 SOD 和 CAT 的活性受到抑制的结果一致。实验中，GO 对细胞的毒性包括抑制生长和诱发氧化应激反应。对整个培养过程的 pH 进行监测发现，空白组的初始 pH 为 7.3，培养结束时 pH 增加至 7.6，变化不大。因为 GO 本身呈酸性，所以 GO 组的初始 pH 相对较小，但是培养结束时 GO 组的 pH 在 7.2～7.6，这说明细胞对培养液中的 pH 有一定的调节能力。

为了探究 GO 对小球藻细胞代谢的影响，对多种代谢物进行提取并分析小球藻的几个主要的代谢途径，其中包括糖类代谢、氨基酸代谢、脂肪酸代谢和尿素循环。结果表明，GO通过对某些重要代谢物的调节而干扰了糖类、氨基酸、脂肪酸和尿素的代谢。其中，糖类和氨基酸的代谢受到了抑制，这将导致机体能量供给不足。GO对脂肪酸代谢的干扰则表现为不饱和脂肪酸与饱和脂肪酸的比率有所增加，这一结果将促进膜的流动性，便于细胞对GO进行吸收。

以上几项研究均表明GO会提升ROS的积累水平。而细胞中的ROS会对生物大分子，如核酸、蛋白质等造成损伤，从而导致细胞死亡，植物生长缓慢。谷胱甘肽在植物组织中含量很高，而且是对ROS代谢有重要作用的抗坏血酸-谷胱甘肽循环中的重要部分。谷胱甘肽是维持细胞氧化还原平衡的关键物质。谷胱甘肽可作为底物，在谷胱甘肽过氧化酶和谷胱氨肽转移酶的作用下，对ROS进行还原分解，从而消除植物体内的ROS。被氧化的谷胱氨肽可以在谷胱甘肽还原酶的催化作用下重新转化为还原性谷胱氨肽。植物组织中被氧化的谷胱甘肽的积累量常被用来评估植物体内的氧化应激水平。谷胱甘肽氧化还原体系的平衡对植物生长至关重要。

Iqbal Ahmad小组以蚕豆作为研究对象，探究了GO对蚕豆中谷胱甘肽氧化还原体系的影响。选择蚕豆是因为其是细胞学研究的模式植物，常被用来研究化学诱变剂对植物染色体及细胞循环产生的影响。用不同浓度（0 mg/L、100 mg/L、200 mg/L、400 mg/L、800 mg/L和1 600 mg/L）的GO溶液对蚕豆种子进行水培，发芽率达80%时，取蚕豆的根进行检测。不同GO浓度条件下蚕豆谷胱甘肽氧化还原体系中谷胱甘肽含量、氧化态谷胱甘肽含量、谷胱甘肽含量与氧化态谷胱甘肽含量的比值及各种参与反应的酶（谷胱甘肽还原酶、谷胱甘肽过氧化物酶和谷胱甘肽磺基转移酶）活性检测结果如图4-7所示。与空白组相比，100 mg/L、200 mg/L、1 600 mg/L浓度的GO组中蚕豆的谷胱甘肽含量有所降低，400 mg/L浓度的GO组对应的谷胱甘肽含量与空白组相近，而800 mg/L浓度的GO组中谷胱甘肽含量有所增加[图4-7(a)]。与之相对应地，800 mg/L浓度的GO组中氧化态谷胱甘肽含量较低，而200 mg/L和1 600 mg/L浓度的GO组中氧化态谷胱甘肽含量较高[图4-7(b)]。已知谷胱甘肽和氧化态谷胱甘肽的含量，可计算出两者的比值，如图4-7(c)所示。200 mg/L和1 600 mg/L浓度的GO组中两者的比

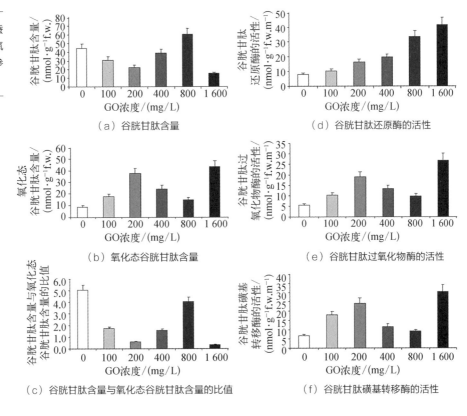

图4-7 GO对蚕豆幼苗谷胱甘肽氧化还原体系中各参数的影响

（a）谷胱甘肽含量

（b）氧化态谷胱甘肽含量

（c）谷胱甘肽含量与氧化态谷胱甘肽含量的比值

（d）谷胱甘肽还原酶的活性

（e）谷胱甘肽过氧化物酶的活性

（f）谷胱甘肽磺基转移酶的活性

值极低，此浓度的 GO 对谷胱甘肽氧化还原体系的影响很显著。800 mg/L 浓度的 GO 对谷胱甘肽氧化还原体系几乎无影响。谷胱甘肽氧化还原体系的稳态平衡是防止细胞被过度氧化或过度还原的重要缓存机制。谷胱甘肽氧化还原系统可以反映植物的代谢信息以及外界刺激对植物产生的影响，尤其是对植物体内 ROS 的影响。谷胱甘肽含量和谷胱甘肽含量与氧化态谷胱甘肽含量的比值水平较高时，说明细胞内是一个还原态的环境，此时植物细胞的代谢功能处于最佳状态。当植物受到外界干扰时，谷胱甘肽含量和谷胱甘肽含量与氧化态谷胱甘肽含量的比值是否能维持正常状态对蛋白质的形成和代谢至关重要。从酶活性的角度进行分析，谷胱甘肽还原酶的活性随着 GO 浓度的增加而增加，1 600 mg/L 的 GO 组中酶的活性约高达空白组中酶活性的 5 倍[图 4-7(d)]。该组中的谷胱甘肽过氧化物酶和谷胱甘肽磺基转移酶的活性也有一定的提升。100 mg/L、200 mg/L 和 400 mg/L 的 GO 对酶活性的提升作用也较为明显，800 mg/L 的 GO

对酶活性的影响不显著[图4-7(e)(f)]。以上三种酶在植物对抗外界干扰时起着重要的作用，不同浓度的GO对酶活性的调节作用不同。100 mg/L、200 mg/L和1 600 mg/L的GO显著提升了谷胱甘肽还原酶的活性，但谷胱甘肽含量并未升高。这说明此三种浓度的GO使得植物体内积累了大量的ROS，所以植物体为除去ROS而提升谷胱甘肽还原酶的活性来进行自修复。通过增强还原酶的活性来增强谷胱甘肽的利用率，而后谷胱甘肽作为底物被过氧化物酶和转移酶氧化。400 mg/L和800 mg/L的GO对酶活性影响较小，细胞并未发生氧化应激反应，仍处于最佳状态。对各组中蚕豆幼苗的耐性指数进行比较，耐性指数简单来说是处理组的样品生物量与空白组样品生物量的比值，此处为处理组幼苗的平均根长与空白组幼苗平均根长的比值。按照幼苗耐性指数从低到高进行排序，对应的GO浓度分别为1 600 mg/L（58.2%）、200 mg/L（73.2%）、100 mg/L（83.6%）、400 mg/L（138.5%）和800 mg/L（152.8%）。显然，植物的耐性指数与之前讨论的谷胱甘肽的氧化还原体系的平衡水平一致，良好的系统平衡对应高植物耐性指数。

该小组以蚕豆为实验对象，研究了GO对蚕豆萌发的潜在作用机制。该小组记录了GO对蚕豆萌发生长的影响，并进一步对氧化应激反应中所涉及的各种参数、影响氧化应激反应的各种酶以及幼苗的蛋白质含量进行检测，以揭示GO对蚕豆生长的作用机制。同样用0 mg/L、100 mg/L、200 mg/L、400 mg/L、800 mg/L和1 600 mg/L的GO对蚕豆进行水培，幼苗的生长和含水量结果如图4-8所示。

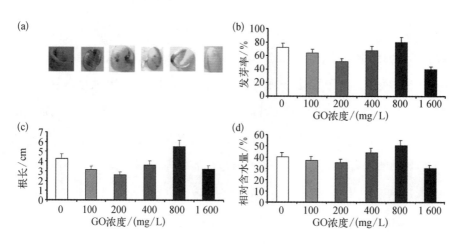

图4-8 不同浓度GO条件下蚕豆种子的（a）形态、（b）发芽率、（c）根长和（d）相对含水量

100 mg/L、200 mg/L 和 1 600 mg/L的GO对蚕豆种子的发芽率和根长都表现出了明显的抑制作用,而 800 mg/L的GO则产生了促进作用。蚕豆种子相对含水量的实验结果表明,100 mg/L、200 mg/L 和 1 600 mg/L的GO降低了种子的相对含水量,而 400 mg/L 和 800 mg/L的GO则增加了种子的相对含水量。与 100 mg/L、200 mg/L 和 1 600 mg/L的GO相比,400 mg/L 和 800 mg/L的GO使种子的水合作用活性提升。这可能是因为 400 mg/L 和 800 mg/L的GO对种子的蛋白质和糖类的亲水基团(—NH₃、—OH 和—COOH)产生影响或者对种皮的脂质含量产生影响,促进种皮膨胀,从而提升种子的相对含水量,促进种子萌发和根部生长。

对可以反映 ROS 积累水平的三个指标(脂质过氧化产物硫代巴比妥酸反应物(TBARS)、电解质渗透率和活性羰基)进行检测,结果如图 4-9(a)~(c)所示。100 mg/L、200 mg/L 和 1 600 mg/L的GO对这三个参数的影响均表现为促进作用。对渗透剂脯氨酸进行检测,100 mg/L、200 mg/L 和 1 600 mg/L的GO降低了脯氨酸的含量,而 400 mg/L 和 800 mg/L的GO则增加了脯氨酸的含量,如图 4-9(d)所示。100 mg/L、200 mg/L 和 1 600 mg/L的GO还增加了 H_2O_2 的含量,降低了抗坏血酸过氧化物酶(Ascorbate Peroxidase,APX)和 CAT 的活性,如图 4-10 所示。400 mg/L 和 800 mg/L的GO则增强了 APX 和 CAT 的活性。H_2O_2 含量的增加往往伴随着 APX 和 CAT 这两种重要的过氧化氢分解酶活性的下降。H_2O_2 含量的增加也对应着细胞膜的损伤,这里表现为 TBARS 含量的增

图 4-9　暴露在不同浓度 GO 下的蚕豆幼根的(a)脂质过氧化、(b)蛋白质氧化、(c)膜透性和(d)渗透剂水平

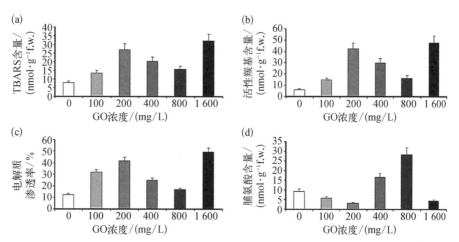

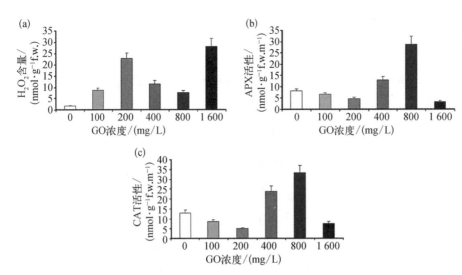

图 4-10 暴露在不同浓度 GO 下的蚕豆幼根的（a）H_2O_2 含量、（b）抗坏血酸过氧化物酶活性、（c）过氧化氢酶活性

加和电解质渗透率的增加。400 mg/L 和 800 mg/L 的 GO 通过增加 APX 和 CAT 的活性控制了植物根组织中 H_2O_2 的含量，这对于植物维持细胞活性尤为重要。100 mg/L、200 mg/L 和 1 600 mg/L 的 GO 对细胞膜的脂质过氧化和蛋白质氧化有促进作用，促进程度的排序为 1 600 mg/L＞200 mg/L＞100 mg/L。TBARS 和活性羰基的含量结果说明这三种浓度的 GO 使根细胞的脂质和蛋白质严重氧化。脂质氧化和蛋白质氧化程度是外界因素对植物产生毒性机制解析的基本参数。400 mg/L 和 800 mg/L 的 GO 降低了膜的脂质氧化程度并增加了蛋白质的稳定性，这与之前 H_2O_2 含量的结果一致。H_2O_2 是影响脂质和蛋白质氧化程度的一个重要因素，H_2O_2 的低积累量和低跨膜迁移率可降低脂质和蛋白质的氧化程度。400 mg/L 和 800 mg/L 的 GO 很可能对二硫键有所增强，从而增加了蛋白质的稳定性。Sharma 等曾用 Ag 纳米颗粒处理芥菜，得到了脯氨酸含量下降的结果，此实验中 100 mg/L、200 mg/L 和 1 600 mg/L 的 GO 也降低了脯氨酸的含量。400 mg/L 和 800 mg/L 的 GO 提升了过氧化氢分解酶活性并降低了 H_2O_2 的含量，进而得到了相对完整的细胞膜，对应着渗透剂脯氨酸的高含量。

采用十二烷基硫酸钠聚丙烯酰胺凝胶电泳测定法对蛋白质进行分析，结果如图 4-11 所示。浓度为 100 mg/L、200 mg/L 和 1 600 mg/L 的 GO 组得到的蛋白质条带的强度比空白组弱，并且强度随着浓度的增加而减弱。800 mg/L

的 GO 对应的蛋白质条带强度最大，而且有一个新的蛋白质条带，对应的多肽相对分子质量为 4～8 kDa[①]，这一条带仅在此条件下可见。依据蛋白质的测试结果从分子机制的角度出发，对植物的耐受性进行分析。100 mg/L、200 mg/L 和 1 600 mg/L 的 GO 导致部分多肽消失表明蚕豆根蛋白对 GO 的响应非常明显，蚕豆在蛋白质水平上对 GO 产生的胁迫进行调节。100 mg/L、200 mg/L 和 1 600 mg/L 的 GO 影响的 15 kDa、35 kDa、40 kDa 和 55 kDa 的多肽很可能与氧化应激反应所涉及的一些蛋白酶有关。400 mg/L 和 800 mg/L 的 GO 对 15 kDa、35 kDa、40 kDa、55 kDa、75 kDa 和 80 kDa 的多肽有增强作用，这说明这两组 GO 很可能促进了蛋白质的合成。800 mg/L 的 GO 组出现的新的相对分子质量为 4～8 kDa 的多肽应该是蚕豆为提升对 GO 的耐受性所产生的一种新的蛋白，而且大量文献报道，4～8 kDa 的多肽对应着富含半胱氨酸的金属硫蛋白，金属硫蛋白可以清除机体中的自由基，具有一定的抗氧化作用。

图 4-11　蚕豆幼根的蛋白质条带（箭头指示新的多肽带）

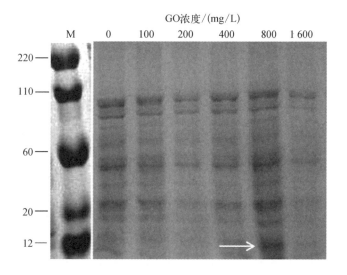

Huang 等成功合成了[14]C 标记的少数层石墨烯，并采用同位素标记法对植物中的石墨烯进行追踪和量化检测。实验中以水稻作为研究对象，将水稻在含有[14]C 标记的石墨烯的培养液中培养，设置两组实验组，一组加入天然有机物，一组中无天

---

① 　1 Da=1 u。

然有机物。图4-12为两个实验组中水稻根和茎中石墨烯的含量。结果表明,水稻对石墨烯的吸收量依赖于培养液中石墨烯的浓度。无天然有机物的实验组中,水稻根部石墨烯的摄入量在第7天时达到最大值,而后随着时间增加呈下降趋势。添加天然有机物的实验组中,根部石墨烯的摄入量在7~21 d期间内持续增加。茎中石墨烯的摄入量具有相同的趋势。天然有机物的添加,降低了植物对石墨烯的吸收,这可能源于石墨烯与天然有机物发生的相互作用。对叶片细胞的 TEM 表征和拉曼测试,可检测出石墨烯的特征峰,进一步证明石墨烯被植物吸收。

图4-12

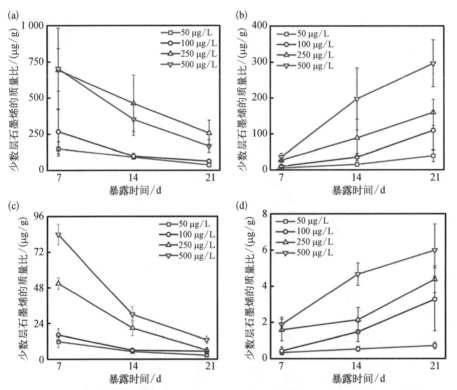

(a)石墨烯培养的水稻根中石墨烯的含量;(b)石墨烯+天然有机物培养的水稻根中石墨烯的含量;(c)石墨烯培养的水稻茎中石墨烯的含量;(d)石墨烯+天然有机物培养的水稻茎中石墨烯的含量

将水稻置于无石墨烯和天然有机物的干净介质中进行净化处理。无天然有机物的实验组经过14 d的净化处理,植物中石墨烯的含量降低了30%。对石墨烯的总量进行统计发现,净化14 d后水稻中的石墨烯含量与净化液中的石墨烯含量之和低于净化前水稻中石墨烯的总含量,所以部分石墨烯在净化过程中发生了降解。为了进一步证明石墨烯的降解，将植物放入盒子中，收集盒子中的气体进行气相色谱分析，结果表明9%的石墨烯降解成了$^{14}CO_2$。利用电子自旋共振谱对叶子中的ROS进行分析，在石墨烯积累的位点处发现了ROS的积累。

将两个实验组中培养了21 d的水稻移植至土壤中继续进行种植，探究石墨烯是否会在水稻果实中有所积累。对土壤中水稻的石墨烯含量进行检测，发现少量石墨烯释放到了土壤中。对土壤中石墨烯的降解进行检测，结果表明，90 d后，仍有约84.3%的石墨烯残留在土壤中。对水稻的果实进行石墨烯含量的精细检测，并未检测出石墨烯。

此工作利用同位素标记法首次探究了石墨烯在植物体内的积累和转移，并证明了石墨烯虽然会被水稻吸收，但是并不会在水稻果实中积累。

4.3　氧化石墨烯在土培条件下对植物生长的作用

在水培条件下，GO的亲水性使其可以很好地溶解于水中，GO在植物根部的大量积累对植物的生长产生了抑制作用。而土培条件下，GO则表现出了不同的作用效果。土壤环境限制了GO的移动，使其不会贴附到植物根部而阻碍植物对水分和营养的吸收。

Hongwei Zhu组探究了土培条件下GO对菠菜和香葱萌发生长的作用。结果表明，GO可以促进植物的萌发与生长。这是因为GO的含氧官能团（羧基、羟基）赋予其亲水性能，提高了土壤的含水量，再凭借其片内的疏水通道为植物输送充足的水分，从而促进植物的萌发与生长。

在菠菜和香葱的土培实验中，采用浇灌的方式将GO加入土壤中。为明确浇灌方式下GO在土壤中的分布情况，分别采用50 μg/mL和200 μg/mL GO对土壤进行浇灌，并利用拉曼光谱仪对不同位点的土壤是否含有GO进行检测。如图4-13(a)所示，收集盆中顶部、中部及底部的土壤研磨成粉末，压片后进行拉曼表征。GO0组未检测到GO的拉曼特征峰[G峰(约1 581 cm^{-1})和D峰(约1 350 cm^{-1})]，这说明原始土壤中不含有GO且土壤中所含物质也不具有GO的拉曼特征峰(G 峰和 D 峰)[图 4-13(b)]。如图 4-13(c)(d)所示,50 μg/mL 和 200 μg/mL 浓度的 GO 组中,顶部、中部及底部的土壤均检测出了 GO 的特征峰:G 峰和 D 峰。这说明仅在土壤表面浇灌 GO,其仍然在更深的土层中有所分布。这主要是因为在浇灌过程中,GO 首先以水溶液的形式进入土壤,此后通过自身重力和土壤毛细通道提供的毛细力作用分散到土壤的各个部分。随后,土壤系统逐渐平衡稳定,GO 在流动过程中与土壤颗粒发生接触而逐渐被吸附,最终稳定存在于土壤中。

图 4-13

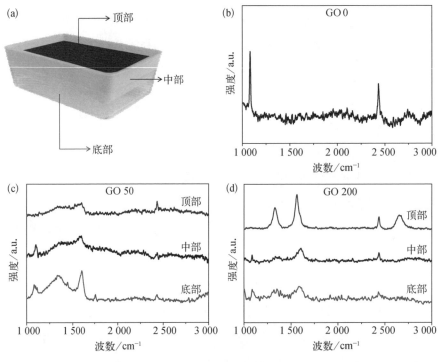

(a) 拉曼表征的土壤收集位点示意图;(b)~(d)用不同浓度的 GO 浇灌土壤的归一化拉曼光谱

　　为了证明 GO 在土壤中的保水能力,进行如下实验:将土壤放入有一定深度的培养皿中,选取与中心等距的四个位点,其中两个位点含有一定量的 GO(E_1、E_2),另外两个位点无 GO(N_1、N_2)。在中心处滴加水分,利用湿度传感器实时监测四个位点处土壤的湿度[图 4-14(a)]。结果如图 4-14(b)所示,未滴加水时,四个位点的初始土壤相对湿度分别为 47%(E_1)、44%(E_2)、52%(N_1)和 46%

（N_2）。滴加水分后,四个位点的土壤相对湿度分别增加至 88%（E_1）、86%（E_2）、70%（N_1）和 78%（N_2）。显然,GO 所在位点土壤湿度更高,这说明其对滴加的水分有很强的亲和力。之后,随着水分的不断蒸发,四个位点处的含水量均呈下降趋势,但是 GO 所在位点处的土壤湿度一直高于 N_1 和 N_2 处。3 d 后,四个位点的土壤相对湿度分别为 73%（E_1）、74%（E_2）、59%（N_1）和 55%（N_2）。1 周后,四个位点的土壤相对湿度分别为 50%（E_1）、57%（E_2）、45%（N_1）和 40%（N_2）。以上实验结果表明,GO 在土壤中具有很好的收集水分的能力,可提高所在处土壤的含水量。

图 4 - 14

（a）GO 保水能力测试示意图

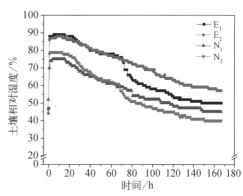

（b）四个位点处的湿度变化

为了探究 GO 对植物萌发及生长的影响,以菠菜为研究对象,将菠菜种子播种于土壤中,用不同浓度的 GO（0 μg/mL、50 μg/mL、200 μg/mL）浇灌菠菜不同位点(分别用 GO0、GO50 和 GO200 表示),并对结果进行分析。GO 对菠菜萌发及生长的影响结果如图 4 - 15 所示。结果表明 GO 对菠菜的萌发和生长均有促进作用。前30 d 的种植过程中,50 μg/mL GO 组中菠菜的发芽率与幼苗长势均优于空白组[图 4 - 15(a)]。对幼苗的发芽数量进行统计,结果表明,50 μg/mL GO 不仅加快了菠菜的发芽速率,还提高了菠菜的发芽率[图 4 - 15(b)]。50 μg/mL GO 组的菠菜种子在播种 5 d 后率先发芽,播种 10 d 后,发芽率比 GO0 组高出约 1 倍。播种 20 d 和 30 d 后,GO50 组的种子发芽率分别达到 50% 和 58.3%,持续领先于空白组（20 d:36.1%,30 d:41.7%）。但是 200 μg/mL GO 溶液条件下的菠菜发芽缓慢,发芽率低。这是因为过高浓度的 GO 含有大量的含氧官能团,使GO对水分的吸收作用与植物根部产生了竞争关系。而且研究结果表明,GO具有一定的杀菌作用,过量的GO可能破坏土壤中的微生物菌落。50 μg/mL浓度的GO对菠菜的生长也有促进作用,该条件下菠菜幼苗生长得更加茂盛,具有更长的茎和更大的叶子[图4-15(c)(d)]。前30 d,该条件下的菠菜幼苗始终高于空白组,但是高度差值逐渐缩小,至 40 d 时高度接近一致。出现此现象的原因是 50 μg/mL 浓度的 GO 组菠菜相对茂盛,需要吸收更多的营养。由于土壤总量固定,后期土壤的营养成分无法保证菠菜的正常生长。为了进一步研究 GO 对植物生长的影响,用 50 μg/mL 浓度的 GO 溶液与营养液作对比,种植菠菜 30 d 后,向空白组加入营养液。50 μg/mL GO 组中菠菜叶子的颜色明显变黄,空白组的菠菜则继续正常生长,40 d 时,两组菠菜的高度没有明显差别,空白组的菠菜总质量高于 50 μg/mL 浓度的 GO 组中菠菜的总质量[图 4-15(e)]。这也侧面反映出 GO 本身无法作为营养物质促进植物生长。

分别用 50 μg/mL GO 水溶液(GO50)和同体积的水(GO0)浇灌香葱种子,探究 GO 对其萌发生长的影响。结果表明,50 μg/mL GO 同样促进了香葱的萌发,GO50 组中种子的发芽率始终高于 GO0 组[图 4-16(a)(b)]。播种 30 d 后,GO0 组和 GO50 组中种子发芽率差距明显,分别为 20% 和 30%。对香葱进行为期 72 d 的种植,收割后的香葱照片如图 4-16(c)所示,两组香葱在外观上并无明

图 4-16

(a)香葱幼苗在土中的生长情况

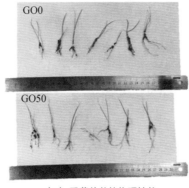

(c)香葱幼苗的物理性状

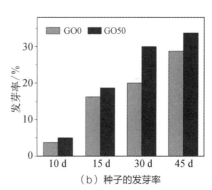

(b)种子的发芽率

(d)香葱幼苗的高度

显差别。播种 25 d、45 d 及 72 d 后，分别对地上部分幼苗的高度进行测量，结果表明，在整个种植期间，两组幼苗高度始终没有明显的差别[图 4-16(d)]。

在香葱种植实验中，也将 GO 与营养物质进行了比较。与 GO0 组和 GO50 组相比，营养土培育的香葱幼苗生长更为挺拔翠绿且葱叶数量较多。对香葱的物理性状进行统计，结果表明，营养土培育的香葱无论是高度还是质量均显著高于 GO0 组和 GO50 组。这一结果再次证明 GO 本身不能作为营养物质促进植物生长。

GO 为片状结构，表面含有微观褶皱。选区电子衍射谱证明 GO 具有 sp^2/sp^3 杂化的独特结构。其中，衍射斑点对应疏水的石墨域（sp^2 杂化），无定形环对应亲水的含氧官能团（sp^3 杂化）。XPS 和 FTIR 光谱结果也表明 GO 含有大量的含氧官能团。羧基和羟基为极性亲水基团，可通过氢键与水分子结合，GO 的这些极性基团使其具有良好的亲水性能。GO 的保水能力测试结果表明，GO 可以提高土壤的容水能力，使其所在处土壤的含水量增加，防止土壤出现板结现象，这正是 GO 的亲水性能所产生的有益效果。另一方面，GO 具有很好的水传输性能。GO 内未被氧化的 sp^2 杂化石墨域是很好的疏水纳米通道，有利于水分子的无摩擦超快传输。GO 中某些特定的含氧基团（缺陷孔处的羟基、片边缘的羧基）也有促进水分子传输的作用。

植物种子发芽需要足够的水分、适宜的温度和充足的空气，水分的提供对种子发芽至关重要。在种子发芽之初，其中的亲水物质开始吸水，当胚芽开始发育时，种子继续吸收水分。水分的吸收对植物的生长也具有重要意义：水分子参与植物的新陈代谢；水是营养物质的载体；水调节植物的体温；水是细胞的重要组成部分等。

GO 凭借其亲水性提高土壤的含水量，再通过其水传输性能为植物输送充足的水分，从而促进植物萌发与生长。在菠菜和香葱的萌发实验中，GO 通过浇灌的方式添加到土壤中，GO 的含氧官能团发挥亲水作用，对水分进行收集，使土壤的最大容水量增加，再通过其片内的疏水通道运输水分，为种子提供充足的水分，缩短植物的萌发时间并提高植物的发芽率。在菠菜和水稻的生长过程中，GO 同样凭借其亲水性和水传输性能提高植物对水分的吸收量，提升植物的生物量，促进植物生长。在香葱种植实验中，GO 对香葱的生长并无显著的促进作用，主要是因为土壤中GO含量少,仅在萌发时浇灌了100 mL浓度为50 μg/mL的GO水溶液,且香葱在生长过程中对土壤含水量的要求较低。

分别对GO0组和GO50组中的菠菜进行SEM、TEM和拉曼表征,结果如图4-17所示。图4-17(a)(b)分别为GO本身的SEM和TEM表征结果,其为表面带有褶皱的微米级片状结构。对冷冻干燥后的菠菜根部进行SEM表征[图4-17(c)(f)],GO50组菠菜的根结构与GO0组无差别。对其放大观察,可以看到表皮细胞外壁向外凸起形成健康的根毛。在菠菜根部表面并未观察到相近的结构,这说明GO并未在根部表面富集。TEM表征[图4-17(g)(h)]对GO0组和GO50组菠菜的根部细胞进行观察时,两组细胞结构并无差异。同样是液泡占据了细胞的大部分面积,细胞核及部分细胞质分布于细胞边缘处。研究表明,一些纳米颗粒和CNT会进入植物细胞破坏细胞结构(如导致质壁分离和细胞质收缩等)。而GO50组中细胞结构正常,未发现任何GO的积累。拉曼光谱是检测植物体内是否含有碳纳米材料的有效方法之一,利用拉曼光谱仪对菠菜的各个器官进行表征,结果如图4-17(i)~(l)所示。2 440 cm^{-1}处为菠菜自身的特征峰,GO50组菠菜的所有器官中均未检测到GO的拉曼特征峰,证明GO未在菠菜体内积累。

在水培条件下,GO可在水中自由运动,在植物根部富集,从而对植物产生毒性。但是通过对植物根表面及植物体内进行表征可以确定,在土培条件下,GO不会在植物的根表面富集,也不会在植物体内积累或对植物细胞产生毒性作用,即GO不会与植物发生直接接触。研究表明,在不同的培养介质中,纳米颗粒和CNT对植物所产生的影响和在植物体内的积累水平是不同的。在液态培养基中,由于运动相对自由,纳米颗粒和CNT更易在植物体内积累。而在土壤培养基中,植物体内不再有纳米材料的积累,这主要归因于纳米材料在土壤颗粒及沙子表面的附着。与此类似,当培养基质为土壤时,GO的运动和扩散受限,被土壤颗粒吸附的GO很难随着水分靠近植物根部。此外,纳米材料的尺寸和表面电荷也是影响其在植物体内积累的重要因素。植物的根会分泌大量携带负电荷的黏液,所以带正电荷的纳米材料更易被根吸收,而GO因含有大量的含氧官能团而带负电荷,静电排斥作用不利于根部对GO的吸收。另外,GO为微米级尺寸

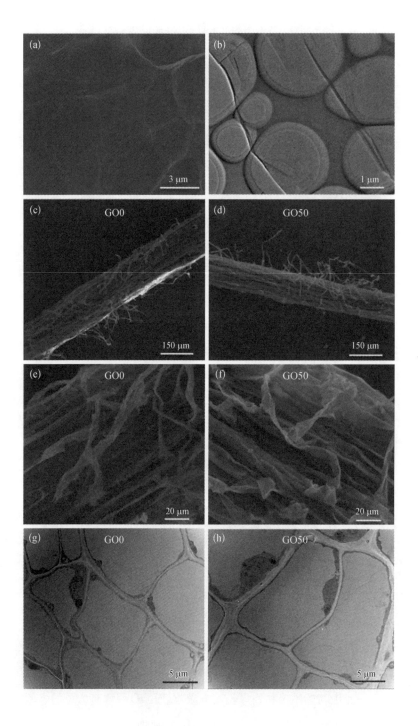

图 4-17 GO 的（a）SEM 图像和（b）TEM 图像；（c）（e）为无 GO 的土壤种植出的菠菜的根表面 SEM 图像；（d）（f）为 50 μg/mL 浓度的 GO 浇灌的土壤种植出的菠菜的根表面 SEM 图像；（g）（h）分别为 0 μg/mL 和 50 μg/mL 浓度的 GO 浇灌的土壤种植出的菠菜的根表面 TEM 图像；（i）～（l）分别为不同 GO 浓度条件下主根、侧根、茎和叶子的归一化拉曼光谱

石墨烯膜材料与环保应用

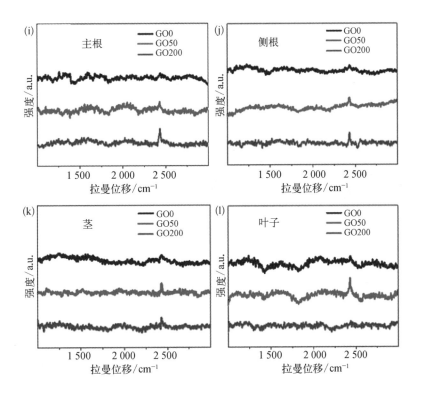

的片状材料,微米级的尺寸也使其很难被植物吸收。

石墨烯量子点是由石墨烯派生出来的一种尺寸极小的准零维材料,在生物技术方面有一定的应用。石墨烯量子点的尺寸小于细胞壁的尺寸,使得其可以轻易地穿透细胞壁,形成传送系统,调节植物的生长。Dattatray Late 小组采用石墨烯量子点作为植物生长调节剂,对香菜和大蒜进行培育。实验结果表明,石墨烯量子点对植物各个器官(根、幼苗、花和叶子)的生长均有促进作用。以GO 为原料制备石墨烯量子点,TEM 结果显示石墨烯量子点的尺寸约为5 nm。用石墨烯量子点水溶液浸泡种子 3 h,选择相近尺寸的种子种植到土壤中,用石墨烯量子点水溶液进行浇灌。与空白组相比,石墨烯量子点增加了香菜叶子的尺寸、花的数量,而且香菜叶片的颜色也更加青绿,如图 4-18(a)～(e)所示。空白组中香菜所结的花朵数量少,叶子颜色较黄,所以石墨烯量子点还具有一定的杀虫功效。石墨烯量子点对大蒜的叶子生长也具有促进作用[图 4-18(e)(f)]。

图4-18 石墨烯量子点对植物生长的影响

（a）石墨烯量子点处理过的香菜；（b）空白组的香菜；（c）石墨烯量子点处理过的香菜花；（d）空白组的香菜花；（e）石墨烯量子点处理过的大蒜；（f）空白组的大蒜

　　实验结果表明，石墨烯量子点处理得到的香菜的根长和根重均高于空白组。在第7、8、9周时统计香菜花朵的数量，结果表明石墨烯量子点组中花朵的数量始终高于空白组，如图4-19所示。每周对大蒜的叶子进行监测，石墨烯量子点组中叶子的长度也高于空白组。石墨烯量子点组中大蒜根的质量及根的长度与空白组相比也具有明显优势,而两组中叶子的数量并无明显区别。小尺寸的石墨烯量子点很可能与植物细胞发生了相互作用,从而促进了植物的发芽速率和生长速率。

图 4-19 石墨烯量子点对植物不同部位生长的影响

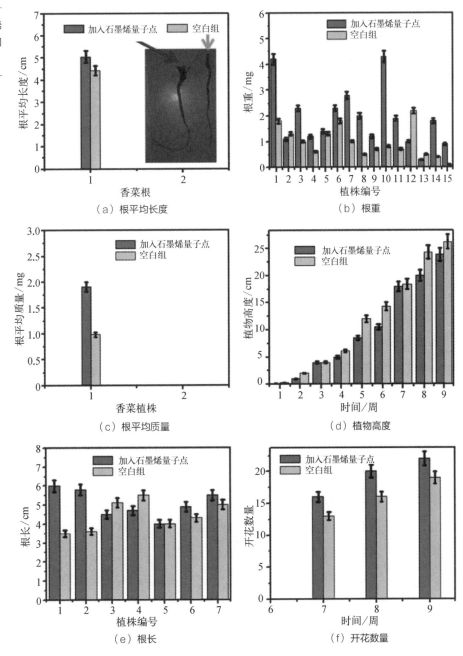

图 4-19 石墨烯量子点对植物不同部位生长的影响

Chen 等研究了水培和土培条件下，GO 对莜麦生长的作用。利用霍格兰营养液作为水培介质，蛭石作为土培介质，通过测试干鲜重、幼苗长度、根数量、光合作用以及植物内部结构来评价 GO 对莜麦的毒性。结果表明，土培条件下 GO 培育的莜麦的鲜重和干重与空白组相比有少许的下降。水培条件中，低浓度的 GO 对莜麦的鲜重和干重有一定的促进作用，高浓度的 GO 则会导致莜麦鲜重和干重大幅下降，有明显的抑制作用。植物高度的测试结果与鲜重和干重的变化趋势相同。植物的根长在土培条件下不受 GO 的影响。在水培条件下低浓度的 GO 会增加莜麦的根长，而高浓度的 GO 则会抑制莜麦根的生长。此前，Begum 等的研究结果表明 2 mg/mL 的 GO 对根长的抑制率高达 78%。Cheng 等观察到 0.1 mg/mL 的 GO 对根长的抑制率为 55%，对根重的抑制率为 43%。在此实验中，土培条件下 GO 对根长的抑制率为 26%，对植物地上部分的抑制率为 40%，远小于水培条件下 GO 对根长的抑制率（93%）及植物地上部分的抑制率（96%）。

光合作用是植物将 CO_2 转化为有机物，为自身提供能量的过程。此实验通过测试 GO 对植物叶绿素含量的影响来评估 GO 对光合作用的影响。结果表明，水培条件下，0.8 mg/mL 和 2 mg/mL 的 GO 会降低叶绿素的含量，从而降低光合作用的速率。土培条件下，仅 0.2 mg/mL 的 GO 对叶绿素的含量有较小的抑制作用，整体来看，叶绿素含量并不依赖于浓度。蒸腾作用和气孔导度也呈现出与叶绿素含量相同的趋势。

水培条件下，GO 对植物的细胞结构有一定的破坏作用。结果表明，根部的表皮有一定破损，液泡也发生了不规则的变形。TEM 图像显示，根部细胞发生了质壁分离。2 mg/mL 的 GO 导致细胞核和细胞器结构受损，细胞内部结构难以分辨。与其他文献报道的结果相同，水培条件下，GO 引发了根部组织的氧化应激反应。而土培条件下，莜麦根部 H_2O_2 的积累水平有所下降。

此实验土壤的主要成分是蛭石，将 GO 和蛭石混合一定的时间，用过柱子的方法对混合物进行淋洗，并测试淋洗液中 GO 的含量。结果表明，混合时间越长，淋洗液中 GO 的浓度越低，这说明蛭石对 GO 的滞留效果越好。该结果充分说明土壤条件可削弱 GO 的迁移率从而降低 GO 的毒性。总体来说，GO 在不同的介质中具有不同的传输和滞留行为，GO 在固态介质中的流动性远小于其在液态介质中的流动性。因此,水培条件下 GO 对莜麦的毒性远大于土培条件下 GO 的毒性作用。

4.4　石墨烯在缓控释化肥方面的应用

化肥是含有一种或多种作物生长所需的营养元素的化学肥料。通常土壤本身所含的常量营养元素氮、磷、钾及除氯之外的微量元素均不能满足高等植物生长的需求,需要外界施肥来提高作物产量,以解决粮食问题。我国人多地少,耕地资源紧缺,化肥在作物增产方面起到了举足轻重的作用。

化肥的施用增加了土壤的养分,促进了作物的生长,但是化肥的不合理利用也会导致很多问题。如作物对化肥中养分的利用率低会导致部分化肥流失到地下水或地表水中,造成水体污染,破坏生态系统的平衡。作物对养分吸收过量,会导致作物产量下降,如氮、磷过量吸收会导致作物生育期增长,贪青晚熟。提高化肥的利用率以及减少其对生态系统的不良影响是目前化肥技术的研究重点,针对这一问题,缓释肥料(Slow-release Fertilizers,SRFs)和控释肥料(Controlled-release Fertilizers,CRFs)应运而生。缓控释化肥可以减缓养分的释放速率,延长养分释放期,有效地平衡肥料的养分释放与作物的养分吸收,从而满足作物整个生长期的养分需求。前面的章节介绍了 GO 在土培条件下对植物无毒性,为 GO 用于缓释化肥施加到土壤中的安全性提供了保障。GO 丰富的含氧官能团和巨大的表面积使其对金属具有极高的吸附能力,还原 GO 优异的力学性能及其与金属离子的交联作用使其适用于包膜型缓释肥料的制备。本节将介绍 GO 作为缓释化肥的载体在植物生长方面的应用。

4.4.1　氧化石墨烯基常量元素缓释化肥

氮、磷、钾这三种元素是作物生长所需较多的常量营养元素,为作物的叶、根、茎提供养分。作物体内所含的氮、磷、钾会在收割时被带离土壤,所以需要源源不断地向土壤中加入氮、磷、钾肥以满足作物的生长需要。

以往对于氮、磷、钾缓释化肥的研究主要集中于利用高分子材料作为化肥包衣，常用的高分子材料有聚砜、聚丙烯腈和醋酸纤维素等。化肥包衣的制备过程会涉及有机溶剂和有毒性的聚合引物或单体，会危害环境和人类健康。

Zhang 等利用 GO 包裹 KNO_3 化肥颗粒并进行加热，加热过程中钾离子会黏结相邻的两片 GO，同时将 GO 还原为还原 GO。具体方法如下。

（1）过滤 10 mL 浓度为 2 mg/mL 的 GO 溶液得到 GO 滤膜；

（2）将滤膜自然风干，然后将 GO 剥离得到独立存在的 GO 片；

（3）用少量水将 GO 片润湿，机械地包覆 KNO_3 颗粒；

（4）将上述复合物放入烘箱中，90℃烘烤 6 h，最终将得到的复合化肥冷却至室温，用于表征和缓释检测。

图 4-20 是复合化肥的 SEM 表征结果。图 4-20(a)为复合化肥的全貌，包含还原 GO 壳层及 KNO_3 核心。图 4-20(b)为还原 GO 的表面放大的 SEM

图 4-20

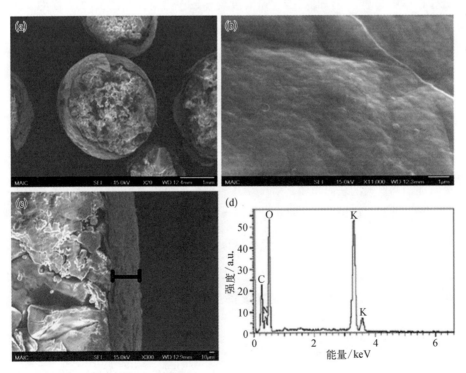

（a）还原 GO 包裹的 KNO_3 化肥颗粒的 SEM 图像；（b）（c）壳层剖面 SEM 图像；（d）EDX 光谱

图,从图中可知还原 GO 包裹较为完整,未出现明显的裂痕。图 4 - 20(c)为复合化肥的切面图,从图中可知还原 GO 壳层厚度为 $20 \sim 30~\mu m$。图 4 - 20(d)所示是复合化肥的 EDX 的表征结果,进一步证明复合化肥的组成元素为 C、O、K 和 N。

将制备好的样品放置在 25℃ 的去离子水中,经过 10 h 的浸泡,一些复合化肥颗粒漂浮到了溶液表面,但颗粒基本保持最初的性状,未观察到明显的颗粒瓦解,如图 4 - 21(a)所示。间隔 0.5 h 或 1 h 提取少量溶液,用 ICP - AES 对溶液中 K^+ 的浓度进行检测,结果如图 4 - 21(b)所示。没有还原 GO 壳膜包覆的 KNO_3 溶解速率很快,1 h 后达到溶解平衡。与之相比,还原 GO 的包覆有效地控制了 K^+ 的释放,浸泡的前 7 个小时,K^+ 释放速率缓慢,整个过程中仅有 34.5% 的 K^+ 溶于水中。化肥溶解的最初阶段,水需要穿过还原 GO 壳层进入核心,建立一个

图 4 - 21

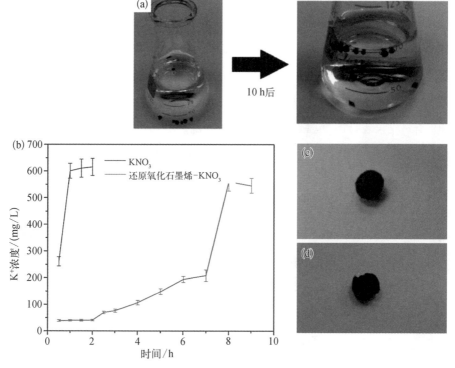

(a)还原 GO 包裹的 KNO_3 化肥颗粒在水中浸泡的情况;(b)还原 GO 包裹的 KNO_3 化肥颗粒和纯 KNO_3 颗粒 K^+ 的释放情况;(c)(d)还原 GO 包裹的 KNO_3 化肥颗粒的初始状态和在水中浸泡 8 h 后的状态

K⁺ 的溶出通道。K⁺ 的爆破式释放发生在浸泡的第 4~8 小时,约有 93.8% 的 K⁺ 溶于水中。图 4-21(c)(d)为还原 GO 壳膜浸泡前和浸泡 8 h 后的照片。8 h 后还原 GO 壳膜出现了局部破裂,促使 K⁺ 发生大量溶出,与浓度检测结果相对应。该实验利用简单的机械包覆及低温烘烤的方法,实现了还原 GO 壳膜-KNO₃ 核心的复合化肥制备,有还原 GO 壳膜保护的 KNO₃ 表现出了优异的缓释性能。

Andelkovic 等利用 GO 作为载体应用于常量元素磷的缓释。采用改进 Hummers 法制备 GO,将 FeCl₃ 溶液缓慢加入 GO 溶液中,充分混合,离心烘干得到 GO-Fe 复合物(GO-Fe)。将 GO-Fe 重新置于水中,加入 KH₂PO₄,充分搅拌,最终得到 GO-Fe-P 的缓释化肥。磷酸根呈负电性,无法直接被同样带负电的 GO 所吸附,所以加入 FeCl₃,降低了 GO 表面的负电性,增强了与磷酸二氢根的结合能力。

将 GO-Fe-P 与商用化肥磷酸二氢铵(Monoammonium Phosphate,MAP)进行比较,测试两种化肥在水溶液和土壤中的磷的释放速率。溶液释放测试结果表明,MAP 中的磷在 10 h 内释放了约 85%,而 GO-Fe-P 中的磷在前 48 h 仅释放了 9%。快速释放的磷很容易与土壤中存在的 Ca 和 Mg 生成沉淀,使其不易被植物吸收。磷的缓慢释放可以使其在土壤中的浓度与植物所需要的浓度接近,从而提升磷的利用率。采用零级、一级及 Higuchi 模型对释放速率进行动力学拟合。结果表明,GO-Fe-P 中磷的释放规律更加符合一级动力学模型,而 MAP 的释放则更加符合 Higuchi 模型,说明其释放过程遵循菲克定律。土壤的可视化扩散实验结果表明,GO-Fe-P 中磷的扩散半径要显著小于 MAP 中磷的扩散半径。采用 CaCl₂ 提取土壤中可交换态(即植物可利用态)的磷,并测试其含量。结果表明,GO-Fe-P 中的磷释放量少,而且基本控制在距化肥施加点 9 mm 的范围内,而 MAP 中的磷释放量较高,而且释放范围更大。

Wu 等利用紫外辐射法制备海藻酸钠-聚丙烯酸/GO(NaAlg-PAA/GO)复合物,再以此复合物吸附铵根离子(NH₄⁺),并将最终的复合物应用于氮肥缓释,探究了复合物中氮的缓释性能。首先采用 Hummers 法制备得到 GO 粉末。复合水溶胶的制备方法如下:将 1 g NaAlg、2 g 丙烯酸(AA)、一定量的 GO 和 0.1 g 双丙烯酰胺(MBA)溶于水中搅拌;将 2,2-二甲氧基-2-苯基苯乙酮(DMPA)加

入 N-甲基吡咯烷酮中作为光引发剂；通入氮气后，利用紫外光对样品进行辐射，最终得到复合物 NaAlg-PAA/GO。测试 NaAlg-PAA/GO 对 NH_4^+ 的吸附性能，根据测试结果优化 GO 在复合物中的含量、吸附反应的 pH。结果表明，GO占比为 30% 时，吸附量达到最大（6.6 mmol/g）。pH 为 8 时最有利于 NaAlg-PAA/GO 对 NH_4^+ 的吸附。将吸附了 NH_4^+ 的 NaAlg-PAA/GO 复合化肥施加到土壤中，首先对化肥保水能力进行了测试。土壤自身的含水量为 31.2%，添加不同量的化肥，结果表明，土壤的含水量随着化肥添加量的增加而增大。添加了占土壤质量分数 2.0% 的化肥后，土壤的含水量增大到 81.2%，土壤湿度有了明显的提升。化肥提升了土壤的持水能力，可以促进植物对水分的吸收。进行为期40 d 的缓释性能测试，第 40 天时，复合化肥中的氮在土壤中的释放量为 55.1%，在水中的释放量为 84%，这一结果说明复合化肥中的氮释放缓慢。

4.4.2　氧化石墨烯基微量元素缓释化肥

植物的生长离不开微量元素。尽管植物对微量元素的需求量很小，但其对植物的生长发育至关重要，微量元素的缺失会导致植物产量减少和品质降低。植物所必需的微量元素有铁（Fe）、锰（Mn）、锌（Zn）、铜（Cu）、硼（B）、钼（Mo）、氯（Cl）。锌（Zn）在维持植物根部系统健康，提高酶（如谷氨酸脱氢酶、乙醇脱氢酶）活性及消除自由基，提高植物对外界压力的耐受性等方面具有重要意义。植物对铜（Cu）的需求量相比于其他微量元素较低，铜的缺失会导致叶绿素含量降低而使叶片失绿并脱落，使植物产量下降。铜在植物的新陈代谢中起着重要的作用，其参与植物的光合作用和呼吸作用，促进有机物和蛋白质的形成，提高叶绿素的稳定性。多项研究表明，铜对植物病原菌的生长有一定的抑制作用。

传统的微量元素化肥主要以硫酸盐或者螯合物的形式存在，在酸性沙质土和强降雨的环境中，微量元素容易浸出并流失，从而导致微量元素利用率低及环境污染等问题。微量元素化肥应用的另一个待解决的问题是其在土壤中的强滞留性，黏土和有机质对微量元素的吸收会大幅度降低其利用率。以往的研究主要集中于对氮、磷、钾肥等常量营养元素的改进上，如上一小节所述，以高分子材料包覆为主,也存在不溶性氧化物和多磷酸盐的形式。随着缓控释肥料技术的发展,微量元素的缓控释研究也逐渐受到关注,短链多磷酸盐的概念被应用于锌和铜这两种微量元素的缓释。尽管这些配方的缓控释效果较好,但其成本高,而且缓释过程受土壤环境(如水含量、pH、离子含量、温度等)影响较大。

GO 表面和边缘的羧基、羟基、羰基及环氧等含氧官能团使其具有很好的水溶性,而且含氧官能团的存在使其更加功能化。GO 作为纳米载体材料已在药物输运、基因输运、生物传感及成像等领域表现出了潜在的应用价值。GO 还可作为吸附剂用于移除水中的无机物和有机物,其吸附能力远高于活性炭等材料。以上研究成果表明 GO 有望作为新型缓释化肥的载体应用于农业领域。

基于上述背景,Dusan Losic 组首次利用 GO 作为载体为植物持续而缓慢地运送微量营养元素铜和锌,并取得了较好的结果。该实验以鳞片石墨为原料,采用改进 Hummers 法制备 GO,在氧化过程中加入硫酸和磷酸的混合酸,利用这种方法得到了单层微米级的 GO 片。之后,利用批量实验法确定了 GO 对铜和锌的吸附能力,优异的吸附性能是其应用于缓释化肥载体的前提。GO 对金属的吸附受 pH 影响显著,如图 4-22(a)所示。当 pH 大于 3.9 时,GO 带负电,通过静电作用对金属阳离子进行吸附。pH 较小时,溶液中的 H^+ 会与金属阳离子竞争 GO 表面的吸附位点;pH 较大时,金属阳离子会形成氢氧化物,较难与 GO 的吸附位点相结合。吸附动力学研究结果如图 4-22(b)所示,吸附前 10 min,吸附量

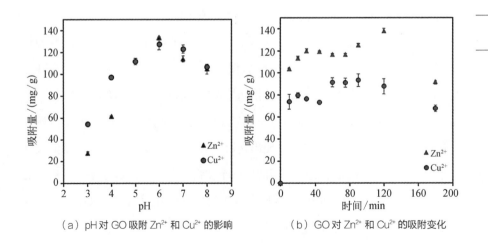

（a）pH 对 GO 吸附 Zn^{2+} 和 Cu^{2+} 的影响　　（b）GO 对 Zn^{2+} 和 Cu^{2+} 的吸附变化

图 4-22

迅速增加;在10~20 min,吸附量增加速率变缓;120 min 时,吸附量达到最大值（Zn^{2+} 为 137 mg/g,Cu^{2+} 为 93 mg/g）。

在优化的 pH 条件下,吸附一定的时间后,得到 GO 基化肥（GO-Zn 和 GO-Cu）。对 GO 基化肥进行 XPS 表征,Zn 的相对含量为 4.34%,Cu 的相对含量为 6.2%。C1s 和 O1s 的表征结果如图 4-23 所示,吸附前后的 C1s 光谱中 C=O 和 O=C—O 的峰位向高结合能方向迁移,这表明 GO 对 Zn^{2+} 和 Cu^{2+} 进行了吸附。O1s 的光谱变化则更加明显,各个峰在位置、形状和强度方面均发生了变化。拉曼表征中 GO 的 G 峰和 D 峰也均发生了偏移,这说明金属离子的加入改变了 GO 的振动模式。XRD 中 GO 的峰位对应的 2θ 变小,进一步证明了金属的插入使峰宽增加可能是颗粒大小和晶格应变的宽化所导致的。TG 的结果则显示金属离子的加入提升了 GO 的热稳定性。

图 4-23 GO 片吸附金属前后 (a) C1s 和 (b) O1s 的高分辨 XPS 光谱

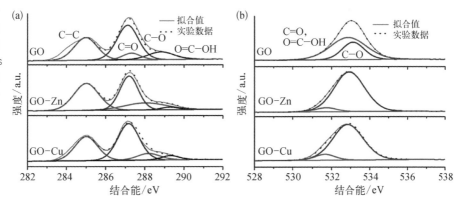

测试 GO 基化肥（GO-Zn 和 GO-Cu）与商用化肥（$ZnSO_4$ 和 $CuSO_4$）中 Zn^{2+} 和 Cu^{2+} 在水溶液中的释放速率,结果如图 4-24(a)(b)所示。释放趋于稳定后,GO-Zn 和 GO-Cu 中 Zn^{2+} 和 Cu^{2+} 的释放量分别为 40% 和 44%,而硫酸盐化肥的释放量高达 100%。这主要是因为 Zn^{2+} 和 Cu^{2+} 与 GO 的含氧官能团有着强相互作用,金属离子可以和邻近的两个羧基或者与一个羟基和一个羧基形成复合物。Zn^{2+} 的最外层电子结构为 d^{10},倾向于与两个羧基形成直接构象;Cu^{2+} 的最外层电子结构为 d^9,倾向于与含氧官能团形成顺式构象。GO 片之间也会通过金属离子发生进一步的交联和团聚,包裹在内的金属离子更加不容易

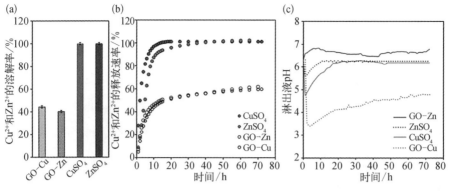

图 4-24 GO-Zn 和 GO-Cu 与 ZnSO₄ 和 CuSO₄ 在水溶液中微量元素 Zn²⁺ 和 Cu²⁺ 的（a）溶解率和（b）释放速率以及（c）淋出液 pH 的变化

渗出。金属离子的释放对淋出液的 pH 也有一定的影响，如图 4-24(c) 所示。在最初的几个小时，Zn^{2+} 的释放使溶液的 pH 升高是质子消耗所导致的。而最初 Cu^{2+} 的释放使溶液的 pH 降低则是 Cu^{2+} 水解产生 H^+ 所导致的。

采用可视化方法研究土壤中 GO 基化肥（GO-Zn 和 GO-Cu）中 Zn^{2+} 和 Cu^{2+} 的缓释效果。将化肥放入土壤中历时 28 d 后，Zn^{2+} 和 Cu^{2+} 的直观分布情况如图 4-25(a) 所示。整个过程中 Zn^{2+} 和 Cu^{2+} 的分布区域半径如图 4-25(b) 所示。在整个过程初期，$ZnSO_4$ 和 $CuSO_4$ 释放的 Zn^{2+} 和 Cu^{2+} 的分布区域面积大于 GO-Zn 和 GO-Cu 中 Zn^{2+} 和 Cu^{2+} 的释放面积。而后分布面积整体缩小，这主要源于土壤对金属离子的吸附。对土壤中 Zn^{2+} 和 Cu^{2+} 的释放量进行具体检测，

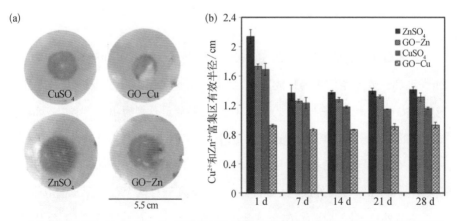

图 4-25

（a）施加了 GO-Zn 和 GO-Cu 与 ZnSO₄ 和 CuSO₄ 的土壤中 Zn²⁺ 和 Cu²⁺ 的可视化扩散区域；
（b）不同天数土壤中高含量的 Zn²⁺ 和 Cu²⁺ 区域半径统计

测试结果表明，在 9 mm 范围之外，ZnSO₄ 组和 GO－Zn 组中 Zn²⁺ 的释放量分别为 30% 和 28%，CuSO₄ 组和 GO－Cu 组中 Cu²⁺ 的释放量分别为 31.5% 和 19%，这与可视实验结果相符。

将 GO 基化肥应用于小麦的种植中，结果表明，相比于 ZnSO₄ 和 CuSO₄，GO 基化肥表现出了一定的优势。GO 基化肥提升了小麦中 Zn²⁺ 和 Cu²⁺ 的含量，Zn²⁺ 含量的提升进一步增加了小麦的产量。这主要是由以下两方面引起的。一方面，GO 基化肥具有一定的缓释作用；另一方面，商用化肥释放的金属离子较易形成碳酸盐或氢氧化物沉淀，从而降低了植物对金属离子的利用率。

参考文献

［1］ Kole C，Kumar D S，Khodakovskaya M V. Plant nanotechnology ［M］. Switzerland：Springer Nature，2016.

［2］ Barrena R，Casals E，Colón J，et al. Evaluation of the ecotoxicity of model nanoparticles［J］. Chemosphere，2009，75(7)：850－857.

［3］ Watanabe T，Murata Y，Nakamura T，et al. Effect of zero-valent iron application on cadmium uptake in rice plants grown in cadmium-contaminated soils［J］. Journal of Plant Nutrition，2009，32(7)：1164－1172.

［4］ Cañas J E，Long M，Nations S，et al. Effect of functionalized and nonfunctionalized single-walled carbon nanotubes on root elongation of select crop species［J］. Environmental Toxicology and Chemistry，2008，27(9)：1922－1931.

［5］ Jiao J Z，Yuan C F，Wang J，et al. The role of graphene oxide on tobacco root growth and its preliminary mechanism ［J］. Journal of Nanoscience and Nanotechnology，2016，16(12)：12449－12454.

［6］ Begum P，Ikhtiari R，Fugetsu B. Graphene phytotoxicity in the seedling stage of cabbage，tomato，red spinach，and lettuce［J］. Carbon，2011，49(12)：3907－3919.

［7］ Hu X G，Lu K C，Mu L，et al. Interactions between graphene oxide and plant cells：regulation of cell morphology，uptake，organelle damage，oxidative effects and metabolic disorders［J］. Carbon，2014，80(1)：665－676.

［8］ Anjum N A，Ahmad I，Mohmood I，et al. Modulation of glutathione and its related enzymes in plants' responses to toxic metals and metalloids — A review［J］. Environmental and Experimental Botany，2012，75：307－324.

[9] Anjum N A, Singh N, Singh M K, et al. Single-bilayer graphene oxide sheet tolerance and glutathione redox system significance assessment in faba bean (*Vicia faba* L)[J]. Journal of Nanoparticle Research, 2013, 15(7): 1770.

[10] Rausch T, Wachter A. Sulfur metabolism: A versatile platform for launching defence operations[J]. Trends in Plant Science, 2005, 10(10): 503 – 509.

[11] Gill S S, Anjum N A, Hasanuzzaman M, et al. Glutathione and glutathione reductase: A boon in disguise for plant abiotic stress defense operations[J]. Plant Physiology and Biochemistry, 2013, 70: 204 – 212.

[12] Wang X D, Sun C, Gao S X, et al. Validation of germination rate and root elongation as indicator to assess phytotoxicity with *Cucumis sativus* [J]. Chemosphere, 2001, 44(8): 1711 – 1721.

[13] Ahsan N, Lee S H, Lee D G, et al. Physiological and protein profiles alternation of germinating rice seedlings exposed to acute cadmium toxicity[J]. Comptes Rendus-Biologies, 2007, 330(10): 735 – 746.

[14] Hassinen V H, Tervahauta A I, Schat H, et al. Plant metallothioneins-metal chelators with ROS scavenging activity[J]. Plant Biology, 2011, 13(2): 225 – 232.

[15] Baun A, Sørensen S N, Rasmussen R F, et al. Toxicity and bioaccumulation of xenobiotic organic compounds in the presence of aqueous suspensions of aggregates of nano – C_{60}[J]. Aquatic Toxicology, 2008, 86(3): 379 – 387.

[16] Hu X G, Kang J, Lu K C, et al. Graphene oxide amplifies the phytotoxicity of arsenic in wheat[J]. Scientific Reports, 2014, 4: 6122.

[17] Huang C, Xia T, Niu J F, et al. Transformation of ^{14}C – labeled graphene to $^{14}CO_2$ in the shoots of a rice plant[J]. Angewandte Chemie, 2018, 57(31): 9759 – 9763.

[18] Khodakovskaya M V, De Silva K, Nedosekin D A, et al. Complex genetic, photothermal, and photoacoustic analysis of nanoparticle-plant interactions[J]. Proceedings of the National Academy of Sciences of the United States of America, 2011, 108(3): 1028 – 1033.

[19] Bandyopadhyay S, Plascencia-Villa G, Mukherjee A, et al. Comparative phytotoxicity of ZnO NPs, bulk ZnO, and ionic zinc onto the alfalfa plants symbiotically associated with *Sinorhizobium meliloti* in soil[J]. Science of the Total Environment, 2015, 515 – 516: 60 – 69.

[20] Zhao L J, Peralta-Videa J R, Varela-Ramirez A, et al. Effect of surface coating and organic matter on the uptake of CeO_2 NPs by corn plants grown in soil: Insight into the uptake mechanism[J]. Journal of Hazardous Materials, 2012, 225 – 226: 131 – 138.

[21] Sun P Z, Liu H, Wang K L, et al. Ultrafast liquid water transport through graphene-based nanochannels measured by isotope labelling [J]. Chemical Communications, 2015, 51(15): 3251 – 3254.

[22] Chen L Y, Yang S N, Liu Y, et al. Toxicity of graphene oxide to naked oats

(Avena sativa L.) in hydroponic and soil cultures[J]. RSC Advances, 2018, 8 (28): 15336 -15343.

[23] Zhang M, Gao B, Chen J J, et al. Slow-release fertilizer encapsulated by graphene oxide films[J]. Chemical Engineering Journal, 2014, 255: 107 - 113.

[24] Andelkovic I B, Kabiri S, Tavakkoli E, et al. Graphene oxide-Fe(Ⅲ) composite containing phosphate — A novel slow release fertilizer for improved agriculture management[J]. Journal of Cleaner Production, 2018, 185: 97 - 104.

[25] Kabiri S, Degryse F, Tran D N H, et al. Graphene oxide: A new carrier for slow release of plant micronutrients[J]. ACS Applied Materials and Interfaces, 2017, 9 (49): 43325 - 43335.

第 5 章

氧化石墨烯对环境
中重金属的作用

随着工业的快速发展,人类活动对水体和土壤环境的影响范围和强度不断增大,矿山开采、废气排放和污水灌溉等行为导致水体和土壤中的重金属含量严重超出安全标准。水体和土壤中的重金属最终会通过食物链进入人体,对人类健康造成巨大伤害。有很多鲜活的例子,日本富山县居民因摄入大量含 Cd 大米和鱼虾而患有骨痛病;中国广东省大宝山居民因重金属中毒而患癌症,因此急需对重金属污染的水体和土壤进行治理和修复。

目前报道了很多去除水体中重金属的方法,主要依据水体中重金属的浓度和经济成本对方法进行选择。常用的方法有氧化法、还原法、反渗透法、电化学法、沉淀法、膜过滤法、离子交换法和吸附法等。每一种方法均具有一定的单方面或多方面优势,但同时也具备不容忽略的劣势。沉淀法的操作简单,成本相对低廉,但是需要对产生的有害沉淀进行后处理,而且此方法对低浓度的重金属无效;膜过滤法具有高选择性、小的空间需求和低的压力需求等优势,但是该方法需要较高的成本维持膜的清洁度,而且过程复杂、处理量有限;离子交换法去除效率高,处理量大,处理过程快,但是再生树脂会造成二次污染而且树脂的成本较高;电渗析法选择性强,但是操作成本高,能源消耗大。光催化法可以同时去除金属和有机物,而且产生的副产物相对无害,但是操作时间较长,应用有一定的局限性;絮凝法对重金属的处理能力有限,需与其他方法相结合。相比之下,吸附法成本低,更加适合对水体中重金属的治理,而且吸附剂可以通过解吸附过程进行再生。碳材料如活性炭、生物炭、碳量子点及 CNT 等一直作为吸附剂被广泛研究,但是这些材料的吸附能力较低。CNT 的本征吸附性能并不高,其吸附性能与纯度、孔隙率、种类等有很大关系。一般采用对 CNT 进行酸化氧化的方法来提升 CNT 的吸附性能。氧化改性的 CNT 对重金属的吸附性能结果如下:铅(Pb II)为 82.6 mg/g,镉(Cd II)为 75.84 mg/g,汞(Hg II)为 81.57 mg/g,铜(Cu II)为 50.37 mg/g,锌(Zn II)为 58 mg/g,钴(Co II)为 69.63 mg/g。由此可知吸附能力虽然有一定的提升,但是仍然不理想。

石墨烯相当于将卷曲的一维 CNT 铺展成二维平面,比表面积大幅提高,对其进行氧化得到 GO。GO 含有大量的含氧官能团和巨大的表面积,对重金属有较高的吸附能力。近几年,GO 的制备工艺逐渐成熟,成本低廉,产量高,为其作为吸附剂应用于环境治理奠定了基础。本章将重点介绍 GO 对水体中重金属的吸附作用及 GO 对土壤中重金属的作用。

5.1 水体中 GO 对金属的作用

5.1.1 GO 吸附性能的研究方法

GO 作为石墨烯的一种重要衍生物,碳骨架的边缘和表面含有大量的含氧官能团,GO 凭借其含氧官能团及非定域的 π 电子结构通过静电引力、配合作用和阳离子-π 作用对金属进行吸附。对 GO 进行改性官能化或将 GO 与其他材料进行复合,可提升吸附性能。

对 GO 的吸附性能进行研究,具体方法如下。

(1) 将金属离子溶液与 GO 溶液混合,摇晃反应;

(2) 用过滤装置过滤反应溶液,收集滤液;

(3) 用电感耦合等离子体发射光谱仪(ICP-OES)等仪器测试滤液中金属离子的浓度。

反应平衡后,采用以下公式计算 GO 对金属离子的吸附量(q_e)和吸附率(A):

$$q_e = (c_0 - c_e) \times V/m \qquad (5-1)$$

$$A(\%) = [(c_0 - c_e)/c_0] \times 100 \qquad (5-2)$$

式中,c_0 和 c_e 分别为溶液中金属离子的初始浓度和平衡浓度;V 为溶液体积;m 为 GO 的质量。

探究不同因素(反应时间、溶液 pH、金属离子初始浓度等)对吸附性能的影响,具体方法如下。

(1) 反应时间对 GO 吸附性能的影响。确定 GO 浓度、金属离子初始浓度及溶液 pH,对不同反应时间的溶液进行抽滤。

(2) pH 对 GO 吸附性能的影响。确定 GO 浓度和金属离子初始浓度,用酸碱试剂调节溶液中的 pH,使 pH 在一定范围内变化,将各 pH 条件下的溶液摇晃至反应达到平衡,进行抽滤。

(3) 金属离子初始浓度对 GO 吸附性能的影响。确定 GO 浓度和溶液 pH,改变溶液中金属离子的初始浓度,将各条件下的溶液摇晃至反应达到平衡,进行抽滤。

对不同的反应时间与其对应的 GO 吸附量数据进行研究即为吸附动力学探究。一般采用准一级动力学方程、准二级动力学方程和粒子内部扩散模型对不同反应时间及其对应的吸附量数据进行拟合。准一级动力学方程对应的吸附过程受吸附质扩散速率的影响,公式如下:

$$\ln(q_e - q_t) = \ln q_e - k_1 t \qquad (5-3)$$

准二级动力学方程对应的吸附过程中,吸附剂与吸附质之间发生了电子转移,公式如下:

$$t/q_t = 1/k_2 q_e^2 + t/q_e \qquad (5-4)$$

式(5-3)、式(5-4)中,q_e 为 GO 对 Cd^{2+} 的吸附量;q_t 为 t min 时对应的吸附量;k_1 和 k_2 分别为准一级动力学方程和准二级动力学方程的反应速率常数。q_e、k_1 和 k_2 的值通过式(5-3)和式(5-4)的斜率和截距计算得到。

粒子内部扩散模型常用来判定吸附过程的扩散机制,公式如下:

$$q_t = k_p t^{0.5} + C \qquad (5-5)$$

式中,C 为描述边界层效应的常数;k_p 为粒子内部扩散速率常数;t 为反应时间;q_t 为 t min 时 GO 对金属离子的吸附量。以 $t^{0.5}$ 为横坐标、q_t 为纵坐标作直线方程,k_p 和 C 分别对应斜率和截距值。

吸附等温方程是研究材料吸附行为的重要方法,吸附等温方程通常用来拟合恒定温度下溶液中吸附质的平衡浓度及其对应的吸附量数据。常见的吸附模型有朗缪尔(Langmuir)方程、弗罗因德利希(Freundlich)方程及 Dubinin - Radushkevich(D - R)方程。Langmuir 方程假设吸附过程为单层、均匀吸附。Freundlich 方程假设吸附过程为多层吸附。D - R 方程假设吸附过程既存在均匀吸附也存在多层吸附。

Langmuir 方程和 Freundlich 方程分别如式(5 - 6)、式(5 - 7)所示。

$$c_e/q_e = 1/bq_{max} + c_e/q_{max} \tag{5-6}$$

$$\ln q_e = \ln k_f + \ln c_e/n \tag{5-7}$$

式(5 - 6)中,c_e 为反应平衡时吸附质的浓度;q_{max} 为最大吸附量;b 为 Langmuir 常数,与吸附自由能相关。由 c_e - c_e/q_e 的斜率和截距可推算出 q_{max} 和 b 的值。式(5 - 7)中,k_f 和 n 是与吸附能力和吸附强度相关的常数。由 $\ln c_e$ - $\ln q_e$ 的斜率和截距可推算出 n 和 k_f 的值。

D - R 方程如式(5 - 8)、式(5 - 9)、式(5 - 10)所示。

$$\ln q_e = \ln q_s - \beta \varepsilon^2 \tag{5-8}$$

$$\varepsilon = RT\ln(1 + 1/c_e) \tag{5-9}$$

$$E = 1/\sqrt{2\beta} \tag{5-10}$$

式中,q_e 为反应达到平衡时 GO 的吸附量;q_s 为理论饱和吸附量;β 为 D - R 方程中的常数;ε 为吸附电位;T 为溶液温度;c_e 为平衡时溶液中溶质的浓度。利用 ε^2 - $\ln q_e$ 所得的斜率和截距可推算出 q_s 和 β 的值。E 为自由能的变化,对应将 1 mol金属离子被 GO 吸附所需的能量。E 的大小可以用来确定吸附机制。当 E 在 8.0~16.0 kJ/mol 时,过程为化学吸附,当 E 小于 8.0 kJ/mol 时,过程为物理吸附。

通过改变反应温度进行吸附热力学探究,常见的温度范围在 293~313 K。在不同温度条件下测试吸附平衡时 GO 的吸附量 q_e 和溶液中的金属离子浓度 c_e。利用下述式(5 - 11)、式(5 - 12)、式(5 - 13)计算热力学参数(焓 ΔH、熵 ΔS

和吉布斯自由能 ΔG）。

$$k_d = q_e / c_e \tag{5-11}$$

$$\ln k_d = \Delta S / R - \Delta H / RT \tag{5-12}$$

$$\Delta G = \Delta H - T\Delta S \tag{5-13}$$

式中，k_d 为分配系数，也称吸附平衡常数；T 为溶液温度；R 为气体常数。ΔH 和 ΔS 可通过范特霍夫方程 $\ln k_d - 1/T$ 的斜率和截距推算得到。ΔG 可通过式 (5-13) 计算得到。若 ΔH 的值为正说明吸附过程为吸热反应，GO 的吸附能力会随着温度的升高而增强，反之，则为放热反应。若 ΔS 的值为正则说明吸附过程为熵增反应，体系的无序性增加。自由能 ΔG 的正负性对应着反应是否能自发进行。当 ΔG 为负时，说明反应可自发进行。

以上的实验方法和数据拟合方法将通过下面研究者的具体工作结果来进行详细介绍。

5.1.2 GO 在溶液中对金属的吸附能力及吸附机制

本小节将介绍通过上小节的实验方法和数据拟合方法得到的研究成果。

GO 对很多种重金属都具有一定的吸附作用。Konicki 等探究了 GO 对 Ni^{2+} 和 Fe^{3+} 的吸附，结果表明，GO 对这两种金属离子的吸附能力分别为 35.6 mg/g 和 27.3 mg/g。采用改进 Hummers 法制备 GO，热重分析表明其所含的含氧官能团比例约为 34.7%。XRD 结果表明含氧官能团的加入将石墨的层间距由 0.34 nm 扩大到 0.79 nm。该实验制备的 GO 在 1.7～12.2 的溶液 pH 范围内的 Zeta 电位均为负值，如图 5-1 所示。测定不同 pH 条件下的 Zeta 电位对理解吸附机理有重要作用。溶液的 pH 从 1.7 增加至 12.2，GO 的 Zeta 电位从 -15.5 mV 降至 -34.9 mV。GO 的表面含有大量的含氧官能团，当 GO 的 Zeta 电位为负值时，GO 表面的官能团会形成阴离子的形式（R—COO⁻ 和 R—O⁻）。GO 表面的负电性越强，其对 Ni^{2+} 和 Fe^{3+} 的吸附能力就越强。随着 pH 的升高，GO 表面的负电性增强，吸附能力也相应地有所提升，如图 5-1 所示。但是当

pH 进一步增加时,金属离子很容易形成羟基复合物。不同金属离子形成羟基复合物所对应的 pH 的范围是不同的。Ni^{2+} 在 pH 小于 9 的条件下,仍以离子形式为主。pH 大于 9 时,Ni^{2+} 会向 $Ni(OH)^+$、$Ni(OH)_2$ 和 $Ni(OH)_3^-$ 转换。对于 Ni^{2+} 来说,GO 的最佳吸附能力所对应的 pH 为 7。Fe 以离子形式存在所对应的 pH 范围要略低一些,为 pH 小于 5 时,当 pH 大于 5 时,Fe^{3+} 会转换为 $Fe(OH)_3$ 和 FeOOH,所以 pH 等于 4 为 GO 吸附 Fe^{3+} 的最佳条件。

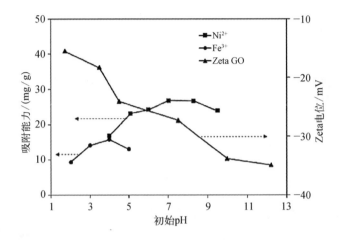

图 5-1 溶液 pH 对吸附性能的影响

GO 对 Ni^{2+} 和 Fe^{3+} 的吸附量随时间的变化如图 5-2 所示。图中同时给出了不同初始离子浓度条件下 GO 的吸附能力。随着初始离子浓度增加,Ni^{2+} 吸附量从 18.9 mg/g 增加至 31.7 mg/g,Fe^{3+} 的吸附量则从 11.1 mg/g 增加至 21.9 mg/g。在最初阶段,GO 对 Ni^{2+} 和 Fe^{3+} 的吸附速率较快,随后变缓,最终在 320 min 时达到吸附平衡。

利用上小节介绍的三种动力学模型(准一级动力学方程、准二级动力学方程和粒子内部扩散模型)对数据进行了模拟。通过比较相关性系数 R^2 的值发现准二级动力学方程可以更好地描述这一吸附过程。通过准二级动力学方程计算得到的平衡吸附量也与实验得到的吸附量最为接近。活性炭和氧化的 MWCNT 对 Ni^{2+} 的吸附以及壳聚糖和纳米氧化铜颗粒等对 Fe^{3+} 的吸附也遵循准二级动力学模型(Salam,2011)。

粒子内部扩散模型对 GO 吸附 Ni^{2+} 和 Fe^{3+} 的拟合结果如图 5-3 所示,吸

石墨烯膜材料与环保应用

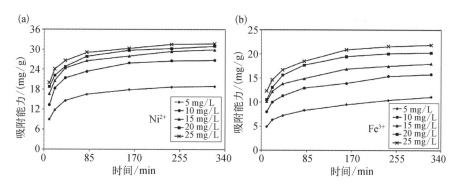

图 5-2　溶液中 Ni^{2+} 和 Fe^{3+} 的初始浓度对吸附性能的影响

附过程分为两部分,代表着不同的吸附阶段。第一部分斜率较陡,为外部传质阶段。第二部分斜率较平缓,为速率限制阶段。图 5-3 中拟合的直线均不穿过原点,这表明吸附过程中,粒子内部扩散虽然参与其中,但其并不是吸附速率的控制步骤。粒子内部扩散模型中的参数 C 可用于确定边界厚度。C 越大说明边界层扩散影响越大。观察图 5-3 中的数据可以发现,C 随着 Ni^{2+} 和 Fe^{3+} 初始浓度的增加而增大,这说明增加金属离子的初始浓度会扩大边界层扩散效应。

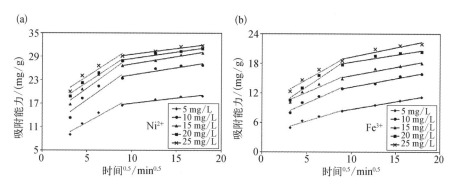

图 5-3　粒子内部扩散模型对 GO 吸附 Ni^{2+} 和 Fe^{3+} 的拟合

　　利用 Langmuir 和 Freundlich 模型对吸附质的平衡浓度及其对应的吸附量数据进行拟合,Langmuir 模型线性相关系数 R^2 分别为 0.999 3(Ni^{2+}) 和 0.995 9(Fe^{3+}),而 Freundlich 模型线性相关系数 R^2 分别为 0.930 6(Ni^{2+}) 和 0.992 6(Fe^{3+})。相比之下,Langmuir 模型更加符合这一吸附过程,这说明 GO 对金属离子 Ni^{2+} 和 Fe^{3+} 的吸附为单层吸附。一些吸附剂如活性炭和 CNT 等对 Ni^{2+} 和

Fe^{3+} 的吸附均为 Langmuir 型吸附。通过 Langmuir 方程计算出的 GO 对 Ni^{2+} 和 Fe^{3+} 的理论吸附量分别为 35.6 mg/g 和 27.3 mg/g。

选择 293 K、313 K 和 333 K 温度条件进行反应热力学探究,实验结果如图5-4所示。随着温度的增加,GO 对 Ni^{2+} 的吸附量从 26.8 mg/g 上升到 30.1 mg/g,对 Fe^{3+} 的吸附量从 15.8 mg/g 上升到 19.0 mg/g。

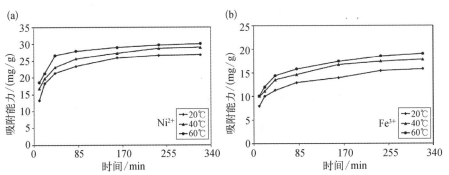

图 5-4 温度对 GO 吸附性能的影响

GO 吸附 Ni^{2+} 和 Fe^{3+} 的热力学参数如表 5-1 所示。吸附反应的焓 ΔH 为正,说明此吸附为吸热反应。金属离子在水中会发生水合作用,离子想要到达吸附位点被 GO 吸附,需要脱去其水合层在溶液中穿梭,这个过程需要一定能量的输入,需要吸热,因此反应温度升高有利于吸附反应的正向进行。在 MWCNT/壳聚糖对 Cu^{2+}、Cd^{2+}、Zn^{2+} 和 Ni^{2+} 的吸附中也观察到了类似的现象。这个吸附反应同时也是熵增反应。吸附过程中,金属离子与 GO 表面结合,释放水分子,增加了固液界面的自由度。在三个测试温度条件下,吉布斯自由能 ΔG 均为负,说明 GO 对 Ni^{2+} 和 Fe^{3+} 的吸附为自发反应。

离子	$\Delta H/$ $(kJ \cdot mol^{-1})$	$\Delta S/$ $(J \cdot mol^{-1} \cdot K^{-1})$	$\Delta G/(J \cdot mol^{-1})$		
Ni^{2+}	3.31	22.2	20℃	40℃	60℃
			-3.16	-3.66	-4.04
Fe^{3+}	4.55	20.8	20℃	40℃	60℃
			-1.53	-2.01	-2.36

表 5-1 GO 吸附 Ni^{2+} 和 Fe^{3+} 的热力学参数

Li 等探究了 GO 对废水中重金属 Pb^{2+} 的吸附性能。实验结果与 GO 对 Ni^{2+} 和 Fe^{3+} 的吸附结果相似,GO 对 Pb^{2+} 的吸附过程很快,准二级动力学方程拟合程度很高,吸附过程同样具有很强的 pH 依赖性。热力学结果表明,GO 对 Pb^{2+} 的吸附为吸热自发反应。在对 GO 吸附性能的探究中,此研究除了采用常见的 Langmuir 模型和 Freundlich 模型对结果进行拟合外,还采用了线性模型和 D-R 模型。通过对不同模型的相关系数进行比较可以看出,GO 对 Pb^{2+} 的吸附更接近 D-R 模型。在三个温度(303 K、318 K、333 K)条件下,D-R 模型中的 E 分别为 8.91 kJ/mol、12.04 kJ/mol 和 13.61 kJ/mol,吸附为化学吸附过程,GO 对 Pb^{2+} 的最大吸附量为 175.5 mg/g。

此研究在探究了常见影响因素的基础上,还探究了离子强度和土壤腐殖质对吸附过程的影响。图 5-5 为 pH 对 GO 吸附性能的影响,同时通过改变溶液中 $NaNO_3$ 的浓度来探究离子强度对 GO 吸附性能的影响。在 GO 对 Pb^{2+} 的吸附过程中 pH 的影响与 GO 对 Ni^{2+} 和 Fe^{3+} 的吸附结果类似,都是随着溶液 pH 的增加,吸附能力先增加迅速再趋于平缓。溶液中的离子强度对吸附性能的影响很小,当 pH 小于 7 时,有较弱的影响;当 pH 大于 7 时,几乎无影响。离子强度可能会影响双电层的厚度和界面电势,从而影响被吸附物与吸附剂的结合力。表面配合机制比内层配合更易受到离子强度的影响,因此可以推断出 GO 对 Pb^{2+} 的吸附机制主要为内层配合。

图 5-5 pH 和离子强度对 GO 吸附性能的影响

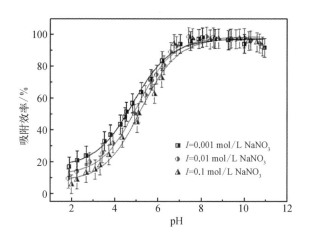

腐殖质有着高反应活性,具有很强的与金属离子结合的能力,对自然环境中金属离子的迁移、转化和生物有效性有很大的影响。图 5-6 为腐殖酸(HA)和富里酸(FA)对 GO 吸附性能的影响。当 pH 小于 7 时,HA 和 FA 对吸附反应有明显的促进作用,而当 pH 大于 7 时,HA 和 FA 对吸附反应有抑制作用。HA 和 FA 在 pH 大于 2 时呈负电性。在小的 pH 条件下,HA 和 FA 很容易被吸附到 GO 表面,增强 GO 的吸附性能,但是在大的 pH 条件下,HA 和 FA 则较难吸附到 GO 表面,并且此时的 HA、FA 和 GO 对 Pb^{2+} 的吸附存在着竞争关系,因此 GO 的吸附性能被削弱。HA 与 FA 对 Pb^{2+} 具有一定的吸附性能,主要是因为这两种酸都包含羟基、羧基、胺等官能团。Li 等还探究了 GO 对 Cu^{2+} 的吸附性能及腐殖质对 GO 吸附性能的影响,GO 对 Cu^{2+} 的最大吸附量可达到 493.69 mg/g。在 pH 较小时,HA 和 FA 同样表现出了对 GO 吸附性能的促进作用,而在 pH 较大时,则表现出了抑制作用。

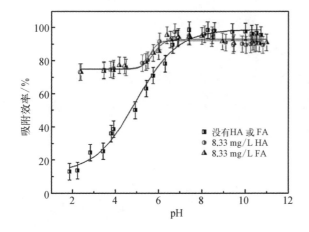

图 5-6　腐殖酸（HA）和富里酸（FA）对 GO 吸附性能的影响

GO 对 Pb^{2+} 和 Cu^{2+} 的吸附还表现出了可再生性。图 5-7(a)为 GO 对 Cu^{2+} 吸附再脱附循环 6 次的结果。图 5-7(b)为 GO 在不同 pH 条件下,对 Pb^{2+} 吸附再脱附循环 6 次的结果。实验中,利用 0.1 mol/L HCl 作为再生剂对 GO 进行脱附,结果表明 GO 在 6 次重复吸脱附过程中始终保持着对金属离子的高吸附能力。

Bian 等用 GO 对 Cd^{2+} 进行吸附,探究了 GO 表面含氧官能团对吸附过程的影

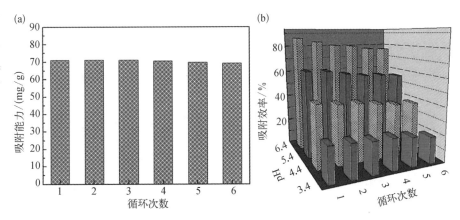

图 5-7 GO 多次
循环吸附（a）Cu²⁺
和（b）Pb²⁺ 的结果

响。GO 吸附 Cd²⁺ 前后 C1s 和 O1s 的 XPS 光谱如图 5-8 所示。GO 的 C1s 谱中 C—C 键（C—Ⅰ）的结合能为 284.79 eV，C—O 键（C—Ⅱ）的结合能为 286.77 eV，O=C—O（C—Ⅲ）的结合能为 288.38 eV。GO 的 O1s 谱中含有两个峰，532.60 eV 处对应 C—OH 或 C—O—C 键（O—Ⅰ），531.14 eV 处对应 C=O 键（O—Ⅱ）。吸附后，O1s 中的 O—Ⅰ 对应的结合能从 532.60 eV 转移到了 532.94 eV，O—Ⅱ 的结合能从 531.14 eV 转移到了 531.42 eV，这说明 O 在吸附过程中为电子供体。此外，GO-Cd 中的 O—Ⅰ 和 C—Ⅱ 的结合能分别从 532.60 eV 和 286.77 eV 增加到了 532.94 eV 和 287.08 eV，这说明羟基参与了吸附，变成了 C—

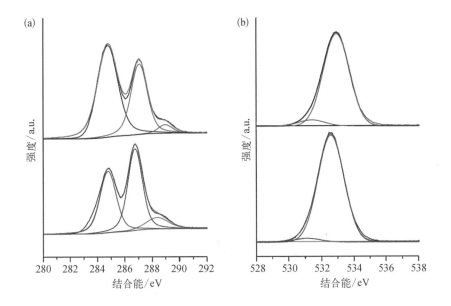

图 5-8 GO 吸附
Cd²⁺ 前后（a）C1s
和（b）O1s 的 XPS
光谱

O—Cd；O—Ⅱ和C—Ⅲ也发生了移位，结合能变为531.42 eV和289 eV，这说明羧基与Cd^{2+}形成了羧基-Cd的复合物。羟基和羧基在吸附过程中起到了重要作用，这一结果与FTIR谱图的结果一致，FTIR谱图中，1 730 cm^{-1}处对应的C＝O的峰强有所下降。

　　Zhao等用少数层的GO吸附金属离子Pb^{2+}、Cd^{2+}和Co^{2+}，并探究了溶液pH、离子强度和腐殖质等因素对GO吸附性能的影响。实验结果表明，GO对三种重金属的吸附性能对pH有强依赖性，而离子强度对吸附性能的影响不大。pH在1～8时，GO对Pb^{2+}的吸附量随pH的增大而增大，当pH大于8时，吸附量随pH的增大而减小。吸附达到平衡后溶液中的pH小于初始的pH，这是因为在吸附过程中，Pb^{2+}取代了一部分H^+被吸附到GO表面的含氧官能团上，GO表面发生去质子化，一部分H^+会释放到溶液中。pH在1～8时，Pb以Pb^{2+}和$Pb(OH)^+$的形式存在，随着pH的增大，GO表面电负性增大，对重金属离子的吸附作用增强。当pH大于8时，Pb以$Pb(OH)_3^-$的形式存在，此时的Pb则不易被带负电的GO吸附。GO对Cd^{2+}和Co^{2+}的吸附随着pH的变化也表现出了相同的趋势。pH小于6时，GO对Co^{2+}的吸附量上升较缓慢，pH在6～9时，吸附量上升较快。GO对Cd^{2+}的吸附量也是随着pH的上升而持续上升。Bian等在实验中测试了不同pH条件下不同形式的Cd的组成分布，结果如图5-9所示。在强碱性条件下，Cd^{2+}会形成氢氧化物沉淀而影响其被吸附。

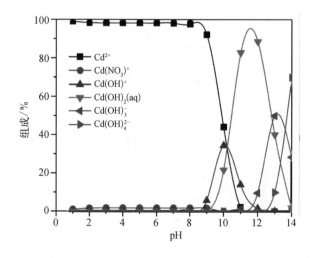

图5-9　不同pH条件下不同形式的Cd的组成分布

溶液中的离子强度对 GO 的吸附性能影响较小,GO 对 Pb^{2+} 吸附的研究结果表明,GO 的吸附性能几乎不受 $NaClO_4$ 浓度的影响,这说明 GO 对 Pb^{2+} 的吸附以内层配合机制为主。图 5-10(a)(b)为 GO 对 Cd^{2+} 和 Co^{2+} 的吸附结果,随着离子强度的增加,吸附曲线略向右移,吸附量略有下降。$NaClO_4$ 的浓度增加时,GO 与 Cd^{2+} 和 Co^{2+} 形成的双电层复合物会受到影响,金属离子的活性也会受到一定的影响,金属离子向 GO 表面的移动受到限制。同时,溶液中离子强度的增加使得 GO 之间的静电排斥作用下降,产生团聚,吸附位点减少。该研究表明,小的 pH 的条件下,$NaClO_4$ 对吸附的影响不能忽略,此条件下,GO 对 Cd^{2+} 和 Co^{2+} 的吸附机制为外层配合作用或者为离子交换作用,但是在大的 pH 条件下,吸附机制则为内层配合作用。

图 5-10 离子强度对 GO 吸附性能的影响

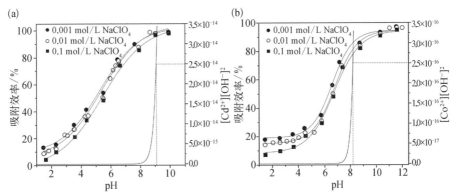

HA 对 GO 吸附 Cd^{2+} 和 Co^{2+} 的影响如图 5-11 所示。HA 的加入显著降低了 GO 对 Cd^{2+} 的吸附性能。当 pH 小于 8 时,HA 会降低 GO 对 Co^{2+} 的吸附性能,而当 pH 大于 8 时,HA 对 GO 的吸附性能没有显著影响。在很多吸附研究中,如前介绍的 GO 对 Pb^{2+} 的吸附作用,HA 在小的 pH 条件下会提升材料的吸附性能,在大的 pH 条件下会降低材料的吸附性能。但此实验结果恰恰相反,HA 在 pH 小于8 时降低了 GO 对 Cd^{2+} 和 Co^{2+} 的吸附性能。这一现象很可能与 GO 表面的强配合作用和吸附位点的密度有关。溶液中的 HA 会与 GO 通过强 π-π 相互作用结合,占据一部分 GO 的吸附位点,从而降低了 GO 对 Cd^{2+} 和 Co^{2+} 的吸附作用。

GO 对 Pb^{2+}、Cd^{2+} 和 Co^{2+} 的最大吸附量分别为 842 mg/g、106.3 mg/g 和

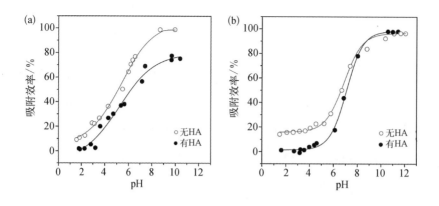

图5-11 HA对GO
吸附（a）Cd²⁺ 和
（b）Co²⁺ 的影响

68.2 mg/g。在此吸附体系中,GO 作为路易斯碱,金属阳离子作为路易斯酸。GO
的非定域 π 电子发挥路易斯碱的作用,与金属阳离子相互作用形成电子供体-受
体复合物,从而对其进行吸附。GO 对 Cd^{2+} 和 Co^{2+} 的吸附能力远低于对 Pb^{2+} 的
吸附能力,这主要是因为 Pb^{2+} 有着更强的电负性。

Huang 等用表面配合模型拟合了不同 pH 条件下 GO 对 Cd^{2+} 的吸附,用阳
离子交换（XNa）和表面配合位点（SOH）模型拟合吸附反应的数据,拟合结果如
图 5-12 所示。表面配合反应方程式如下。

$$2XNa + Cd^{2+} = X_2Cd + 2Na^+ \qquad (5-14)$$

$$SOH + Cd^{2+} = SOCd^+ + H^+ \qquad (5-15)$$

$$SOH + Cd^{2+} + 2H_2O = SOCd(OH)_2^- + 3H^+ \qquad (5-16)$$

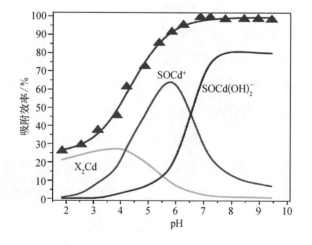

图5-12 表面配
合模型对 GO 吸附
Cd^{2+} 的拟合结果

石墨烯膜材料与环保应用

当溶液 pH 小于 4 时,主要吸附物为 X_2Cd;当溶液 pH 为 4～7 时,主要吸附物为 $SOCd^+$;当溶液 pH 大于 8 时,主要吸附物为 $SOCd(OH)_2^-$。从拟合结果可以看出,当溶液 pH 小于 4 时,Cd^{2+} 更倾向于以离子交换的形式被 GO 吸附,而当溶液接近中性时,GO 对 Cd^{2+} 的吸附机制主要为表面配合作用。

尽管 GO 对重金属的吸附性能与其他材料相比已经表现出了很大程度的优越性,提升 GO 吸附性能的研究仍在进行。基于少数层大片 GO 对金属 Cd^{2+} 的吸附量为 106.3 mg/g 的实验结果,Hongwei Zhu 小组从 GO 的本征结构入手,对其吸附性能进行提升。该实验室制备了单层小尺寸的 GO 片,通过提高 GO 的比表面积和官能团含量,为重金属提供更多的吸附空间和结合位点。用此 GO 对 Cd^{2+} 进行吸附,吸附量高达 265.8 mg/g。具体研究方法和结果如下。

用改进 Hummers 法制备 GO,氧化过程结束后直接用透析法对 GO 层片进行洗涤,再将溶液超声 4 h,可得到尺寸为几百纳米的 GO 片。GO 的原子力显微镜(AFM)表征结果如图 5-13(a)所示,GO 片高度约为 1 nm,为单层 GO 片。离心洗涤或过滤洗涤法均会使 GO 先团聚成固体,之后重新进行超声分散得到 GO 片层,得到的 GO 片层会比透析法洗涤后直接超声得到的 GO 片层尺寸更大。GO 的 XPS 表征结果如图 5-13(b)所示,制备得到的 GO 片 C、O 原子比约为 2.18,C—C 键含量约为 47.49%,C—O 键含量约为 42.58%,C=O 双键含量约为 9.93%。

图 5-13

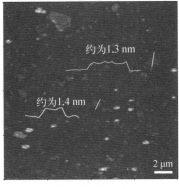

（a）GO 的 AFM 表征

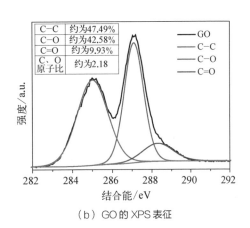

（b）GO 的 XPS 表征

图 5-14(a)为不同反应时间条件下,GO 对 Cd²⁺的吸附量。实验中 Cd²⁺的浓度为 10 mg/L,GO 的浓度为 0.1 g/L,用 NaOH 和 HCl 调节溶液 pH 为 6。取不同反应时间(5 min、15 min、25 min、35 min、60 min、90 min、120 min、150 min、180 min 和 240 min)的溶液,利用压力辅助过滤法分离 GO,用 ICP-OES 检测出滤液中 Cd²⁺的浓度,从而得到对应的吸附量。反应 5 min 后,GO 对 Cd²⁺的吸附量就达到了 79.5 mg/g,25 min 后,吸附量约为 91.5 mg/g,35 min 后吸附基本达到平衡,吸附量约为 98.9 mg/g。以上结果表明,在此实验条件下,GO 对 Cd²⁺的吸附速度很快,而且吸附率高于 98%。用准二级动力学方程对反应时间和吸附量的数据进行线性拟合,结果如图 5-14(b)所示,相关系数 R^2 为 0.999 99,说明准二级动力学吸附模型更加符合此吸附过程,与其他文献结果一致。利用准二级动力学模型拟合结果计算出的平衡吸附量为 99.3 mg/g,与实验结果(120 min 时对应的吸附量为 99.1 mg/g)接近。

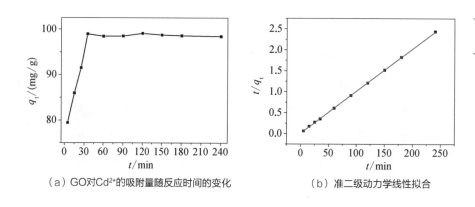

图 5-14

(a) GO 对 Cd²⁺的吸附量随反应时间的变化　　　　(b) 准二级动力学线性拟合

图 5-15(a)为溶液 pH 对 GO 吸附性能的影响,同样得到了酸性条件下的吸附率比碱性条件下低的实验结果。当 pH 大于 6 时,其对吸附几乎无影响。此实验中并未观察到在强碱条件下吸附率下降的现象,这主要是因为实验中所选用的重金属离子浓度较低,GO 的吸附位点相对充裕。

改变实验中 Cd²⁺的初始浓度,对应的吸附量结果如图 5-15(b)所示。当 Cd²⁺的初始浓度为 45 mg/L 时,吸附量高达 265.8 mg/g,GO 的小尺寸和高含氧量使其吸附量高出之前报道结果的一倍多。但是随着 Cd²⁺初始浓度的逐渐升高,Cd²⁺的吸附量开始下降,因为到后期 GO 对 Cd²⁺的吸附已经接近饱和。

图 5-15

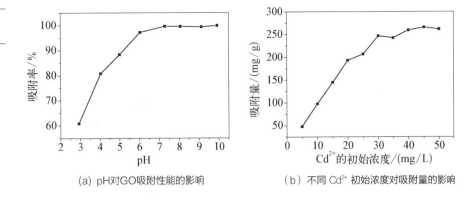

(a) pH对GO吸附性能的影响　　　　（b) 不同 Cd²⁺ 初始浓度对吸附量的影响

　　用 Langmuir 和 Freundlich 模型分别对初始浓度和吸附量的数据进行线性拟合,结果如图 5-16(a)(b)所示。Langmuir 模型线性拟合相关系数 R^2 为 0.997 7,高于 Freundlich 模型线性拟合相关系数 R^2(0.692 5),这表明 GO 对 Cd²⁺ 的吸附为单分子层的化学吸附。Langmuir 模型线性拟合计算出的最大理论吸附量为 269.54 mg/g,与实验数值十分接近。

图 5-16　GO 吸附 Cd²⁺ 的等温方程线性拟合:（a）Langmuir模型;（b）Freundlich模型

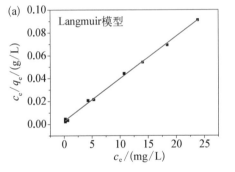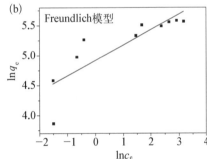

　　图 5-17(a)为不同 Cd²⁺ 初始浓度条件对应的吸附照片,初始浓度从左到右依次为 5 mg/L、10 mg/L、15 mg/L、20 mg/L、25 mg/L、30 mg/L、35 mg/L、40 mg/L、45 mg/L 和 50 mg/L。随着初始浓度的升高,溶液的颜色逐渐加深,35 mg/L以上的浓度会出现肉眼可见的沉降现象。图 5-17(b)为吸附后溶液的 TEM 表征结果。单层 GO 片在吸附大量的 Cd²⁺ 之后会发生结构卷曲,而且 GO 片之间会发生交联,最终形成三维团聚体。图 5-17(c)(d)为吸附 Cd²⁺ 前后的光镜照片,可明显观察到 GO 的团聚现象。吸附前,GO 的片层很薄,在硅片上呈淡

图 5-17

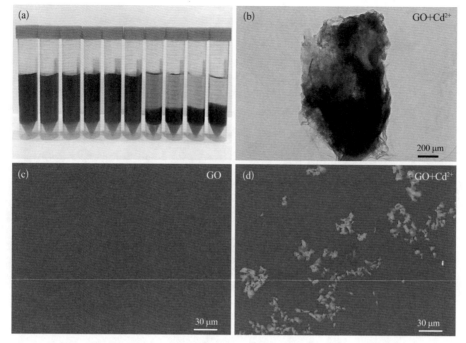

（a）不同浓度的 Cd^{2+} 与 GO 发生的絮凝作用；（b）Cd^{2+} 初始浓度为 50 mg/L 时 GO 团聚的 TEM 图像；（c）（d）Cd^{2+} 初始浓度为 50 mg/L 时吸附前后 GO 的光镜图像

蓝色,团聚后则呈现很明显的亮黄色。

Sitko 等用 K$_2$Cr$_2$O$_7$ 作为氧化剂制备 GO,其对 Cu^{2+}、Zn^{2+}、Cd^{2+} 和 Pb^{2+} 的吸附能力分别为 294 mg/g、345 mg/g、530 mg/g 和 1 119 mg/g。GO 的具体制备方法如下。

（1）向锥形瓶中加入 5 g 石墨和 3.75 g NaNO$_3$;

（2）向锥形瓶中加入 375 mL 浓 H$_2$SO$_4$,边加入边搅拌,加入过程在冰水浴条件下进行;

（3）向锥形瓶中缓慢加入 37.6 g K$_2$Cr$_2$O$_7$,在冰水浴条件下搅拌 2 h,再在室温条件下持续搅拌 5 d;

（4）向锥形瓶中缓慢加入 750 mL 浓度为 5% 的 H$_2$SO$_4$,加入过程在 98℃ 条件下进行,之后搅拌 2 h,再在室温条件下搅拌 2 h;

（5）将混合物进行离心处理,沉淀物用浓度为 3% 的 H$_2$SO$_4$ 洗涤 6 次、浓度为 3% 的 HCl 洗涤 3 次;

（6）用去离子水漂洗溶液至溶液呈中性,在 100℃ 条件下烘干。

上述方法制备的 GO 通过 SEM/EDS 表征可知,其 C 和 O 的含量分别为 71% 和 28%。对石墨和 GO 粉末进行 XRD 表征可知,其对应的层间距分别为 3.36 Å 和 7.64 Å,层间插入的含氧官能团增加了材料的层间距。图 5 - 18 为 GO 的 XPS 能谱,将 C1s 和 O1s 进行分峰,峰位对应化学键 C═O 和 O─C═O,这证明了 GO 含有羧基和羰基官能团。

图 5 - 18　GO 的 XPS 能谱

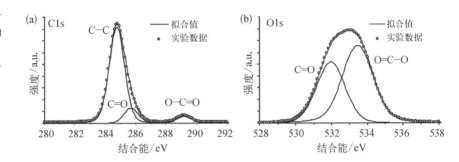

pH 对不同种类金属离子吸附量的影响如图 5 - 19 所示,GO 对 Zn^{2+} 和 Cd^{2+} 的吸附能力在 pH 为 3～4 时迅速上升,pH 为 5～8 时趋于稳定。GO 对 Pb^{2+} 和 Cu^{2+} 的吸附能力在 pH 为 3～4 时呈上升趋势,在 pH 为 4～6 时趋于稳定,在 pH 为 6～8 时吸附量缓慢下降。GO 的零电位点对应的 pH 约为 3.9。当 pH 小于 3.9 时,金属离子需要与 H^+ 竞争吸附位点,GO 的吸附能力低。当 pH 大于 3.9 时,GO 带负电,与金属发生的静电吸附作用变强。当 pH 为 6～8 时,Pb^{2+} 和 Cu^{2+} 与 OH^- 反应生成 $PbOH^+$、$CuOH^+$,正电性降低,导致吸附量缓慢下降。

图 5 - 19　pH 对不同种类金属离子吸附量的影响

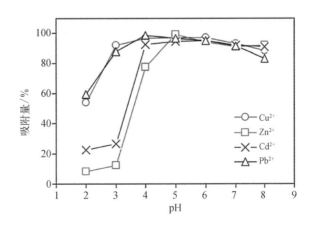

吸附动力学研究表明,分别在 10 min、4 min、14 min 和 15 min 时,GO 对 Cu^{2+}、Zn^{2+}、Cd^{2+} 和 Pb^{2+} 的吸附率达到 90%。整个吸附过程符合准二级动力学方程,机制主要是含氧官能团对金属离子的配合作用。图 5-20 为吸附过程进行后 GO 的 XPS 表征结果,C1s 和 O1s 峰强及峰位的变化进一步证明了吸附过程为化学吸附。

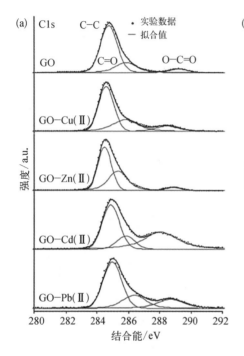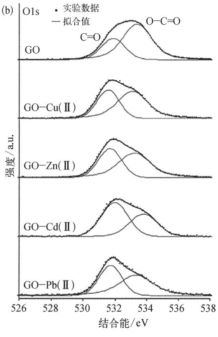

图 5-20 GO 对不同种类金属离子吸附前后的 XPS 能谱

利用等温方程对吸附过程进行拟合,结果表明,Langmuir 模型更加符合实验数据,GO 对 Cu^{2+}、Zn^{2+}、Cd^{2+} 和 Pb^{2+} 的最大吸附量分别为 294 mg/g、345 mg/g、530 mg/g 和 1 119 mg/g。

利用 GO 对二元金属进行吸附来探究金属离子与 GO 的结合强度,结果如图 5-21 所示。金属离子与 GO 的结合能力由强到弱依次为 Pb^{2+} >

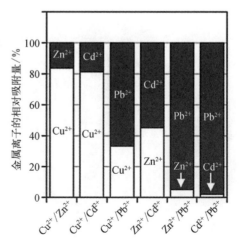

图 5-21 GO 吸附不同金属的相对量

$Cu^{2+} \gg Cd^{2+} > Zn^{2+}$。此结合能力与金属的电负性及金属氧化物的第一稳定常数相关。金属的电负性越大,对电子的吸引能力越强,形成的吸附产物越稳定,则与 GO 的结合能力越强。

5.1.3 金属对水体中 GO 的絮凝作用

上述研究结果表明,当重金属达到一定浓度时,GO 吸附重金属会产生絮凝现象,这说明重金属对水体中 GO 的稳定性有很大的影响。Baoliang Chen 小组研究了重金属(Cr^{3+}、Pb^{2+}、Cu^{2+}、Cd^{2+} 和 Ag^+)和常见金属(K^+、Na^+、Ca^{2+} 和 Mg^{2+})对 GO 的絮凝作用。

采用改进 Hummers 法制备 200 nm 至 1 μm 大小的单层 GO 片,强静电排斥作用使其在水中保持良好的单层分散状态。pH 对 GO 本身的动电性能和水动力特性影响很大。如图 5-22 所示,pH 小于 3 时,随着 pH 的减小,电泳迁移率(EPM)和水力学直径急剧上升,GO 发生团聚,这主要是因为 H^+ 减小了 GO 的静电排斥力。水体环境的 pH 一般在 5~9 的范围内,GO 可以稳定存在。

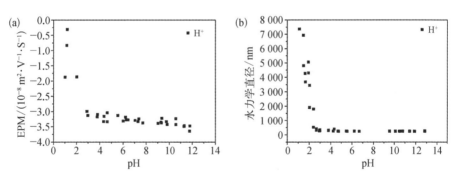

图 5-22 pH 对 GO 的(a)动电性能和(b)水动力特性的影响

图 5-23 为不同价态的金属离子对 GO 动电性能和水动力特性的影响。Cr^{3+} 对 GO 的 EPM 和水力学直径影响最大,其次是二价金属阳离子,而一价金属阳离子影响最小。EPM 拐点处不同价态的金属离子的临界浓度(c_{EPM})分别为 0.9 mmol/L(一价)、0.08 mmol/L(二价)和 0.002 mmol/L(三价)。当溶液中的

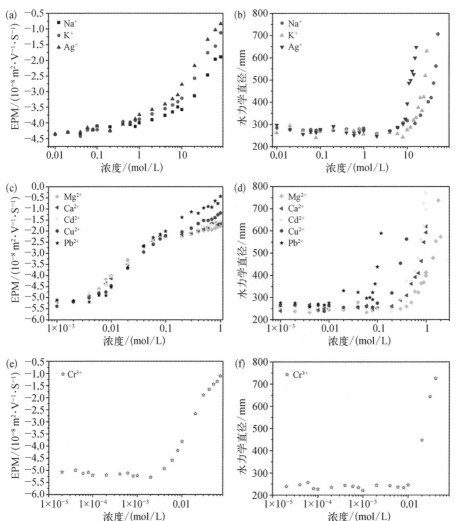

图 5-23 不同价态的金属离子对 GO 动电性能和水动力特性的影响

金属浓度超过 c_{EPM} 时，EPM 将迅速上升。在较高的浓度下，水力学直径会发生明显的变化。水力学直径的拐点对应的溶液浓度 c_{Dh} 要比 c_{EPM} 高，而且同价态不同种类的金属的 c_{Dh} 不尽相同。一价金属的 c_{Dh}/c_{EPM} 值为 80～200，二价金属的这一比值下降为 10～50，三价金属 Cr^{3+} 的 c_{Dh}/c_{EPM} 值为 4。c_{Dh} 与 c_{EPM} 的浓度差随着金属价态的增加而不断缩小说明高价的金属引发的 GO 的电荷屏蔽效应对 GO 的团聚有更大的影响。相同价态金属的 c_{Dh} 值除了遵循传统的 Schulze-Hardy 规则外，还与金属的种类有关。水体中的 K^+ 和 Na^+ 浓度一般低于

10 mmol/L，不影响 GO 的稳定性，Ca^{2+} 和 Mg^{2+} 则较易使 GO 团聚。而与常见金属离子相比，重金属对 GO 的沉积作用更加显著。

图 5-24 为 GO 与不同的金属阳离子接触 12 h 后的沉积照片。当溶液中阳离子浓度达到一定数值后，可以观察到明显的沉积现象，这也表明金属阳离子可以作为 GO 的絮凝剂。金属阳离子对 GO 的絮凝能力从大到小的排列顺序为 $Cr^{3+} \gg Pb^{2+} > Cu^{2+} > Cd^{2+} > Ca^{2+} > Mg^{2+} \gg Ag^+ > K^+ > Na^+$。依据 Schulze-Hardy 规则，相同价态的阳离子应该表现出相似的电荷屏蔽效应，但是实验结果表明，相同价态的金属中，重金属对 GO 的絮凝作用更加显著，Pb^{2+}、Cu^{2+}、$Cd^{2+} > Ca^{2+}$、Mg^{2+}，$Ag^+ > K^+$、Na^+，这样的实验结果表明 GO 的团聚是一个较为复杂的过程，遵从多重机制。

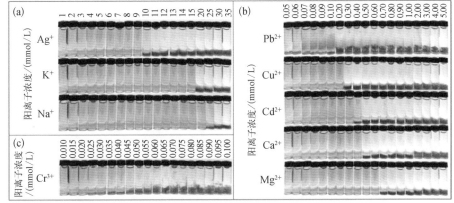

图 5-24 GO 与不同的金属阳离子接触 12 h 后的沉积照片

如图 5-25(a)所示，GO 对不同的金属阳离子的吸附量分别为 0.710 mmol/g（Pb^{2+}）、0.655 mmol/g（Cu^{2+}）、0.566 mmol/g（Cd^{2+}）。Freundlich 模型拟合的结果较好。从图 5-25(b)可以看出吸附区间主要在 0.01～0.10 mmol/L，吸附效率为 20%～80%，这一浓度区域正好是 GO 的 EPM 极速上升的区域，说明吸附与 EPM 的变化紧密相关。

金属阳离子被吸附到纳米片表面也可能是引起 GO 团聚的一种机制。如与 Mg^{2+} 相比，Ca^{2+} 更易引起 GO 的团聚，主要是因为 Ca^{2+} 与羧基、羟基的捆绑作用更强。利用红外光谱对吸附前后的 GO 进行检测，结果如图 5-26 所示。C—

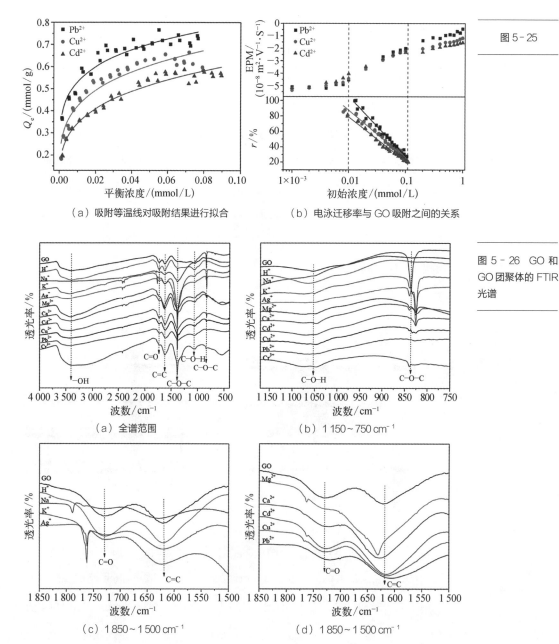

图 5 - 25

（a）吸附等温线对吸附结果进行拟合　（b）电泳迁移率与 GO 吸附之间的关系

图 5 - 26　GO 和 GO 团聚体的 FTIR 光谱

（a）全谱范围　（b）1 150~750 cm⁻¹

（c）1 850~1 500 cm⁻¹　（d）1 850~1 500 cm⁻¹

O—C峰值增加并发生偏移[图 5 - 26（b）]，C＝O 旁边出现新峰[图 5 - 26（c）]，这都表明含氧官能团参与了金属离子的捕获。C＝C 发生了偏移[图 5 - 26（d）]，说明金属离子与 GO 的碳骨架发生了阳离子- π 作用。C＝C 的振动能量排序为 $Na^+ > K^+ > Ag^+$、$Mg^{2+} > Ca^{2+} > Cd^{2+} > Cu^{2+} > Pb^{2+}$，这与之前的沉降排序一致。

经典的 Schulze-Hardy 规则可以解释不同价态的金属离子所产生的不同的絮凝作用,但是无法解释相同价态不同种类的金属离子不同的絮凝作用。红外光谱表征结果表明,金属离子除了通过静电作用与官能团相结合外,还可以通过阳离子-π 作用与 GO 结合。阳离子-π 作用主要依赖于金属离子的电负性,以上金属离子的电负性排序为 $Ag^+ > Na^+$、K^+、$Pb^{2+} > Cu^{2+} > Cd^{2+} > Mg^{2+} > Ca^{2+}$。这一排序与金属絮凝作用的排序基本一致,其中 $Na^+ > K^+$、$Mg^{2+} > Ca^{2+}$ 与金属的絮凝作用中 $K^+ > Na^+$、$Ca^{2+} > Mg^{2+}$ 的顺序相反,主要是因为水分子的影响。水是偶极分子,由于极性的原因,水分子会围绕在离子的周围形成水合层,这一水合层阻隔了离子和 GO 的相互作用,屏蔽了离子的电负性,从而减弱了吸附作用。而 Na^+ 的水合层厚度大于 K^+ 的水合层厚度、Mg^{2+} 的水合层厚度大于 Ca^{2+} 的水合层厚度,因此絮凝强度排序与金属离子电负性排序相反。所以金属离子对 GO 的絮凝作用主要由金属的电负性和水合层厚度共同决定。

TEM 和 AFM 表征结果表明,单层的 GO 片吸附重金属后会发生絮凝,形成一维的管状物、二维的多层团聚物和三维的球状团聚物。GO 的团聚物通过多个过程产生,离子-π 作用弯曲芳香平面形成热力学稳定的一维管状结构;离子还可以与芳香平面形成 π-离子-π 作用,使芳香平面形成面对面的二维结构;离子簇能够吸引来自不同方向的芳香平面而形成离子-3π 作用,进而形成三维笼状结构。以上的一维、二维、三维结构最终通过压缩双电层作用而聚集成球状 GO,GO 的团聚遵循 DLVO 球-球模型。

5.2　GO 对植物吸收金属的影响

前面介绍了 GO 在水体中对重金属的吸附性能及机制。GO 凭借其大比表面积和含氧官能团而具有优异的吸附性能,这使得 GO 在环境治理领域具有很广阔的应用前景。与此同时,GO 会被引入富含重金属的水体和土壤中。本节主要介绍 GO 在重金属污染的环境中,对植物吸收重金属的影响。

5.2.1 水培条件下 GO 对植物吸收金属的影响

已有研究表明，MWCNT 和富勒烯会增加农药在植物中的积累。富勒烯会放大异型生物质对藻类和甲壳虫的毒性，并增加其在生物体内的积累。敌草隆会吸附到 CNT 上对小球藻产生毒性。Fe_2O_3 和 Al_2O_3 纳米颗粒会显著增加砷（As）在模糊网纹蚤体内的积累。纳米材料对植物的间接毒性除了体现在增加生物体内有毒物质的积累量之外，还会影响物质在生物体内的运输、代谢及生物的基因表达、蛋白和酶的形成。纳米材料对植物产生的间接毒性也逐渐成为研究热点。

在水体中，GO 对重金属的强吸附性很可能会对植物产生间接毒性，Yin 等对 GO 和 Cd^{2+} 在水培条件下对水稻和玉米的生长影响进行了研究。在 5 mg/L 的 Cd^{2+} 溶液中，加入不同质量的 GO，探测不同时间内 GO 对 Cd^{2+} 的吸附情况。结果表明，GO 对 Cd^{2+} 的吸附反应在 1 min 内达到平衡，而且随着 GO 浓度的增加，反应时间继续缩短，溶液中 Cd^{2+} 的量也相对减少。GO 和 Cd^{2+} 单独存在或共存时对水稻种子发芽率和生长的影响结果如图 5-27(a)～(c)所示。GO 或 Cd^{2+} 单独存在时均对水稻的种子发芽率有抑制作用，但是并未发现 GO 与 Cd^{2+} 共存时对水稻种子发芽率产生的协同作用。GO 或 Cd^{2+} 单独存在时均对种子的根和芽的生长有抑制作用，但是两者共同存在时，种子的根和芽的长度却随着 GO 浓度的增加而有所增加。GO 或 Cd^{2+} 对植物发芽和生长的抑制作用都分别被报道过。GO 对植物的毒性作用主要是因为 GO 会诱发植物的氧化应激反应。Cd^{2+} 对植物的毒性则体现在其会干扰植物体内的生理和生物化学进程，阻碍植物的光合作用和呼吸作用，从而造成不可逆的损伤。

以玉米为研究对象，探究了 GO 与 Cd^{2+} 单独存在或共存时对玉米生长和玉米吸收 Cd^{2+} 的影响。茎和根的鲜重变化趋势与水稻的生长趋势一致，可能是因为 GO 可以降低 Cd^{2+} 在玉米茎中的活性，从而减少 Cd^{2+} 对植物生长的毒性作用。低浓度的 GO 会降低玉米茎中 Cd^{2+} 的浓度，而高浓度的 GO 则会增加玉米茎中 Cd^{2+} 的浓度。在水培条件下，植物的根部会黏附大量的 GO，GO 本身吸附

图 5-27 GO 和/
或 Cd²⁺ 对水稻种子
（a）发芽率、（b）
芽长和（c）根长的
影响

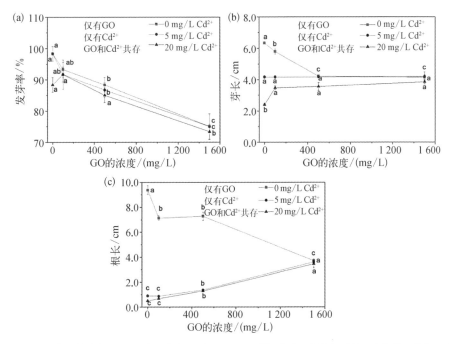

图中"a""b""c"分别代表在对应的测试条件下，不同样品的种子发芽率、芽长、根长差异较大，对其进行方差分析

了 Cd^{2+}，则根可以更加便捷地吸收 GO 表面的 Cd^{2+}，所以随着 GO 浓度的增加，根部的 Cd^{2+} 含量也有所增加。但是当环境中 Cd^{2+} 的浓度较低（5 mg/L）时，GO 并不会对根部的 Cd^{2+} 含量有明显的影响。这主要是因为 GO 相对于 Cd^{2+} 的量是过剩的，GO 对 Cd^{2+} 的吸附作用要强于植物对 Cd^{2+} 的吸附作用。低浓度的 GO（100 mg/L）会降低茎中 Cd^{2+} 的含量，可能是因为低浓度的 GO 对玉米的根有轻微的损伤，导致 Cd^{2+} 在根部大量滞留。但提升 GO 的浓度，对应的植物细胞受损严重，Cd^{2+} 就被从根部运输至茎部。

Qixing Zhou 小组研究了水培条件下 GO 对小麦中 As 毒性的放大作用。As 在自然界中广泛存在，在农药、杀虫剂和除草剂中有广泛应用。As 是一种毒性很强的物质，三氧化二砷即为砒霜。As 对动物和人类的健康有着巨大的威胁。已有研究表明，GO 可直接吸附 As 或者对 As 元素进行间接转化。该小组以小麦作为研究对象，探究了 GO 对小麦中 As 的吸收、转移、代谢和 As 产生分子毒性的影响。具体从以下几个方面进行探究：GO 通过影响 As 的毒性而抑制小麦的生长，并诱发氧化应激反应；GO 对植物代谢调节产生的毒性；GO 对细胞结构的损害及细胞对 GO 和 As 吸收水平的影响；GO 的化学相互作用对 As 的吸收及转化的影响；GO 的生物相互作用（包括基因表达或酶催化作用）对 As 的吸收及转化的影响。用空白组、10 mg/L As(Ⅴ)(As10)、0.1 mg/L GO(GO0.1)、1 mg/L GO(GO1)、10 mg/L GO(GO10)、As10 + GO0.1(AsGO0.1)、As10 + GO1(AsGO1)和 As10 + GO10(AsGO10)对小麦进行水培，实验结果如下。

（1）GO 对 As 毒性具有一定的放大作用。如图 5‐28(a)所示，与空白组相比，As 和 GO 对种子发芽率的影响不显著，As 对发芽率和根的数量有轻微的提升作用。但是 GO 和 As 共同存在时茎长显著变小，而且变小程度随 GO 浓度的升高而升高。与空白组相比，AsGO10 组中茎的长度和鲜重明显减少。叶绿素、MDA 含量及 POD 和 SOD 的酶活性的测试结果也均表现出了对植物生长的抑制作用[图 5‐28(b)]。

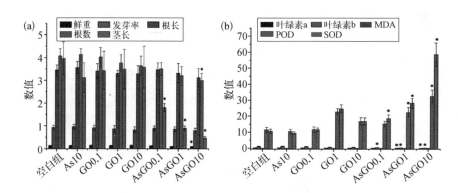

图 5‐28 暴露在 As 和 GO 条件下的小麦的（a）生长水平和（b）氧化应激水平

（2）GO 对植物代谢调节产生的毒性。对 65 种与主要代谢途径（糖类代谢、氨基酸代谢、次生代谢、脂肪酸代谢和尿素循环）相关的代谢物质进行分析，结果表明，在茎部的 57 种代谢物质中，有 9 种代谢物质对叶绿素 b 的合成有积极的作用，但 AsGO 导致了 9 种代谢物质中的 2 种物质含量下降。其余的 48 种代谢物质对叶绿素 b 的合成具有抑制作用。结果显示，AsGO 增加了这 48 种代谢物质的含量。与空白组、单独 As 处理组和单独 GO 处理组中的小麦相比，AsGO 组中小麦的糖类代谢受到抑制，氨基酸代谢和次生代谢有所增强，脂肪酸代谢和尿素循环受到严重干扰。糖类代谢受到抑制的直接结果是能量供应不足，所以植物的生长会受到抑制。糖类代谢也是膜完整性的一个指标,糖类代谢受到抑制会导致细胞电解液渗出。氨基酸代谢和次生代谢则是细胞应激反应的体现。AsGO对脂肪酸代谢的干扰,增加了饱和脂肪酸的含量,引起膜流动性的下降,导致膜结构受损。对尿素循环的干扰主要体现为提升了氨基酸(赖氨酸、苏氨酸、天冬酰胺和异亮氨酸)的积累。

(3) GO对细胞结构的损害及细胞对GO和As吸收水平的影响。利用FTIR和电解质渗出率法对根部细胞进行研究。AsGO增加了细胞表面的氨基、羟基、纤维素和多糖的含量,这意味着细胞壁和质膜的结构被破坏。电解质渗出率可反映细胞膜透性,结果表明,GO对膜透性无明显影响,AsGO增加了电解液的渗出,增大了膜透性,而且这种膜损伤具有浓度依赖性。通过TEM表征进一步观察到了细胞壁和质膜的结构损伤,如图5-29所示。空白组中,质膜与细胞壁紧密贴合,但在AsGO组中,质壁分离现象非常明显,根细胞的椭圆形轮廓变得不规则[图5-29(a)~(d)]。正常情况下,叶绿体应该贴附在质膜上且类囊体清晰可见,但在AsGO组中,椭圆形的叶绿体变成了圆形并远离了质膜,而且类囊体的结构也明显受损,如图5-29(e)~(g)(黄色箭头和黑色箭头指示部分)所示。TEM图像中质膜的弯曲清晰可见,如图5-30(h)(蓝色圈指示部分)所示,这可能是GO导致细胞膜透性提升,GO和As通过质膜进入细胞的结果。在根部明显观察到了GO的沉积物,AsGO组中的沉积量更大,如图5-29(h)(蓝色箭头指示部分)所示。进一步用拉曼光谱验证细胞中的深色点状沉淀的成分,GO的两个特征峰信号明显。利用TEM-EDX对As进行半定量的检测,结果发现GO沉积物处As的含量高于其他位置,根细胞中,GO沉积物处As的含量为0.5%,其他位置为0.1%;茎细胞中,GO沉积物处As的含量为0.4%,其他位置为未检测到As。以上结果说明,As很可能是通过负载到GO表面而被植物所吸收的。而且GO会导致细胞结构受损,此类细胞更易摄取GO和As。

(4) GO通过基因表达和酶催化作用对As的吸收及转化进行调节。利用液相色谱-等离子体电感耦合质谱仪(HPLC-ICP-MS)对As(V)的吸收和转换进行定量分析。如图5-30(a)所示,植物对As的摄取率很高,无GO存在时,植物对As的吸收率为19.9%。不同浓度的GO存在时,植物对As的吸收率分别为

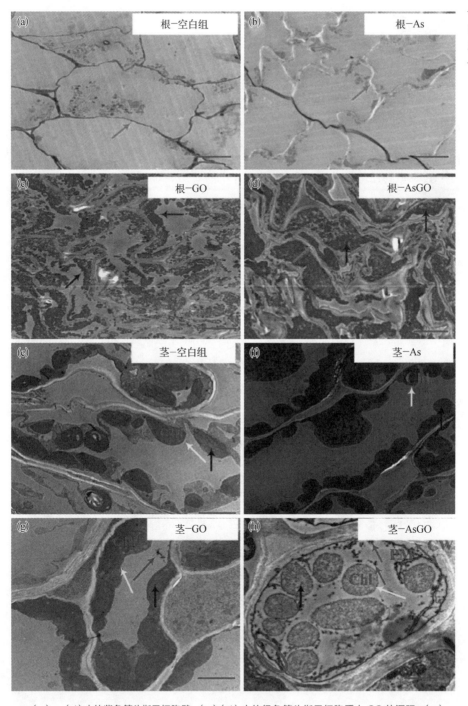

图 5-29 植物细胞的 TEM 图像

（a）~（d）中的紫色箭头指示细胞壁；（c）（d）中的绿色箭头指示细胞质中 GO 的沉积；（e）~（h）中的黄色箭头指示叶绿体，黑色箭头指示类囊体；（g）（h）中的蓝色箭头指示细胞质中 GO 的沉积；（h）中的蓝色圈指示质膜

24.6%（GO0.1）、32.1%（GO1）和 16.1%（GO10）。前两个浓度对 As 的吸收有促进作用，GO10 则降低了 As 的吸收率。前两个浓度对 As 的吸收有促进作用，GO10 则降低了 As 的吸收率，这说明 GO 的浓度至关重要。每个实验组中，均检测到了 As（Ⅴ）和 As（Ⅲ）的存在，说明小麦中确实存在着 As（Ⅴ）向 As（Ⅲ）的转化。As 单独处理的小麦中还检测到了为无机 As 解毒的二甲基砷酸（DMA）。GO 的存在增强了 As（Ⅲ）在根部的积累，并抑制了 DMA 的生成。GO 通过将 As 进行化学转化，增大了 As 对小麦的毒性。为进一步探究 GO 对 As 的吸收和转换的影响，进行了 GO 与 As（Ⅴ）的水相反应，结果如图 5‑30（b）所示。在仅有 As 存在的情况下，有 13.4% 的 As（Ⅴ）转化为 As（Ⅲ）。在 GO0.1、GO1 和 GO10 组中，GO 并未体现出对 As（Ⅴ）转化为 As（Ⅲ）的促进作用。但 GO 对 As（Ⅲ）的吸附能力很强（73.5%～76.6%），且吸附不受 GO 浓度的影响。GO 对 As 的总吸

图 5‑30 GO 对 As 的积累和种类转化的调节

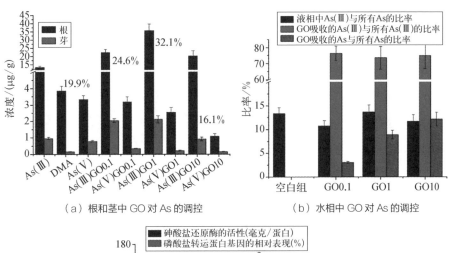

（a）根和茎中 GO 对 As 的调控　　　　　（b）水相中 GO 对 As 的调控

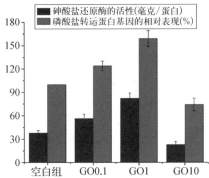

（c）GO 对砷酸盐还原酶活性和磷酸盐转运蛋白基因表达的调控

附量随 GO 浓度的增加而增加,分别为 3.1%（GO0.1）、8.9%（GO1）和 12.1%（GO10）。再进一步从生物的角度进行分析。图 5-30（c）为一些关键的酶和基因的检测结果。低浓度的 GO0.1 和中等浓度的 GO1 可以促进磷酸盐转运蛋白基因的表达,实现对 As 的传输。高浓度的 GO10 则抑制了此基因的表达。GO 对砷酸盐还原酶的活性影响也表现出了与转运蛋白基因一样的趋势。酶的活性随着 GO 浓度的增加先升高而后又下降。综上,GO 是通过化学和生物的共同作用,对 As 在植物中的积累和 As 的种类转化进行调节的。以往的研究中,当 GO 的浓度不是很高时,其生物毒性表现得并不明显。当 10 mg/L 的 As 单独存在时,其对小麦的毒性也不是很显著。但是,当 As 和 GO 共同存在时,即使 GO 的浓度仅为 0.1 mg/L,两者的协同作用仍然会对植物产生很大的毒性。

5.2.2　土培条件下 GO 对重金属形态分布及植物吸收重金属的影响

上一章中介绍了 GO 凭借自身的亲水性提升土壤的含水量,并将水分快速传输给植物,从而促进植物的萌发和生长。GO 的这种促进作用是间接的,本身不会在植物的表皮或体内富集。如前所述,GO 在缓释化肥和增强农药效果等方面均表现出潜在的应用价值,GO 在土培条件下促进植物生长且在植物体内无积累的实验结果为其在农业领域的应用奠定了基础。

在含有重金属的土壤中,GO 对植物的影响很可能与重金属相伴而生。已有研究表明,GO 对溶液中的重金属具有很强的吸附能力。当 GO 排放至土壤中时,其对重金属的吸附性能很可能影响植物对重金属的吸收。

Hongwei Zhu 小组以水稻为研究对象,探究了在重金属 Cd 污染的土壤中,不同浓度的 GO 对植物生长及植物吸收 Cd^{2+} 的影响;并采用连续提取法对土壤中的 Cd 进行分级萃取,探究 GO 对土壤中 Cd 存在形式的影响,结合 GO 对 Cd^{2+} 的吸附机制揭示了其对植物吸收 Cd^{2+} 的影响机制。

为探究土培条件下 GO 对植物吸收重金属的影响,在重金属 Cd 污染的土壤中,混入不同浓度的 GO 进行水稻种植,具体方法如下: 将 $CdCl_2 \cdot 2.5H_2O$ 配成水溶液加入土壤中,使土壤中 Cd^{2+} 的浓度为 10 mg/kg。搅拌土壤,使 Cd^{2+} 在土壤中均匀分布。孕育土壤 30 d，其间持续浇水搅拌，保证水面高出土壤表面约 2 cm。再向 Cd²⁺ 污染的土壤中加入 GO 水溶液，使 GO 含量分别为 0 g/kg、1 g/kg 和 3 g/kg（Cd10GO0、Cd10GO1、Cd10GO3）。继续搅拌，使 GO 在土壤中均匀分布。再孕育 30 d，其间仍持续浇水搅拌，保证水面高出土壤表面约 2 cm。

实验选用水稻作为研究对象，是因为水稻是亚洲人的重要主食，且易受到 Cd 的污染。采用一次浸提法对原始土壤中 Cd 含量进行 ICP－MS 检测，未检出 Cd，说明土壤未被 Cd 污染。

采用原始土壤（无 Cd 无 GO，Cd0GO0）和含有 10 mg/kg Cd 和不同浓度（0 g/kg、1 g/kg、3 g/kg）GO 的土壤（Cd10GO0、Cd10GO1、Cd10GO3）种植水稻幼苗，结果如图5－31 所示。图 5－31（a）为收割后的水稻幼苗照片，四组幼苗的物理性状无明显差别。对幼苗的地上高度进行测量，结果如图 5－31（b）所示，四组幼苗高度非常接近。鲜重测量结果如图 5－31（c）所示，Cd10GO3 组中的幼苗鲜重稍高于 Cd0GO0 组、Cd10GO0 组和 Cd10GO1 三组。前面介绍过，GO 本身

图 5-31

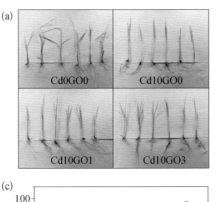
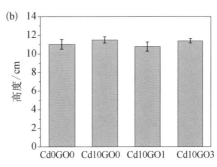
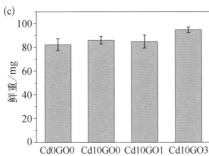
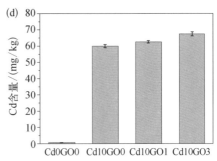

（a）Cd0GO0 组、Cd10GO0 组、Cd10GO1 组、Cd10GO3 组中水稻幼苗照片；（b）幼苗高度；（c）幼苗鲜重；（d）幼苗 Cd 含量[结果为平均值±标准差，（b）（c）中样品数 $n=6$，（d）中样品数 $n=3$]

是一种土壤改良剂,表面含氧官能团(羧基、羟基等)具有亲水的性质,可以提升土壤的水含量,为植物提供水分,促进植物萌发及生长。但实验结果未体现出其促进植物生长的显著作用,仅在高浓度 Cd10GO3 组中鲜重有一定的增加。这主要是因为 GO 的羧基团与 Cd^{2+} 通过静电作用相结合,其亲水性被削弱。图 5-31 (d)为采用 ICP-OES 测量的不同组中水稻幼苗的 Cd 含量。Cd0GO0 组水稻幼苗的 Cd 含量为 0.75 mg/kg。原始土壤中不含 Cd,所以对浇灌的自来水进行了 Cd^{2+} 含量测试,结果表明自来水中 Cd^{2+} 的浓度为 0.144 5 $\mu g/L$。为维持稻田土环境,每天需浇灌大量水,且 Cd 在盆栽环境中不会流失,所以自来水中的 Cd^{2+} 进入土壤,最终在水稻幼苗中有少量积累。Cd10GO0 组、Cd10GO1 组、Cd10GO3 组中因人为加入了 10 mg/kg 的 Cd^{2+},三组水稻幼苗的 Cd 含量较高。对这三组幼苗的 Cd 含量进行比较,可以明显看出幼苗的 Cd 含量随着 GO 浓度的增加而增加,这说明 GO 促进了水稻幼苗对 Cd^{2+} 的吸收。其中,Cd10GO3 组幼苗的 Cd 含量比 Cd10GO0 组幼苗高 12.5%。

为了探究 GO 促进水稻幼苗吸收 Cd^{2+} 的机制,采用连续提取法对土壤中的 Cd 进行分级萃取,测定土壤中 Cd 的存在形态分布。实验具体步骤如下。

(1)将土壤搅拌均匀,利用网格采样法进行土壤样品收集,搅拌均匀。

(2)将均匀土壤平铺于保鲜膜上,土壤厚度约 2 cm,通风干燥,用研钵研磨土壤,过孔径为 0.15 mm 的尼龙筛。

(3)可交换态 Cd 提取:取 2 g 土壤置于含有 20 mL 浓度为 0.05 mol/L 的 $Ca(NO_3)_2$ 的锥形瓶中,在 30℃ 下振荡 24 h,离心(3 000 r/min)分离 10 min,取上层清液。用 ICP-OES 检测上层清液中的 Cd^{2+} 浓度。

(4)碳酸盐结合态 Cd 提取:将剩余残渣置于含有 20 mL 2.5% 的 CH_3COOH 的锥形瓶中,在 30℃ 下振荡 24 h,离心(3 500 r/min)分离 15 min,取上层清液。用 ICP-OES 检测上层清液中的 Cd^{2+} 浓度。

(5)有机态 Cd 提取:在沸水浴中,用 20 mL 30% 的 H_2O_2 消化剩余残渣,至 H_2O_2 完全分解。向残渣中加入 20 mL 2.5% 的 CH_3COOH,在 30℃ 下振荡 24 h,离心(3 500 r/min)分离 20 min,取上层清液。用 ICP-OES 检测上层清液中的 Cd^{2+} 浓度。

（6）无定型氧化铁锰结合态 Cd 提取：将剩余残渣置于含有 60 mL 酸性 $(NH_4)_2C_2O_4$（0.1 mol/L $H_2C_2O_4$、0.236 mol/L 抗坏血酸和 0.175 mol/L $(NH_4)_2C_2O_4$）的锥形瓶中，在沸水浴中放置 1 h，离心（15 000 r/min）分离 10 min，取上层清液。用 ICP-OES 检测上层清液中的 Cd^{2+} 浓度。

黏土或有机物颗粒表面会有一些带负电的吸附位点，通过静电吸附作用对 Cd^{2+} 进行吸附，形成可交换态 Cd。这部分 Cd 是最先被溶液提取出来的，同时也是最易被植物吸收的。根据提取的顺序，越靠后被提取出的 Cd，越不易被植物所吸收。其次被提取出来的是与碳酸盐形成共沉淀的碳酸盐结合态 Cd。与土壤中的有机质发生螯合作用的 Cd 被定义为有机态 Cd，与氧化铁锰形成共沉淀的 Cd 被定义为无定型氧化铁锰结合态 Cd。最后残渣中的 Cd 与土壤中的矿物质强结合，需要用混合强酸才能提取出来，这部分 Cd 几乎无法被植物吸收。

图 5-32(a)为水稻种植前不同浓度 GO 处理的土壤中 Cd 存在形态分布的结果。Cd10GO1 组和 Cd10GO3 组中可交换态 Cd 的含量分别为 1.04 mg/kg 和 1.19 mg/kg，高于 Cd10GO0 组中可交换态 Cd 的含量（0.78 mg/kg）。Cd10GO1 组和 Cd10GO3 组中碳酸盐结合态 Cd 的含量分别为 6.13 mg/kg 和 5.91 mg/kg，

图 5-32 GO 对土壤中 Cd 存在形态分布的影响（结果为平均值±标准差，样品数 $n=3$）

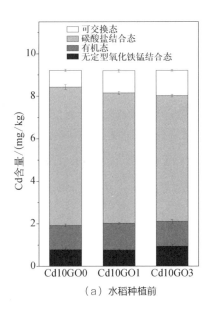

（a）水稻种植前

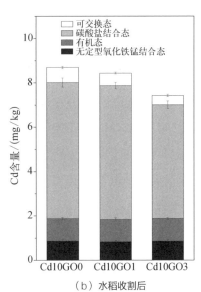

（b）水稻收割后

低于 Cd10GO0 组中碳酸盐结合态 Cd 的含量(6.50 mg/kg)。各组中有机态 Cd 和无定型氧化铁锰结合态 Cd 含量无明显差别。以上结果说明 GO 可以将 Cd 从碳酸盐结合态向更易被植物吸收的可交换态进行转化。

对稻田土的 pH 进行监测,结果表明各组土壤的 pH 均约为 6,不受 GO 浓度的影响。实验结果表明,当 pH = 6 时,GO 对 Cd^{2+} 的吸附率高达97.2%。此外,GO 对 Cd^{2+} 的吸附仅需 35 min 即可达到吸附平衡。接近中性时,水分充足的稻田土为 GO 对 Cd^{2+} 的吸附提供了一个良好的环境。土壤中 GO 的大量含氧官能团通过静电作用吸附 Cd^{2+}。根据可交换态 Cd 的定义(通过静电吸附作用对 Cd^{2+} 进行吸附),GO 吸附的 Cd^{2+} 即为可交换态 Cd,这部分 Cd 较易被植物吸收。GO 对 Cd^{2+} 的吸附打破了 Cd^{2+} 与碳酸盐反应的平衡,使反应反向进行,碳酸盐结合态 Cd 的含量降低。同时,GO 的羧基赋予了 GO 有机酸的特性,可与碳酸盐反应,释放出更多的 Cd^{2+}。因此,在水稻种植过程中,GO 将碳酸盐结合态 Cd 转化为可交换态 Cd,促进水稻对 Cd^{2+} 的吸收。

图 5-32(b)为水稻收割后土壤中 Cd 存在形态分布的结果。各组中有机态 Cd 和无定型氧化铁锰结合态 Cd 含量无明显差别,且水稻种植前收割后,这两种形态的 Cd 含量也未发生明显变化。由此可知,GO 的作用主要是将碳酸盐结合态 Cd 转化为可交换态 Cd。收割后,各组土壤中 Cd 的总含量均降低,其中 Cd10GO1 组和 Cd10GO3 组的 Cd 含量下降更为明显,且 GO 的浓度越高,土壤中 Cd 的总含量越低。Cd10GO0 组土壤中 Cd 的总含量为 8.69 mg/kg,而 Cd10GO3 组土壤中 Cd 的总含量仅为 7.43 mg/kg。

综上所述,在 Cd 富集的土壤中,GO 会促进水稻对 Cd^{2+} 的吸收,对水稻产生间接毒性。促进机制为 GO 凭借其吸附性能对 Cd^{2+} 进行吸附,将土壤中的一部分碳酸盐结合态 Cd 转化为易被植物吸收的可交换态 Cd,从而促进了水稻对 Cd^{2+} 的吸收(图 5-33)。

在重金属污染的土壤环境中,GO 也表现出了对植物的间接毒性,GO 对 Cd^{2+} 的吸附作用促进了水稻对 Cd^{2+} 的吸收。GO 的这一间接作用也可应用于重金属污染的土壤修复中。可将 GO 与生物修复技术相结合,用于促进牺牲植物

图 5 - 33 GO 促进水稻对 Cd²⁺ 吸收的机制示意图

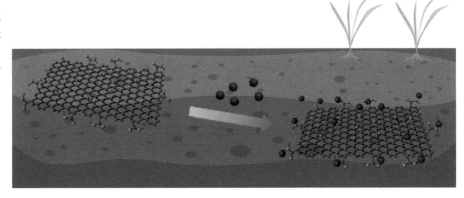

对重金属的吸收。GO 促进并转化了 Cd 在土壤中的存在形态,使得其从无机态转变为可交换态。基于此,可结合土壤淋洗技术对土壤进行淋洗去除重金属,可交换态的金属更易溶于淋洗液被带走。同时,GO 对土壤中微量元素的吸附性能很可能会促进植物对微量元素的吸收。

参考文献

[1] Burakov A E, Galumin E V, Burakova I V, et al. Adsorption of heavy metals on conventional and nanostructured materials for wastewater treatment purposes: a review[J]. Ecotoxicology and Environmental Safety, 2018, 148: 702 - 712

[2] Konicki W, Aleksandrzak M, Mijowska E. Equilibrium and kinetics studies for the adsorption of Ni^{2+} and Fe^{3+} ions from aqueous solution by graphene oxide[J]. Polish Journal of Chemical Technology, 2017, 19(3): 120 - 129.

[3] Li X, Zhao K, You C Y, et al. Impact of contact time, pH, ionic strength, soil humic substances, and temperature on the uptake of Pb(Ⅱ) onto graphene oxide [J]. Separation Science and Technology, 2017, 52(6): 987 - 996.

[4] Li X, Tang X P, Fang Y F. Using graphene oxide as a superior adsorbent for the highly efficient immobilization of Cu (Ⅱ) from aqueous solution[J]. Journal of Molecular Liquids, 2014, 199: 237 - 243.

[5] Bian Y, Bian Z Y, Zhang J X, et al. Effect of the oxygen-containing functional group of graphene oxide on the aqueous cadmium ions removal[J]. Applied Surface Science, 2015, 329: 269 - 275.

[6] Huang J Y, Wu Z W, Chen L W. Surface complexation modeling of adsorption of

Cd（Ⅱ）on graphene oxides[J]. Journal of Molecular Liquids, 2015, 209: 753 - 758.

[7] Khosravi J, Alamdari A. Copper removal from oil-field brine by coprecipitation [J]. Journal of Hazardous Material, 2009, 166(2 - 3): 695 - 700.

[8] Kurniawan T A, Chan G Y S, Lo W H, et al. Physico - chemical treatment techniques for wastewater laden with heavy metals[J]. Chemical Engineering Journal, 2006, 118(1 - 2): 83 - 98.

[9] Al-Rashdi B A M, Johnson D J, Hilal N. Removal of heavy metal ions by nanofiltration[J]. Desalination, 2013, 315: 2 - 17.

[10] Fu F L, Wang Q. Removal of heavy metal ions from wastewaters: A review[J]. Journal of Environmental Management, 2011, 92(3): 407 - 418.

[11] Barakat M A. New trends in removing heavy metals from industrial wastewater[J]. Arabian Journal of Chemistry, 2011, 4(4): 361 - 377.

[12] Kang S Y, Lee J U, Moon S H, et al. Competitive adsorption characteristics of Co^{2+}, Ni^{2+}, and Cr^{3+} by IRN - 77 cation exchange resin in synthesized wastewater [J]. Chemosphere, 2004, 56(2): 141 - 147.

[13] Mohammadi T, Moheb A, Sadrzadeh M, et al. Modeling of metal ion removal from wastewater by electrodialysis[J]. Separation and Purification Technology, 2005, 41(1): 73 - 82.

[14] Chang Q, Wang G. Study on the macromolecular coagulant PEX which traps heavy metals[J]. Chemical Engineering Science, 2007, 62(17): 4636 - 4643.

[15] Sitko R, Turek E, Zawisza B, et al. Adsorption of divalent metal ions from aqueous solutions using graphene oxide[J]. Dalton Transactions, 2013, 42(16): 5682 - 5689.

[16] Yang K J, Chen B L, Zhu X Y, et al. Aggregation, adsorption, and morphological transformation of graphene oxide in aqueous solutions containing different metal cations[J]. Environmental Science & Technology, 2016, 50(20): 11066 - 11075.

[17] Yin L Y, Wang Z, Wang S G, et al. Effects of graphene oxide and/or Cd^{2+} on seed germination, seedling growth, and uptake to Cd^{2+} in solution culture[J]. Water Air & Soil Pollution, 2018, 229(5): 151.1 - 151.12.

第 6 章

氧化石墨烯的杀菌
性能及其应用

近几年,纳米材料在抗菌领域的应用逐渐成为研究热点。实验结果表明,纳米材料对很大一部分革兰氏阳性菌和革兰氏阴性菌有杀菌活性。与生物抗生素相比,纳米材料的优势在于其可以通过多重机制进行有效杀菌,其中包括氧化应激反应、对细菌细胞膜造成损伤及与细胞内分子发生反应等。纳米材料的另一个优势是其优异的稳定性使得其杀菌性能持续时间长,可以有效预防细菌在固体表面的生长与繁殖。在众多的纳米抗菌材料中,GO具有独特的二维平面结构,其表面和边缘含有大量的含氧官能团。GO的两亲性结构使其具有很好的水溶性,可以更好地与生物分子相互作用,发挥其杀菌性能。

与此同时,GO的广泛应用使其不可避免地释放到水体和土壤中。土壤中的微生物种类多、含量高,其参与土壤养分循环,在维持土壤生态平衡方面发挥着重要作用。GO的杀菌作用很可能对土壤中的微生物产生影响。一些病原菌的存在会对植物的生长造成不良的影响,导致植物产量和品质下降,GO作为高效抗菌剂有望在改善植物生长环境、促进植物生长和提升植物品质等方面发挥作用。

6.1　氧化石墨烯的杀菌性能

大量研究表明GO具有很强的杀菌活性,同时具有良好的生物相容性。GO与大肠杆菌接触2 h,杀菌率可高达98.5%,几乎可以完全抑制大肠杆菌的正常生长。GO会对细菌的细胞膜造成不可逆的损伤,损伤机制可能是诱发细菌细胞的氧化应激反应或者是对细胞膜造成物理伤害。还有一些研究认为,GO的杀菌机制是GO引发了一些细菌的细胞膜退化降解而使细菌失活。排除其他因素的影响,与rGO、石墨、氧化石墨相比,GO具有最高的杀菌活性。下面将详细介绍GO的杀菌性能及杀菌机制。

6.1.1　影响因素

GO的杀菌性能与其尺寸、形状及氧化程度密切相关,GO通过损坏细胞达到杀菌效果。细胞壁和细胞膜是细胞的保护层,探究GO与它们之间的相互作用尤为重要。GO是二维纳米材料,纵向为纳米级尺寸。随着层数的增加,GO发生团聚的倾向性增加,GO的团聚会降低GO与细菌的接触面积,进而降低GO的杀菌性能。实验结果表明,单层GO的杀菌性能要优于多层GO。

Guo等利用耗散粒子动力学的方法模拟石墨烯穿过磷脂双分子层,并探究了石墨烯的尺寸和形状对这一过程的影响。结果表明,石墨烯的尺寸影响了穿透的方式,石墨烯的形状决定了穿透的速率。如图6-1所示,小尺寸的石墨烯片会在侧压的驱动下通过插入或旋转的形式穿透细胞膜,而大尺寸的石墨烯片主要通过形成囊泡的方式进行移位。圆形的石墨烯片边缘较平滑,移位速率较快。Li等将分子动力学的理论方法与实验方法相结合,探究了石墨烯片与细胞脂质

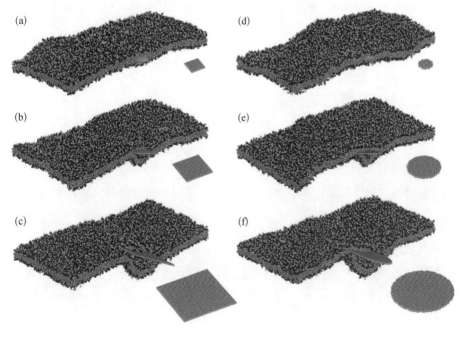

图6-1　不同尺寸和形状的石墨烯片与细胞脂质双层的相互作用

双层的相互作用。研究结果表明，横向尺寸为 $0.5 \sim 10~\mu m$ 的少数层石墨烯片会完全被细胞内化，但是石墨烯片需要一定的迁移能量完成细胞内化过程。石墨烯片的不规则结构使其具有丰富的表面凸起和尖锐的边缘，这些部位首先刺穿细胞膜，随后内化的石墨烯面积再不断扩张至完全被细胞内化。

GO 的横向尺寸也对其杀菌性能有很大影响。横向尺寸直接影响着 GO 的吸附性、分散性及边缘结构。GO 的横向尺寸越大，越容易与细菌发生相互作用而表现出更高的杀菌活性。当横向尺寸降至纳米级时，GO 的亲水性和生物相容性会提高，同时杀菌活性会大幅降低。但是在横向尺寸为 $0.01 \sim 0.65~\mu m$ 时，小片 GO 的杀菌性能随着横向尺寸的增加而增加，这可能是因为实验中使用的 GO 有一定的缺陷，增加了其活性。这也说明横向尺寸不是唯一影响 GO 杀菌性能的因素。GO 的杀菌性能还与其表面曲率有关，也与细菌的形状有关(图 6-2)。由 GO 制备得到的石墨烯量子点的高斯曲率为 0，而通过断裂 C_{60} 制备得到的石

图 6-2　石墨烯量子点和细菌的表面曲率对石墨烯杀菌性能的影响

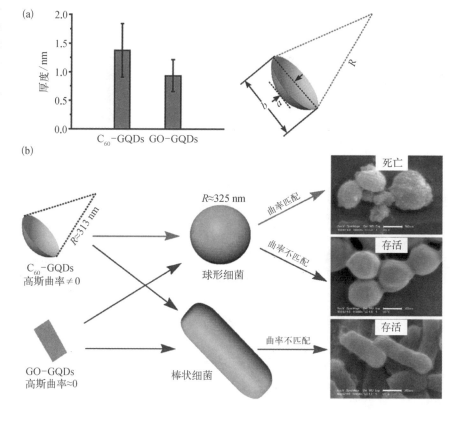

墨烯量子点具有非零高斯曲率。这两种不同曲率的石墨烯量子点表现出了不同的杀菌性能。C_{60}石墨烯量子点可以有效地杀死球形细菌，但是对棒状细菌没有明显的杀菌效果，而GO石墨烯量子点对这两种形状的细菌均无杀菌作用。

GO的杀菌性能与其氧化程度密切相关。Chen等也利用分子动力学模拟了石墨烯和GO与细胞膜之间的相互作用。结果表明，石墨烯可以轻易地穿过细胞膜，且不对细胞膜的完整性产生任何影响，这主要是因为石墨烯与脂质之间的疏水作用。然而GO无法穿过细胞膜，而是停留在水-膜界面，这主要是因为GO的亲水性。当GO与细胞膜发生接触时，细胞膜发生破裂，一些脂质会从细胞膜转移到GO表面，最终在细胞膜上形成小孔同时水分子会流进细胞膜(图6-3)。石墨烯和GO与细胞膜相互作用的不同主要源于GO大量的含氧官能团。这些含氧官能团增强了GO对脂质的作用。而能量分析结果表明，GO的细胞毒性主要源于GO的疏水部分与细胞膜脂质分子的相互作用，所以GO的含氧官能团又成为其具有较高生物相容性的原因。

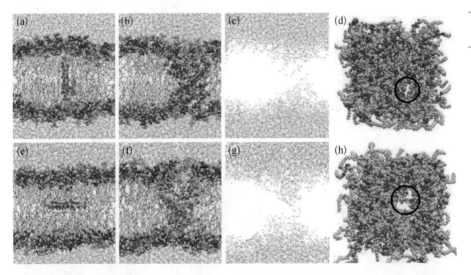

（a）~（d）将GO平行放置于膜中心；（e）~（h）将GO垂直放置于膜中心；（b）（f）模拟出的最终构象；（c）（g）水分布的侧视图；（d）（h）双分子膜的俯视图，其中黑色圆圈指示孔洞

Liu等的研究结果表明，与rGO、石墨和氧化石墨相比，GO表现出了较高的杀菌活性。排除其他因素的干扰，GO组中大肠杆菌的失活率高达69.3%，约是

氧化石墨组失活率的 4 倍(15.0%),其余两组中细菌的失活率分别为 45.9% (rGO)和 26.1%(石墨)。GO 和 rGO 的杀菌性明显高于石墨和氧化石墨。Hu 等也比较了 GO 与 rGO 的杀菌性能。实验中还比较了用真空抽滤法得到的宏观无支撑物的 GO 纸和 rGO 纸的杀菌性能。GO 纸表现出了更高的杀菌活性,这主要是因为 GO 含有更多的表面电荷和含氧官能团。但是在 Akhavan 和 Ghaderi 的研究中,与 GO 相比,rGO 组中材料与生物的界面表现出了更优异的电荷转移性能,这使得其比 GO 具有更强的杀菌活性。Chong 等探究了模拟太阳光照射下,GO 杀菌性能的变化。太阳光的引入,使得 GO 表面产生了电子-空穴对,引发了 GO 的还原反应,同时产生了以碳为核心的自由基团,提高了 GO 的杀菌活性。为进一步明确 GO 的官能化对其杀菌性能的影响,Li 等制备了一系列含有不同官能团的 GO 纳米片。结果表明,利用 NaOH 溶液制备得到的 GO 具有最高的碳自由基密度和最优异的杀菌性能,可见碳自由基对 GO 的杀菌性能有一定的影响。

6.1.2 杀菌机制

一般来说,GO 对细菌的毒性主要源于细胞的氧化应激反应和物理损伤。细菌的生长与代谢过程包含很多化学反应,GO 的含氧官能团与一些生物分子,如蛋白质、脂质和 DNA 等发生反应,从而破坏细菌内的氧化还原反应平衡,引发氧化应激反应。GO 与细菌相互作用时,表面的碳自由基会引起脂质过氧化:(1)电子从 GO 的碳自由基向不饱和脂质发生转移;(2)形成脂质过氧化物自由基;(3)形成脂质过氧化物,导致细胞膜损伤甚至细菌死亡。

GO 对细菌造成的物理损伤包括细胞表面黏附、包裹细胞、穿透细胞、脂质提取等。这些物理损伤会导致细胞的形貌和结构发生变化、溶质渗出及细胞膜功能受损。GO 对细菌造成物理损伤的途径主要有嵌入式和穿透式。也有研究认为,GO 是通过催化细胞外代谢物而对细菌产生间接毒性。此外,羧基化的 GO 本身会表现出类似过氧化物酶的活性,其催化能力依赖于环境的 pH、温度和 H_2O_2 浓度。Romero - Vargas 等通过原子力显微镜对 GO 与大肠杆菌的相互作用力进行了检测。结果表明,GO 与大肠杆菌之间存在显著的排斥力。这一结论从侧面佐证了 GO 是通过对细胞外的代谢物质进行催化杀死细菌的,而不是与细胞发生直接作用。GO 对细菌产生毒性的机制并不唯一,与其自身的物理化学性质密切相关。

Liu 等认为 GO 的杀菌活性高主要是因为 GO 在水环境中的可溶性好,与石墨烯相比,GO 不易团聚,与细菌接触面积大。但是实验中并未检测到由超氧化物阴离子引发的 ROS 积累,其机制主要是 GO 会氧化谷胱甘肽这一细菌的氧化还原调节剂。同时 GO 与细胞接触时,锋利的 GO 纳米片边缘会导致细胞膜产生应力。Hu 等通过 TEM 表征发现,大肠杆菌的细胞结构完整性受到了严重的破坏,细胞膜受到严重损伤,细胞质外流。这一实验结果验证了 GO 对细胞造成的不可逆损伤主要源于诱发细胞的氧化应激反应和对细胞膜的物理损伤。在 GO 对细胞 A549 影响的实验中,GO 表现出了一定的生物相容性和温和的毒性,实验结果证明 GO 仅仅通过延缓细胞循环降低细胞的增殖速率,而非直接导致细胞死亡。

6.2　氧化石墨烯对土壤中微生物群落的影响

土壤是一个相对复杂的介质,富含丰富的微生物群落,其种类和相对丰度会影响土壤中的酶活性,进而影响土壤中的碳循环和固氮过程等。本节主要介绍 GO 对土壤中的微生物群落产生的影响。

从细菌群落的丰度和多样性的角度进行分析,GO 的引入使土壤中的细菌群落丰度稍有增加。Chao 指数和 Shannon 指数是常用的细菌种群多样性的衡量指数。基于 Chao 指数计算的 OTUs 总数分别为 731(GO 组)和 713(空白组)。GO 组 Shannon 指数为 5.15,空白组 Shannon 指数为 5.12。上述结果均说明用 GO 处理后,土壤细菌种类丰度有所增加。实验数据显示,两组共有 OTUs 数为 629,GO 组独有 OTUs 数为 73,空白组独有 OTUs 数为 62。从群落种类成分角度分析,GO 组和空白组中主要的菌落都是重叠的。在门和纲的水平上,两组土壤中的细菌群落组成并未出现很大不同,但细化到属,则差异较明显。GO 组土壤中,属于变形菌门类的一些有固氮功能的菌属丰度有明显提升,地杆菌属的相对丰度也有一定的提升。总体来说,GO 的引入选择性地丰富了土壤中的菌群。

GO 对土壤微生物的影响具有时效性。Chung 等研究 GO 对 $1,4-\beta$-葡萄糖苷酶、纤维二糖水解酶、木糖苷酶、$1,4-\beta-N$-乙酰氨基葡萄糖苷酶和磷酸酶的活性变化及微生物量的影响。结果表明,GO 处理 21 d 之后降低了土壤中木糖苷酶、$1,4-\beta-N$-乙酰氨基葡萄糖苷酶和磷酸酶的活性。GO 处理 59 d 之后酶活性差异消失。整个实验期间,GO 组土壤中微生物量与空白组相比并无明显差异。

对土壤中 GO 的化学成分进行表征。采用压力辅助过滤装置过滤取得 GO 溶液,制备以微滤膜为支撑衬底的 GO 膜,置于土壤中 30 d 后取出。清除 GO 膜表面的土壤颗粒,对其进行 XPS 表征。未放入土壤的原始 GO 的 C—C 键、C—O 单键和 C═O 双键含量分别为 45.26%、44.60% 和 10.14%。在土壤中放置 30 d 的 GO 的 C1s 光谱结果如图 6-4(a)所示,与原始 GO 相比,其 C—C 键含量上升为 46.91%,C—O 单键含量降低为 35.23%,而 C═O 双键含量显著上升,为 17.17%。同时,在 C1s 光谱中还检测出少量的 C—N 键(0.69%)。GO 与土壤发生作用后,XPS 光谱中新增了 N1s 信号[图 6-4(b)],这说明 GO 表面负载了一些含氮官能团。GO 的 N1s 光谱的两个峰位在 399.75 eV 和 401.86 eV,分别对应吡咯型 N 和吡啶 N—O。吡啶 N—O 主要来源于土壤中广泛存在的硝酸盐和亚硝酸盐,吡咯型 N 可能源于代谢过程产生的有机态氮。N 的加入使 GO 表面和

图 6-4 土壤中 GO 的 XPS 光谱

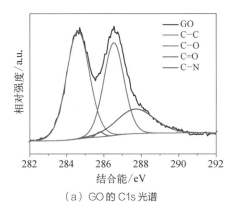

（a）GO 的 C1s 光谱

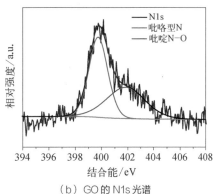

（b）GO 的 N1s 光谱

边缘的官能团进行了重新排布,所以 GO 会与土壤中的物质发生相互作用,自身的结构也会发生一定的变化。

Xiong 等研究了 GO 对 Cd 污染的土壤中微生物群落的影响。实验中土壤所含的 GO 浓度分别为 0 g/kg、1 g/kg 和 2 g/kg,处理时间为 60 d。为探究 GO 对微生物群落的影响,研究者测试了土壤中的酶活性和微生物群落结构等几个与微生物群落相关的参数。结果表明,微生物群落的结构发生了变化。主要的微生物门类(如酸杆菌门、放线菌门)的相对丰度有所增加,这可能是因为 GO 的存在减弱了土壤中 Cd 的毒性。然而 GO 对一些微生物门类也表现出了不利影响。如 GO 的处理使 WD272 和 TM6 的相对丰度有所下降;微生物群落的多样性受到了一定的限制;同时一些与碳和氮循环有关的功能性微生物也受到了影响,因此 GO 和 Cd 共存时会影响土壤中的营养循环。

以上研究表明,GO 的引入会使土壤中的微生物群落丰度稍有增加,而其对土壤微生物的影响随着时间的增加而逐渐变弱,长期的 GO 处理几乎不会对土壤微生物群落的组成结构产生影响。但研究仅限于非种植条件。土壤中种植植物后,土壤微生物群落结构会发生变化,植物根系分泌物会使根际土中的微生物群落结构异于其他位置的土壤。为探究 GO 的加入是否会对植物根际土中的微生物群落产生影响,Hongwei Zhu 小组分析了不同浓度 GO 土培水稻的根际土中微生物群落的组成结构。

在具体操作中,向土壤中分别加入不同浓度的 GO 水溶液,使土壤中 GO 的浓度分别为 0 g/kg、0.1 g/kg、1 g/kg 和 3 g/kg(GO0、GO0.1、GO1、GO3),在土壤中进行水稻种植。取 GO0 组、GO0.1 组、GO1 组和 GO3 组中种植 30 d 的水稻的根际土进行 DNA 提取和焦磷酸测序,分析含有不同浓度 GO 的根际土中微生物群落的组成结构。

对微生物群落的多样性进行分析,Chao 指数是反映微生物群落多样性的常见指数,用于估算土壤中所含的 OTUs 数。四组 Chao 指数分别为 2 268(GO0)、2 159(GO0.1)、2 147(GO1)和 2 247(GO3)。结果表明,四组 Chao 指数无明显差异,GO 对根际土中微生物的丰度和多样性无显著影响。对微生物的群落结构进行分析,图 6-5 为四组根际土中各微生物在门类水平上的相对丰度。

石墨烯膜材料与环保应用

结果表明,四组根际土中的主要微生物门种类(含量大于1.3%)相同,分别为变形菌门(*Proteobacteria*)、拟杆菌门(*Bacteroidetes*)、蓝细菌门(*Cyanobacteria*)、绿屈挠菌门(*Chloroflexi*)、酸杆菌门(*Acidobacteria*)、厚壁菌门(*Firmicutes*)、浮霉菌门(*Planctomycetes*)、放线菌门(*Actinobacteria*)和芽单胞菌门(*Gemmatimonadetes*),且以上9种微生物量之和分别占各组根际土微生物总量的95.8%(GO0)、96.4%(GO0.1)、96.6%(GO1)和96.9%(GO3),这说明GO对根际土微生物群落的种类构成无显著影响。

图6-5 含有不同浓度GO(0 g/kg、0.1 g/kg、1 g/kg、3 g/kg)的根际土中各微生物在门类水平上的相对丰度

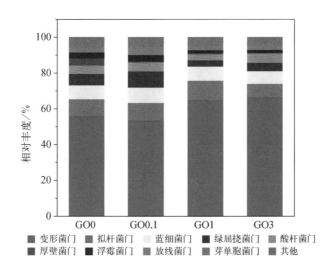

从整个生态系统的角度出发,GO对微生物群落的影响对环境的利害关系目前尚不清楚,仍然需要更加深入而系统的研究,并需要结合土壤学及植物学等相关学科建立一个完善的体系对其影响进行评估。

6.3 氧化石墨烯在植物抗病领域的应用

植物被病原体侵染后会出现腐烂、畸形及萎蔫等病害症状,植物的产量及品质受到严重威胁,病原体对农业生产造成巨大危害。GO被证明具有较高的杀菌活性,作为杀菌剂,对病原体的生长与繁殖有一定的抑制作用。例

如,水稻白叶枯菌是一种常见的植物病原菌,会引发水稻的细菌感染。GO在极低剂量(250 μg/mL)的条件下仍然表现出了对水稻白叶枯菌的强杀菌性能,细菌死亡率约为94.48%,而常见杀菌剂噻枯唑对应的细胞死亡率仅为13.3%(Chen,2013)。GO通过沉积在孢子表面、抑制水分吸收及诱导质壁分离而有效减少禾谷镰孢菌和梨孢镰孢菌的分枝和生物量,抑制孢子萌发(Wang,2014)。rGO(100 mg/L和200 mg/L)显著抑制了灰霉菌(*B. cinerea*)的生长。利用rGO对玫瑰花瓣进行处理,灰霉菌在花瓣上的繁殖半径得到了有效控制,减少了病斑的数量,降低了花瓣的腐烂程度(Hao,2017)。在温室条件下,利用100 ppm的Ag/DNA/GO复合物对番茄进行处理,细菌性叶斑病的发病率显著降低(Ocsoy,2013)。GO还具有杀虫功效,贴附在昆虫玉米螟体壁上,造成物理损伤。GO与农药相结合可以增加农药的杀虫效果(Wang,2019)。

Hongwei Zhu小组将GO作为一种新型的杀菌剂应用于切花保鲜。切花是一种脱离母体的观赏性植物,其切口处的微生物污染引起的茎堵塞是缩短切花瓶插寿命的重要原因之一。微生物会在茎底端切口处繁殖并产生代谢产物,形成一层生物膜,最终堵住输水导管。切口处细菌造成的堵塞会严重阻碍切花对水分的进一步吸收,破坏切花自身的水分平衡,导致花瓣膨压下降,花朵迅速萎蔫、凋亡。因此,抑制细菌堵塞是提升切花观赏价值、增加切花寿命的有效途径。

利用不同浓度的GO水溶液(0 mg/L、0.1 mg/L、1 mg/L、10 mg/L、100 mg/L、500 mg/L、1 000 mg/L、2 000 mg/L)(GO0、GO0.1、GO1、GO10、GO100、GO500、GO1 000、GO2 000)培养切花月季。从切花月季放置于试管中开始(第0天)直至切花几乎全部萎蔫为止(第6天),每天拍照记录切花月季的外部形态,结果如图6-6所示。观察发现,与未加GO的GO0组相比,低浓度的GO0.1组和GO1组中的切花月季盛开更早,盛花期时间有所延长,且花瓣颜色更为鲜艳,更具观赏价值。GO10组与对照组差别不大。而高浓度的GO100组、GO500组、GO1 000组、GO2 000组中的切花尚未完全盛开即开始衰败过程,花瓣边缘发黑且部分凋落,花朵出现严重歪头现象,观赏价值大幅降低。

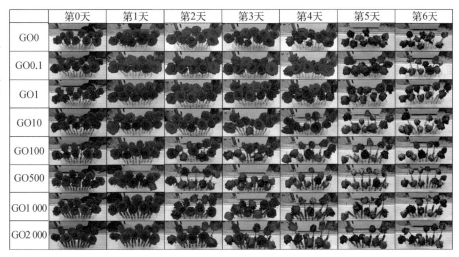

图6-6 不同浓度
（0 mg/L、0.1 mg/L、
1 mg/L、10 mg/L、
100 mg/L、500 mg/L、
1 000 mg/L、2 000 mg/L）
GO水培切花月季
的照片（0~6 d）

	第0天	第1天	第2天	第3天	第4天	第5天	第6天
GO0							
GO0.1							
GO1							
GO10							
GO100							
GO500							
GO1 000							
GO2 000							

切花的瓶插寿命定义为从切花插入瓶中开始至失去观赏价值（凋落、花瓣变色、花朵歪头）这一时间段。对每组条件下10枝切花月季的瓶插寿命进行统计分析，如图6-7(a)所示。结果表明，GO0组中切花的瓶插寿命为4.0 d。相比之下，低浓度的GO延长了切花瓶插寿命。其中，GO0.1组中切花的平均瓶插寿命最长，为5.3 d，之后依次为GO1组（4.7 d）和GO10组（4.2 d）。而高浓度的GO对切花月季表现出了较高的毒性作用。与GO0组样品相比，GO100组、GO500组、GO1 000组、GO2 000组的切花瓶插寿命缩短了1~2 d，且大多数切花第2天就出现歪头萎蔫等衰败现象。

图6-7

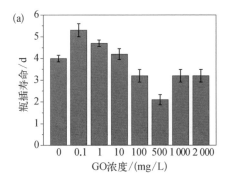

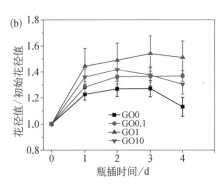

（a）不同浓度（0 mg/L、0.1 mg/L、1 mg/L、10 mg/L、100 mg/L、500 mg/L、1 000 mg/L、2 000 mg/L）GO水培切花月季的瓶插寿命（结果为平均值±标准差，样品数 n = 10）；（b）低浓度（0 mg/L、0.1 mg/L、1 mg/L、10 mg/L）GO水培切花月季的花茎比值变化（结果为平均值±标准差，样品数 n = 10）（0~4 d）

花径值是衡量切花观赏价值的主要指标之一,花径值越大,切花的观赏性越强。花径值的变化趋势从侧面反映了切花的生命进程:花径值增大时对应切花的初开期和半开期;花径值维持不变时对应切花的盛开期;花径值减小时对应切花的萎蔫期。对衰败萎蔫的切花统计花径值无意义,而高浓度组的切花衰败过早,所以本实验仅对 GO0 组、GO0.1 组、GO1 组、GO10 组的切花花径进行为期 4 d 的统计分析,如图 6 - 7(b)所示。结果表明,低浓度 GO(GO0.1、GO1、GO10)组的花径比值(切花每天的花径值除以初始花径值)均高于 GO0 组的花径比值,提升了切花的品质和观赏价值。GO0.1 组的花径比值在前 4 d 不断增加,说明切花在持续开放。GO1 组和 GO0 组的花径比值从第 4 天开始下降,切花开放 3天。GO10 组的花径比值从第 3 天开始下降,切花仅开放 2 天。

ROS 是植物细胞处于氧化应激态时有氧代谢的副产物,由细胞内线粒体产生,主要包含 H_2O_2、羟基自由基等。正常情况下,ROS 可通过多种细胞酶或非酶机制快速去除。然而,在某些外界环境(如水分胁迫、温度胁迫、光照胁迫、物理损伤、有毒气体等)的胁迫刺激下,会产生大量的 ROS。过量的 ROS 积累会降低细胞内酶活性,干扰细胞正常代谢机制,并对细胞成分和结构造成严重损伤。研究表明,纳米材料与植物接触,会诱发细胞产生氧化应激反应,进而对细胞产生毒性作用。因此,本实验利用二氨基联苯胺(DAB)染色法检测 GO0 组、GO0.1 组、GO1 组、GO10 组、GO100 组、GO500 组、GO1 000 组、GO2 000 组中切花花瓣的 ROS 含量。

切花水培 3 d 后,摘取切花最外层的花瓣进行 DAB 染色实验,结果如图 6 - 8 所示。棕黄色沉淀位置代表 H_2O_2 在花瓣中的积累位点,即 ROS 的积累位点。与 GO0组的花瓣相比,GO100 组、GO500 组、GO1 000 组和 GO2 000 组的切花花瓣均含有较大面积的棕黄色沉积,且沉淀颜色较深,说明 ROS 在细胞中的积累量较高。GO10组与 GO0 组的 ROS 积累水平相当,在花瓣的中间和边缘处出现了少量的棕黄色沉淀。GO0.1 组和 GO1 组的花瓣整体颜色偏浅,除了边缘处的少许黄色沉淀外,其他位置未发现明显的黄色积累位点。而花瓣边缘的几处呈点状分布的深黄色沉淀很可能对应一些机械损伤所导致的 ROS 积累。综上分析,与 GO0 组相比,低浓度的 GO0.1 组和 GO1 组在一定程度上缓解了外界胁迫,这两组中的切花受外界胁迫干扰小,除机械损伤造成的 ROS 积累外,并无明显的 ROS 积累位点,细胞氧化应激水平

图 6-8　不同浓度
（0 mg/L、0.1 mg/L、
1 mg/L、10 mg/L、
100 mg/L、500 mg/L、
1 000 mg/L、2 000 mg/L）
GO 水培切花花瓣细
胞内活性氧自由基
水平（标尺：1 cm）

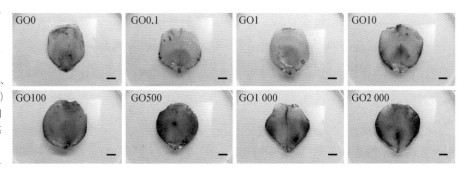

低。而高浓度的 GO100 组、GO500 组、GO1 000 组和 GO2 000 组中切花受外界胁迫程
度加剧，细胞氧化应激水平较高，表现出明显的毒性作用。

　　以上实验结果表明不同浓度的 GO 会诱发细胞产生不同程度的氧化应激反
应。细胞内过高的 ROS 积累会导致细胞死亡。为探究 GO 对切花花瓣细胞的毒
性作用，采用台盼蓝染色法评估各组中切花花瓣细胞的死亡率。水培 3 d 后，摘取
切花最外层的花瓣进行台盼蓝染色实验，结果如图 6-9 所示。蓝色位点代表细胞
膜被破坏，细胞死亡。从图中可以看出，不同浓度的 GO 对细胞造成的死亡程度与
ROS 积累程度具有很好的对应关系。GO100 组、GO500 组、GO1 000 组和 GO2 000
组的切花花瓣上的蓝色沉淀较为明显，GO1 000 组的花瓣几乎全部被染成蓝色，
GO500 组中花瓣中间位置出现深蓝色沉淀，说明高浓度的 GO 对花瓣细胞膜造成
了严重损伤。对 GO10 组和 GO0 组花瓣的蓝色面积进行比较，发现 GO10 组中花
瓣细胞的死亡率略高于 GO0 组，两组花瓣的中间位置仍存留具有活性的细胞。与
GO0 组相比，GO0.1 组和 GO1 组的花瓣仅在边缘处有少量浅蓝色沉淀，花瓣整体
呈粉白色，这说明低浓度 GO 处理的切花花瓣的细胞膜结构完整、活性高。

图 6-9　不同浓度
（0 mg/L、0.1 mg/L、
1 mg/L、10 mg/L、
100 mg/L、500 mg/L、
1 000 mg/L、2 000 mg/L）
GO 水培切花花瓣
细胞的死亡率（标
尺：1 cm）

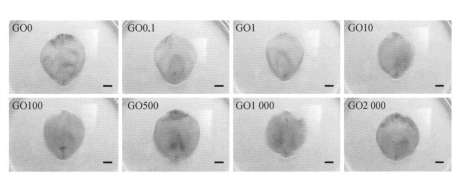

细胞膜相对透性是衡量细胞死亡率的主要指标之一,通过对溶液中电解质的测试可以间接检测细胞膜的相对透性。细胞膜相对透性越高,说明细胞膜受损越严重,细胞死亡率越高。切花水培 0 d、2 d、4 d、6 d 时,摘取切花最外层的花瓣进行检测,结果如图 6-10 所示。水培前 4 d,GO0.1 中切花花瓣细胞膜相对透性几乎不变,始终维持在约 10%,切花无任何衰败迹象,与之前花径测试实验结果相符。水培第 6 天,花瓣细胞膜的相对透性增至 18.5%。GO0 组、GO1 组和GO10 组中花瓣细胞膜的相对透性在水培前 4 d 增加缓慢,这三组中花瓣细胞膜的相对透性非常接近。而高浓度的 GO100 组、GO500 组、GO1 000 组和 GO2 000组中花瓣细胞膜的相对透性在水培第 2 天即明显增加,这说明此时花瓣细胞结构已经变得不完整,细胞开始死亡,切花开始衰老。水培第 4 天,GO500 组和GO2 000 组中花瓣细胞膜的相对透性分别达到 18.5% 和 17.4%。水培第 6 天,GO1 000 组和 GO2 000 组中花瓣细胞膜的相对透性分别达到 31.6% 和 29.6%。与 GO0 组相比,高浓度的 GO(GO100、GO500、GO1 000、GO2 000)显著加速了花瓣细胞的死亡,提高了细胞死亡率;而低浓度的 GO(GO0.1、GO1)则减缓了花瓣细胞的死亡,降低了细胞死亡率。

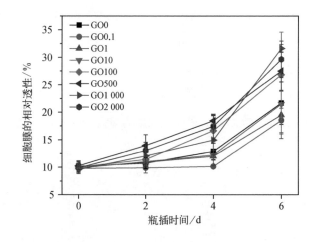

图6-10 不同浓度(0 mg/L、0.1 mg/L、1 mg/L、10 mg/L、100 mg/L、500 mg/L、1 000 mg/L、2 000 mg/L)GO 水培切花花瓣细胞膜的相对透性变化(结果为平均值±标准差,样品数 $n=3$)(0~6d)

前面从外部形态和生理指标(ROS 水平、细胞死亡率)两方面揭示了 GO 对切花的影响。高浓度的 GO 对切花表现出高毒性,而低浓度的 GO 则表现出有益的作用。为明确 GO 对切花的影响机制,需要进一步从 GO/切花茎切口界面入手,对其进行表征分析。分别用直接观察、体视显微镜表征和 SEM 表征对 GO/切花茎切口界面进行分析,结果如下。

（1）直接观察

每天对不同条件下的切花茎切口处进行观察,并拍照记录,结果如图 6-11 所示。仅经过 1 d 的水培,高浓度 GO100 组、GO500 组、GO1 000 组和 GO2 000 组中切花茎切口处便积累了大量的 GO,其中 GO1 000 组和 GO2 000 组的切口横切面完全被 GO 覆盖,而 GO100 组和 GO500 组的切口横切面处 GO 呈外环形覆盖。之后,GO1 000 组和 GO2 000 组的切花茎切口处不再有明显变化,而 GO100 组和 GO500 组的切口横切面处 GO 由外至内以环形方式逐渐覆盖,且最初外环形位置的覆盖颜色逐渐加深,这说明 GO 积累量增加。观察低浓度 GO0.1 组、GO1 组和 GO10 组中切花茎切口处发现,GO0.1 组水培 6 d 后仍无肉眼可见的 GO 积累,外观与 GO0 组无差别。GO1 组和 GO10 组中 GO 仅在切口外环处有一定积累,GO1 组在水培约 4 d 时,可观察到 GO 积累但积累量较低,GO10 组在水培约 2 d 时,可观察到 GO 积累。

对图 6-11 进行纵向对比,GO 在切口处的积累量随着时间的增加而逐渐增加。对图 6-11 进行横向对比,GO 在切口处的积累量随着培养液中 GO 浓度的增加而逐渐增加。观察结果表明,GO 在切口处的积累有一定顺序,均是由外至

图 6-11 不同浓度（0 mg/L、0.1 mg/L、1 mg/L、10 mg/L、100 mg/L、500 mg/L、1 000 mg/L、2 000 mg/L）GO 水培切花茎切口处照片（0~6 d）

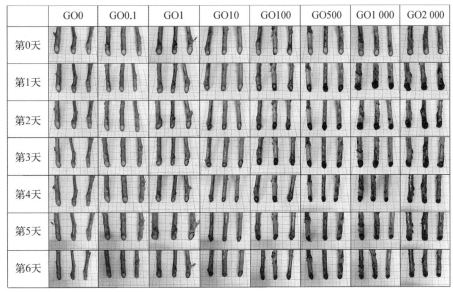

内,以环形逐渐递进对切口进行覆盖。高浓度 GO100 组、GO500 组、GO1 000 组和GO2 000组中切口的外环处被 GO 大量覆盖的时间为水培后 1 d,这四组中大部分切花在水培后第 1~2 天出现萎蔫歪头等现象,这说明切花所表现出的性状与 GO 在切口处的积累密切相关。

（2）体视显微镜表征

利用体视显微镜对茎切口处 GO 的积累进行更为清晰的观察。图 6-12 为第 6 天不同浓度（0 mg/L、0.1 mg/L、1 mg/L、10 mg/L、100 mg/L、500 mg/L、1 000 mg/L、2 000 mg/L）GO 水培切花茎切口处的体视显微镜表征照片。观察发现高浓度 GO100 组、GO500 组、GO1 000 组和GO2 000组中切口处全部被 GO 覆盖,GO 在纵向上积累一定的厚度,整体结构蓬松无序。使用体视显微镜进一步观察发现 GO10 组中花茎的木质部及周围的髓射线全部被 GO 覆盖,髓结构处积累了极少量的 GO,木质部重复分布于茎边缘的外环位置。观察 GO0.1 组和GO1 组的切花茎切口处,GO 在近似半圆形的木质部处有所积累,但在其他位置

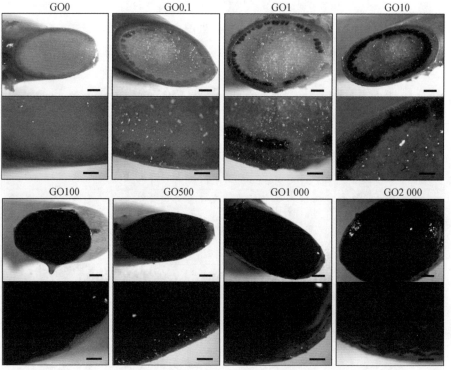

图6-12　第6天不同浓度（0 mg/L、0.1 mg/L、1 mg/L、10 mg/L、100 mg/L、500 mg/L、1 000 mg/L、2 000 mg/L）GO水培切花茎切口处的体视显微镜表征照片（第1、3行中标尺为1 mm; 第2、4 行中标尺为400 μm）

石墨烯膜材料与环保应用

无积累。另外,GO0.1 组中 GO 在花茎木质部处的积累呈点状分布。GO0 组为纯水培养,所以无 GO 积累,但在木质部处也观察到几处污染位点。

图 6-13 为第 6 天不同浓度(0 mg/L、0.1 mg/L、1 mg/L、10 mg/L、100 mg/L、500 mg/L、1 000 mg/L、2 000 mg/L)GO 水培切花距茎底端 1 cm 处横切面的体视显微镜照片。GO0.1 组和 GO1 组的茎横切面很干净,未观察到杂质,与GO0 组的茎横切面相似,而 GO10 组、GO100 组、GO500 组、GO1 000 组和GO2 000组中茎横切面的木质部中均观察到少量的 GO,GO 呈点状分布,与图6-12中 GO0.1 组中观察到的 GO 积累方式和位点一致。

图 6- 13 第 6 天不同浓度(0 mg/L、0.1 mg/L、1 mg/L、10 mg/L、100 mg/L、500 mg/L、1 000 mg/L、2 000 mg/L)GO水培切花距茎底端1 cm 处横切面的体视显微镜照片(第1、3 行中标尺为1 mm;第2、4 行中标尺为400 μm)

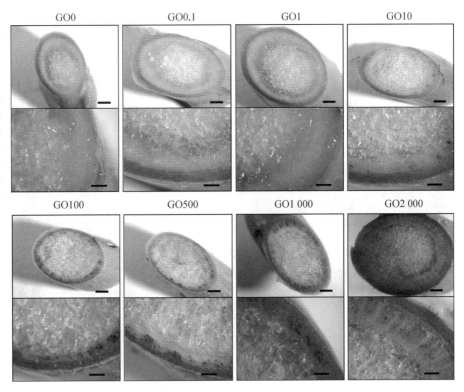

切花需要通过不断地从培养液中吸收水分来维持细胞的正常代谢功能并保持自身的外部形态。木质部的主要动能为向上运输水分子及溶解于水中的无机盐等物质,兼具支撑作用。其主要组成部分有导管、管胞、木纤维等,其中导管是水分和无机盐的传输通道,在木质部中呈无规则点状分布。结合图 6-12 和图

6－13的结果分析可知，GO溶解于水中，很可能通过导管通道随着水分子一同进入植物体内，所以图6－13的高浓度组中观察到GO在木质部处的点状分布。但由于GO片尺寸较大，一部分GO在导管吸收水分时被阻挡在外，在导管处积累（如图6－12中的GO0.1组）。

（3）SEM表征

根据体视显微镜的分析结果，初步断定GO主要通过对切花木质部的作用（主要是输水导管）对切花的外部形态及生理特性（ROS水平和细胞死亡率）产生影响。木质部在靠近茎边缘的外环位置呈重复分布状态，以下采用SEM对切花茎切口处的几个木质部单元进行表征。

图6－14为花茎刚刚处理后新鲜切口处的SEM图像，可以观察到皮层内侧的若干木质部单元，每一个单元内均含有几个大小不一的孔，即为导管。将其中一个木质部单元放大，可看到导管不规则的排布。导管分为梯纹、环纹、螺纹导管等，其中梯纹导管的管腔较大。

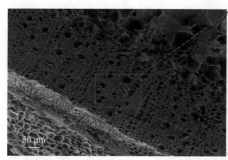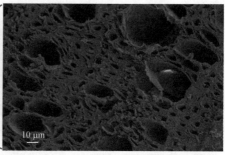

图6－14 切花茎切口处的 SEM 图像（第0天）

图6－15为第6天不同浓度（0 mg/L、0.1 mg/L、1 mg/L、10 mg/L、100 mg/L、500 mg/L、1 000 mg/L、2 000 mg/L）GO水培切花茎切口处的SEM图像。结果显示，GO0组中茎切口处完全被细菌覆盖，木质部结构无法分辨。细菌污染是切花水培过程中的常见问题，也是切花萎蔫的重要原因。研究表明，细菌会在茎底端快速繁殖，其残体形成生物膜。GO0组中茎的木质部被微生物附着，输水导管被细菌堵塞。对低浓度GO（GO0.1、GO1）组进行观察发现，茎底端切口处的细菌量与GO0组相比明显减少。GO0.1组中木质部的输水导管口清晰可见（图6－15中红色圈指示部分），

图6-15 第6天不
同浓度（0 mg/L、
0.1 mg/L、1 mg/L、
10 mg/L、100 mg/L、
500 mg/L、1 000 mg/L、
2 000 mg/L）GO
水培切花茎切口处
的 SEM 图像

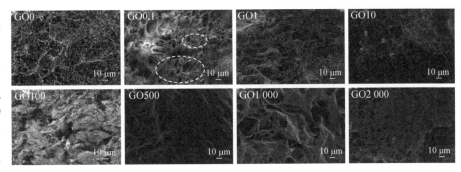

少量 GO 呈膜状在导管口处富集（图 6-15 中黄色圈所示）。高浓度 GO（GO100、GO500、GO1 000、GO2 000）组的茎切口处未发现任何细菌及其分泌物，但 GO 的大量堆积使得木质部结构无法分辨。堆积的 GO 片大小不一，分布杂乱无序，且结构松散不紧实。

SEM 表征结果表明，GO 显著减少了细菌在木质部的附着。GO 对菌种，诸如大肠杆菌、黄单胞菌等细菌具有很强的杀菌活性，对切花培养液中的细菌也可能具有高毒性。为探究 GO 在培养液中的杀菌活性，水培 3 d 后，利用平板计数法对培养液中的细菌菌落计数，结果如图 6-16 所示。去离子水的 LB 培养基中未检测出细菌。GO0 组培养液中的菌落数很高，为 232×10^4 cfu/mL，而 GO0.1 组培养液中的菌落数降至 33×10^4 cfu/mL。GO1 组培养液中的菌落数为 9×10^4 cfu/mL，杀菌率高达 96.1%。结果表明，低浓度的 GO 具有很强的杀菌活性，且其杀菌活性具有浓度依赖性。采用 Sanger 测序法确定了培养液中三种主要的细菌属于青螺菌属和罗尔斯通菌属。

图6-16 培养皿
中的菌落照片

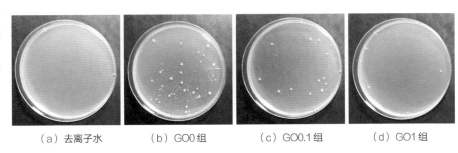

（a）去离子水　　（b）GO0组　　（c）GO0.1组　　（d）GO1组

已有研究表明，GO 在与细菌发生相互作用的同时会被细菌还原。为进一步验证 GO 与细菌的作用，利用拉曼和 XPS 对茎底部切口处积累的 GO 进行表征。

GO 的两个主要拉曼特征峰为 G 峰(约 1 581 cm^{-1})和 D 峰(约 1 350 cm^{-1}),分别对应碳 sp^2 杂化结构和含氧官能团的缺陷峰。I_D/I_G 值反映了 GO 的还原程度,I_D/I_G 值越小,说明 GO 的还原程度越高。图 6-17(a) 为改进 Hummers 法制得的 GO 的拉曼光谱,其 I_D/I_G 值约为 1.26。相比之下,GO0.1 组和 GO1 组中 GO 的 I_D/I_G 值均有所下降,分别约为 0.94 和 0.95(图 6-17),表明 GO 杀菌的同时自身被还原。

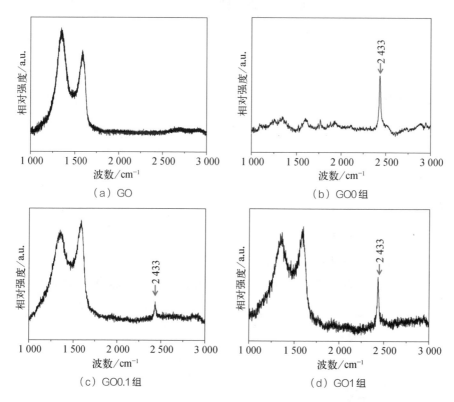

（a）GO （b）GO0 组 （c）GO0.1 组 （d）GO1 组

图 6-17　基部切口处积累的 GO 的拉曼光谱

对改进 Hummers 法制备的原始 GO 和 GO500 组中茎切口处积累的 GO 进行 XPS 检测,C1s 光谱如图 6-18 所示。原始 GO 的 C—C 键含量为 46.23%,而 GO500 组中 C—C 键含量升至 54.7%,同样证明了 GO 发生了还原反应。综上,拉曼和 XPS 的表征结果间接证明了 GO 与细菌发生了相互作用。

基于以上结果,提出了以下 GO 对切花外部形态和生理特性的影响机制。

（1）氧化石墨烯积累效应

直接观察、体视显微镜和 SEM 表征均表明 GO 附着在切花茎切口处。GO

图 6-18

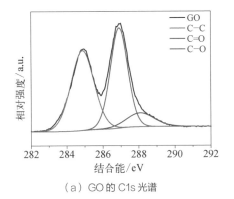

（a）GO 的 C1s 光谱

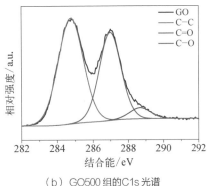

（b）GO500 组的C1s光谱

优先在茎切口木质部的导管处积累。随着时间和 GO 浓度的增加,积累量和积累面积逐渐扩大。在低浓度 GO(GO0.1、GO1)组中,GO 以薄膜的形式贴附于部分导管口处,而高浓度 GO 组中 GO 在茎切口处的积累量大且积累速度快,GO 结构松散无序。

GO 在木质部的积累与植物吸水性能密切相关。植物对水分的吸收决定了 GO 的积累方式(如优先在导管处积累等),而 GO 的积累反之也会对植物吸水产生很大的影响。蒸腾拉力是植物体内水分运输的主要动力,其使切花从培养液中吸收水分,并驱使水分在导管中不断上升。GO 溶液在蒸腾拉力的作用下到达导管口处,此时导管类似于一个过滤装置,将 GO 阻挡在外,水分被导管吸收。

低浓度组的 GO 量较少,导管可发挥正常的排斥作用,被阻挡的 GO 在导管口形成滤膜。GO 膜较薄且平整,其中的 GO 片如图 6-19(a)所示,其取向有序、排列规整。GO 膜具有超快水传输的特性,此时水分子如图 6-19(a)中的蓝色箭头所示,可通过片与片之间的缝隙、缺陷孔道及片内疏水通道在 GO 膜中快速传输,最终进入导管。

图 6-19 水分子在木质部导管口 GO 积累处的传输

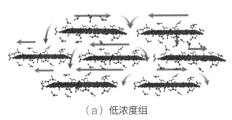

（a）低浓度组

（b）高浓度组

高浓度组的 GO 量较大，GO 在导管口会快速大量积累。GO 膜逐渐聚集变厚，水通量逐渐降低，导管过滤系统瘫痪。GO 的积累不再依靠强蒸腾拉力的作用，片与片之间搭接无序，结构松散，如图 6-19(b)所示。此时水分子无法顺畅通过 GO 进入导管，GO 片的杂乱堆积使水分子发生反向运动或形成涡流，严重阻碍了导管对水分的吸收。

（2）氧化石墨烯杀菌效应

已有研究表明，GO 主要通过对细胞产生物理损伤和引起细胞的氧化应激反应而对细菌产生毒性。实验中制备得到的 GO 为片状结构，单层 GO 的厚度仅约为 1 nm。超薄的 GO 片具有锋利的边缘，可对细菌膜造成严重的物理损伤，使细胞内溶质外渗，细胞结构发生变化。同时，GO 的 XPS 和 FTIR 等表征结果也表明，GO 含有大量的含氧官能团，会与蛋白质、DNA 等生物分子发生反应，中断电子的运输，干扰细菌的生长和代谢过程，产生大量的 ROS，引发细胞氧化应激反应。综上，GO 的杀菌机制如图 6-20 所示。

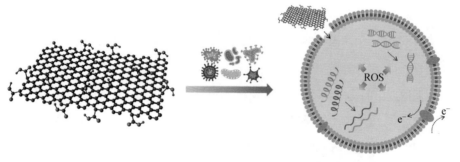

图 6-20 GO 的杀菌机制示意图

GO 通过多重杀菌机制抑制了培养液中细菌的生长与繁殖再生。对培养液中的细菌分析发现，低浓度的 GO 对青螺菌和罗尔斯通菌具有很强的杀菌活性。0.1 mg/L GO 的杀菌性能为 85.8%，1 mg/L GO 的杀菌性能为 96.1%。拉曼和 XPS 的表征结果也间接证明了 GO 的杀菌性能，其减少了细菌在茎切口木质部导管处的积累，进而减缓了细菌繁殖对切花水分吸收的干扰、改善了水培环境而间接对切花产生积极作用。

综上分析可知，GO 主要通过在茎切口处的积累效应和对培养液中细菌的杀菌效应对木质部导管的吸水性能产生影响,进而对切花的外观和生理特性产生影响。图6-21(a)为切花的水分代谢示意图。切花体内的水分以水蒸气的形式从体表流失,在蒸腾拉力的作用下,切花通过茎底端木质部的导管吸收水分,以维持花瓣膨压,防止切花衰老。导管口堵塞则意味着切花的吸水途径被切断,水分代谢受到干扰。切花细胞内的 ROS 水平增加,产生氧化应激反应,导致细胞死亡率升高,外观上则表现为萎蔫衰亡。

新鲜切花茎切口处的木质部导管口清晰可见[图6-21(b)]。水培一段时间后,木质部导管处发生微生物附着,水吸收通道被阻塞,导致水代谢失衡[图6-21(c)]。少量的 GO 具有较高的杀菌活性,大幅度减缓细菌在导管处的附着。同时 GO 会在部分导管处形成薄膜,GO 膜的超快水传输性能为切花输送充足的水分[图6-21(d)]。而过量的 GO 会导致大量且不规则的 GO 片堵塞导管,使水分子无法通过,最终使切花提早萎蔫[图6-21(e)]。

图6-21

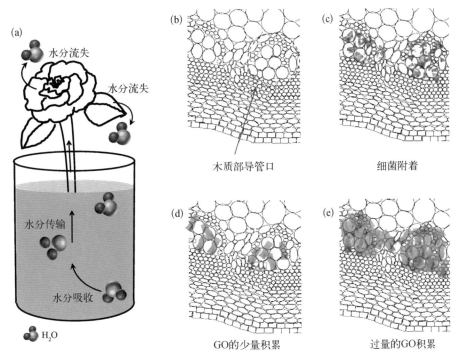

(a)切花的水分代谢示意图;(b)新鲜切花茎切口处的木质部导管口结构示意图;(c)细菌附着导管口示意图;(d)少量 GO 在导管口处积累的示意图;(e)过量 GO 在导管口处积累的示意图

对主要的水分代谢指标［水分吸收量（Water Uptake，WU）、相对鲜重（Relative Fresh Weight，RFW）、水分平衡值（Water Balance Value，WBV）、相对含水量（Relative Water Content，RWC）］进行测试，进一步验证 GO 对切花的影响机制。

测试结果如图 6-22 所示。不同条件下 WU 的测试结果与前面的机制分析一致。与 GO0 组相比，低浓度 GO（GO0.1、GO1）组中的切花样品具有较高的 WU，这主要源于 GO 的杀菌效应和 GO 膜的水传输特性。而高浓度 GO（GO100、GO500、GO1 000、GO2 000）组中切花样品的 WU 始终保持在一个很低的范围之内，这主要是因为大量 GO 在导管处积累使导管发生了堵塞。

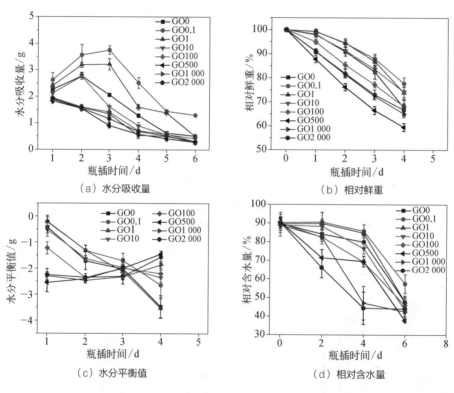

（a）水分吸收量　（b）相对鲜重　（c）水分平衡值　（d）相对含水量

图 6-22　不同浓度（0 mg/L、0.1 mg/L、1 mg/L、10 mg/L、100 mg/L、500 mg/L、1 000 mg/L、2 000 mg/L）GO 水培切花月季的水分代谢指标变化（结果为平均值±标准差，样品数 $n=3$）

切花的 WU 直接决定了其他几个水分代谢指标的对应结果。与 GO0 组样品相比，WU 较高的低浓度 GO（GO0.1、GO1）组中的切花具有较高的 RFW。相反地，高浓度 GO（GO100、GO500、GO1 000、GO2 000）组中切花的 RFW 低于 GO0 组，且随瓶插时间的增加下降很快。GO0 组、GO0.1 组、GO1 组和 GO10 组的 WBV 变化趋势相似，其中 GO0.1 组的 WBV 最高。而高浓度 GO（GO100、

　石墨烯膜材料与环保应用

GO500、GO1 000、GO2 000)组中切花在水培 1 d 后 WBV 低至 -2.5。WBV 是吸水量与失水量的差值,吸水量过低导致切花的失水量远大于吸水量,这与切花在水培第 2 天发生萎蔫的现象一致。随后几天 WBV 有所回升,主要是因为切花缺水萎蔫失水量有所降低。RWC 也是水分代谢的一个重要指标,高 RWC 使花瓣保持较高的膨压。GO0 组中花瓣的 RWC 随瓶插时间增加而持续下降,相比之下,GO0.1 组和 GO1 组中花瓣的 RWC 较高,且在水培前 2 天有所增加。GO10 组中花瓣的 RWC 随时间的变化与对照组类似。GO100 组、GO500 组、GO1 000 组和 GO2 000 组中花瓣的 RWC 在水培前 4 天显著下降,其值明显低于 GO0 组。

以上结果验证了 GO 对切花的影响机制,GO 主要通过影响木质部导管处的堵塞情况进而影响切花的水分代谢,这种水胁迫环境会进一步影响细胞的 ROS 水平和死亡率,最终影响切花的外部形态(瓶插寿命和观赏价值)。

为进一步探究低浓度 GO 对切花月季的影响趋势,将 GO 的浓度在 0 ~ 1 mg/L 进行细化。利用 0 mg/L、0.01 mg/L、0.05 mg/L、0.1 mg/L、0.15 mg/L、0.5 mg/L、1 mg/L 的 GO 水溶液(GO0、GO0.01、GO0.05、GO0.1、GO0.15、GO0.5、GO1)水培切花月季,并从其外部形态、GO/茎切口界面和水分代谢指标几个方面进行分析。

拍照记录切花月季的外部形态,如图 6-23 所示。GO0.01 组与 GO0 组中切花的盛开情况相近。在水培第 4 天,大部分切花出现萎蔫症状。GO0.05 至 GO1

图6-23 不同浓度
(0 mg/L、0.01 mg/L、0.05 mg/L、0.1 mg/L、0.15 mg/L、0.5 mg/L、1 mg/L)GO 水培切花月季的照片
(0~6 d)

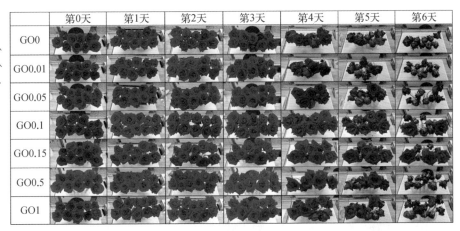

组中切花的开放时间均比 GO0 组长,其中 GO0.1 组和 GO0.15 组的盛花期延长效果最为显著。

　　对每组条件下 10 枝切花的瓶插寿命和花径比值进行统计,具体结果如图 6-24 所示。与 GO0 组中切花的瓶插寿命(4.0 d)相比,GO0.1 组和 GO0.15 组中切花的瓶插寿命延长至 5.7 d,效果显著。其他组中 GO 对切花的瓶插寿命也稍有延长,按效果由强到弱排序依次为 GO0.5 组、GO1 组、GO0.01 组、GO0.05 组。对切花的花径比值结果进行分析,水培前 2 天所有组中的花径比值均呈上升状态,说明切花处于盛开期,其中 GO0 组的花径比值略低。水培第 3 天,仅 GO0 组的花径比值开始下降,说明该组切花开始衰败。GO0.1 组与 GO0.15 组的花径值在前 4 天一直保持上升趋势,切花始终处于盛花期。GO0.01 组的切花在水培第 4 天时具有较高的花径比值,这是因为该组切花已经凋零,花瓣散落,测得的花径值较大,但切花已不具备观赏价值。

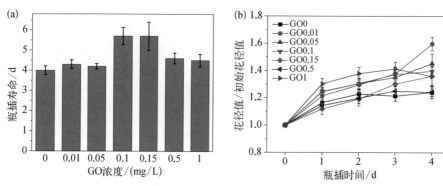

　　(a) 不同浓度(0 mg/L、0.01 mg/L、0.05 mg/L、0.1 mg/L、0.15 mg/L、0.5 mg/L、1 mg/L)GO 水培切花月季的瓶插寿命(结果为平均值±标准差, 样品数 n = 10);(b) 不同浓度(0 mg/L、0.01 mg/L、0.05 mg/L、0.1 mg/L、0.15 mg/L、0.5 mg/L、1 mg/L)GO 水培切花月季的花茎比值变化(结果为平均值±标准差, 样品数 n = 10)(0~4 d)

图 6-24

　　对切花茎切口处进行观察,具体结果如图 6-25 所示。第 0 天的新鲜茎切口干净无污染,经过 6 d 的水培后,茎切口处略变浑浊。GO0.01 组、GO0.05 组、GO0.1 组、GO0.15 组中无肉眼可见的 GO 积累,GO0.5 组和 GO1 组中可观察到 GO 在切口外环处有少量积累。

　　图 6-25(c)(d)所示为水培 3 d 后不同条件下切花茎切口的体视显微镜表征

　　　　　　　　　　　　　　石墨烯膜材料与环保应用

图 6-25

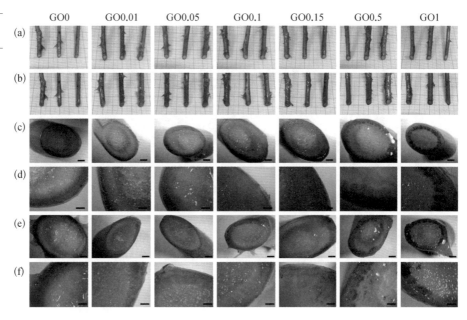

（a）水培切花茎切口处照片（第0天）；（b）水培切花茎切口处照片（第6天）；（c）（d）水培切花茎切口处体视显微镜表征照片（第3天）；（e）（f）水培切花茎切口处体视显微镜表征照片（第6天）；（c）（e）中的标尺为1 mm，（d）（f）中的标尺为400 μm

照片。GO0.5组和GO1组中，GO在部分木质部的导管处有所积累。GO0.01组中，木质部浑浊程度高，污染严重。图6-25（e）（f）为水培6 d后不同条件下切花茎切口的体视显微镜表征照片。GO0.5组和GO1组中，GO在导管处积累增多，颜色加深。GO0.1组和GO0.15组中，有少量GO在部分导管处积累。GO0组样品中，切口处木质部污染最为严重，虽无GO的加入，但导管处仍出现棕黑色污染物。

利用SEM进一步观察切花茎切口处的木质部，GO0组、GO0.05组、GO0.1组、GO0.15组的SEM图像如图6-26所示。仅水培3 d，GO0组中茎的木质部即有大量细菌附着，可明显观察到起伏的细菌及其分泌物，极少数的输水导管口暴露在外。GO0.05组的细菌附着情况与GO0组类似，暴露的导管口稍多一些，这说明0.05 mg/L的GO杀菌活性较弱。相比之下，GO0.1组和GO0.15组的细菌量明显减少，GO开始发挥其杀菌性能，大部分输水导管口暴露在外。GO0.15组中部分导管口处有平整的GO膜贴附，在结构上与GO0组的细菌生物膜有明显

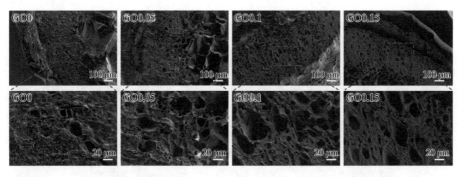

图6- 26 不同浓度（0 mg/L、0.05 mg/L、0.1 mg/L、0.15 mg/L）GO 水培切花茎切口处的 SEM 图像（第3天）

差异，很容易分辨。

对切花的 WU 进行测试，结果如图 6-27 所示。GO0.1 组和 GO0.15 组中切花的 WU 相对较高。从 SEM 表征结果可以看出，这两组茎切口处的木质部导管洁净，仅有少量有水传输性能的 GO 膜积累，其 WU 较高。因此这两组切花具有较长的瓶插寿命，且其花径比值呈上升趋势。其他组的 WU 相差不大，GO0.5 和 GO1 组的 WU 略高于 GO0 组、GO0.01 组和 GO0.05 组。GO0.01 组和 GO0.05 组中 GO 的浓度极低，无法抑制细菌繁殖，细菌对导管堵塞严重，导致 WU 较低。GO0.5 组和 GO1 组虽然有更好的杀菌活性，但是 GO 过量积累会造成导管堵塞。综上，在 0～1 mg/L 浓度区间，WU 随着 GO 浓度的增加先增加再减少。

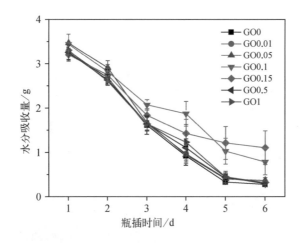

图6- 27 不同浓度（0 mg/L、0.01 mg/L、0.05 mg/L、0.1 mg/L、0.15 mg/L、0.5 mg/L、1 mg/L）GO 水培切花月季的水分吸收量变化（结果为平均值 ± 标准差，样品数 $n = 3$）

切花的 RFW 和 WBV 随瓶插时间的变化结果如图 6-28 所示。与 WU 的结果相对应，高 WU 的 GO0.1 组和 GO0.15 组具有较高的 RFW 和 WBV，且变化趋势比较接近。浓度极低的 GO0.01 组和 GO0.05 组与 GO0 组的 RFW 和 WBV 非常接近,且变化趋势也相同。GO0.5 组和 GO1 组的 RFW 和 WBV 稍高一些,处于中间水平。

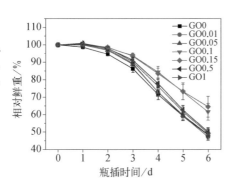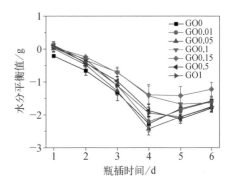

图 6-28 不同浓度（0 mg/L、0.01 mg/L、0.05 mg/L、0.1 mg/L、0.15 mg/L、0.5 mg/L、1 mg/L）GO 水培切花月季的水分代谢指标变化（结果为平均值 ± 标准差,样品数 n= 3）

参考文献

[1]　Zheng H Z, Ma R L, Gao M, et al. Antibacterial applications of graphene oxides: Structure-activity relationships, molecular initiating events and biosafety [J]. Science Bulletin, 2018, 63(2): 133 - 142.

[2]　Guo R H, Mao J, Yan L T. Computer simulation of cell entry of graphene nanosheet[J]. Biomaterials, 2013, 34(17): 4296 - 4301.

[3]　Perreault F, De Faria A F, Nejati S, et al. Antimicrobial properties of graphene oxide nanosheets: Why size matters[J]. ACS Nano, 2015, 9(7): 7226 - 7236.

[4]　Chong Y, Ma Y F, Shen H, et al. The in vitro and in vivo toxicity of graphene quantum dots[J]. Biomaterials, 2014, 35(19): 5041 - 5048.

[5]　Tu Y S, Lv M, Xiu P, et al. Destructive extraction of phospholipids from Escherichia coli membranes by graphene nanosheets[J]. Nature Nanotechnology, 2013, 8(12): 594 - 601.

[6]　Liu S B, Zeng T H, Hofmann M, et al. Antibacterial activity of graphite, graphite oxide, graphene oxide, and reduced graphene oxide: Membrane and oxidative stress[J]. ACS Nano, 2011, 5(9): 6971 - 6980.

[7]　Hu W B, Peng C, Luo W J, et al. Graphene-based antibacterial paper[J]. ACS Nano, 2010, 4(7): 4317 - 4323.

[8]　Chen J L, Zhou G Q, Chen L, et al. Interaction of graphene and its oxide with

lipid membrane: A molecular dynamics simulation study[J]. The Journal of Physical Chemistry C, 2016, 120(11): 6225 - 6231.

[9] Rojas-Andrade M D, Chata G, Rouholiman D, et al. Antibacterial mechanisms of graphene-based composite nanomaterials[J]. Nanoscale, 2017, 9(3): 994 - 1006.

[10] Chong Y, Ge C C, Fang G, et al. Light-enhanced antibacterial activity of graphene oxide, mainly via accelerated electron transfer[J]. Environmental Science & Technology, 2017, 51(17): 10154 - 10161.

[11] Li R B, Mansukhani N D, Guiney L M, et al. Identification and optimization of carbon radicals on hydrated graphene oxide for ubiquitous antibacterial coatings [J]. ACS Nano, 2016, 10(12): 10966 - 10980.

[12] Akhavan O, Ghaderi E. Escherichia coli bacteria reduce graphene oxide to bactericidal graphene in a self-limiting manner[J]. Carbon, 2012, 50(5): 1853 - 1860.

[13] Xiong T, Yuan X Z, Wang H, et al. Implication of graphene oxide in Cd-contaminated soil: A case study of bacterial communities [J]. Journal of Environmental Management, 2018, 205: 99 - 106.

[14] Song J F, Duan C W, Sang Y, et al. Effects of graphene on bacterial community diversity and soil environments of haplic cambisols in northeast China[J]. Forests, 2018, 9(11): 677.

[15] Chung H, Kim M J, Ko K, et al. Effects of graphene oxides on soil enzyme activity and microbial biomass[J]. Science of the Total Environment, 2015, 514: 307 - 313.

[16] Ren W J, Ren G D, Teng Y, et al. Time-dependent effect of graphene on the structure, abundance, and function of the soil bacterial community[J]. Journal of Hazardous Materials, 2015, 297: 286 - 294.

[17] Krishnamoorthy K, Veerapandian M, Zhang L H, et al. Antibacterial efficiency of graphene nanosheets against pathogenic bacteria via lipid peroxidation[J]. The Journal of Physical Chemistry C, 2012, 116(32): 17280 - 17287.

[18] Tu Y S, Lv M, Xiu P, et al. Destructive extraction of phospholipids from Escherichia coli membranes by graphene nanosheets[J]. Nature Nanotechnology, 2013, 8(12): 594 - 601.

[19] Sun H J, Gao N, Dong K, et al. Graphene quantum dots-band-aids used for wound disinfection[J]. ACS Nano, 2014, 8(6): 6202 - 6210.

[20] Larson C. China gets serious about its pollutant-laden soil[J]. Science, 2014, 343 (6178): 1415 - 1416.

[21] He Y J, Qian L C, Liu X, et al. Graphene oxide as an antimicrobial agent can extend the vase life of cut flowers[J]. Nano Research, 2018, 11(11): 6010 -6022.

第 7 章

石墨烯基材料的
气体探测

21世纪以来,随着全球经济迅猛发展,工业技术不断进步,人类生活水平持续提高,全球性环境污染问题也日益严重。频频出现的恶劣天气,让人们意识到科技提供便捷的同时,也正在污染人类赖以生存的地球环境。室内的甲醛、苯等挥发气体,室外的汽车尾气、工业废气、PM₂.₅等颗粒物在时刻威胁着人类的身体健康。我国"十三五"规划提出要对生态环境质量进行总体改善,提高生产方式低碳化水平,提高能源资源开发利用效率,减少主要污染物排放总量。目前,环保生态产业已经成为国家经济的重要支撑,环境监测与治理是环保生态产业的重要组成部分,其中,环保材料的不断创新对环境监测与治理技术水平提升至关重要。石墨烯作为最薄的二维功能材料,由于其优异的导电性、大的比表面积和对气体的高识别吸附能力,在气体探测、颗粒物过滤、个人防护等方向具有广阔的应用前景。

7.1 气体传感器简介

气体传感器是气体探测过程中的核心部件,其将检测到的气体成分和浓度转变为电子信号,通过对电子信号强弱的识别与分析实现相关检测气体的监测与报警。常见气体传感器分为半导体型、电化学型、高分子型气体传感器(Korotcenkov G,2007)(Ricol A,2010)。其中,半导体型气体传感器以其较优异的性能和低廉成本,适宜于民用气体探测的需求,被大范围应用于各类气体的检测。它的原理是在一定温度下材料电阻值随检测气体变化而改变。它在人们生活中随处可见,如燃气报警器、煤矿气体检测仪以及交警使用的酒精探测器等。气体传感器的传感材料技术要素包括其对环境气体易于吸附、材料电阻变化范围大,以及高灵敏度。围绕着这样的技术需求,石墨烯具有优良的导电性能,功能化的石墨烯表面可修饰丰富的官能基团,是电阻型气体传感器的理想材料,为高灵敏度器件的研发提供新的思路(Yoon H J,2011)。石墨烯及其衍生材料既可单独加工成气体传感器件,也可与其他纳米材料制成复合材料作为气敏材料应用于气体传感器(Kaniyoor A,2009),常见的气体传感器结构如图 7-1 所示(Cuong T V,2010)。石墨烯的大比表面积和良好的导电性有利于提高响应的灵敏度,通过大量不同官能基团的修饰可对更多的气体做出响应。

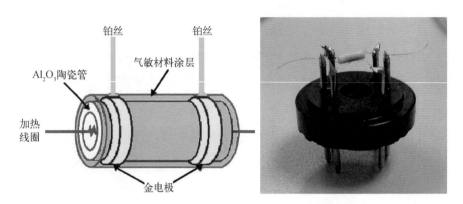

图 7-1 气体传感器的结构外形图

7.2 石墨烯的特性

碳元素作为地球上广泛存在的一种元素,有多种同素异形体,这是由于其核外电子轨道杂化方式不同而形成的。近二十年来,碳材料一直作为前沿领域的研究热点,并相继发现了零维富勒烯、一维碳纳米管,对二维碳材料的探索工作也一直在进行。2004 年,英国科学家 A. K. Geim 和 K. S. Novoselov 通过胶带反复多次机械剥离的方法得到了具有优良稳定性的二维石墨烯层片(Novoselov K S,2004)。石墨烯一经发现便掀起了科学界对它的研究热潮,两位科学家也因石墨烯的发现而获得了 2010 年诺贝尔物理学奖。石墨烯是由碳原子构成的单层片状结构,以苯六元环为基本结构单元,碳原子以 sp² 杂化轨道的方式排列成蜂窝状结构的二维纳米材料,每个碳原子剩余的一个 p 轨

图 7-2 石墨烯
结构示意图

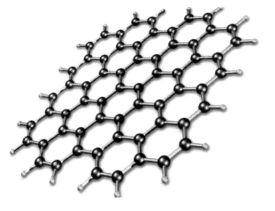

道电子均贡献出来形成大 π
键,并且 π 电子可以自由移动
(Stoller M D,2008)。每个 C—
C 键长为0.142 nm,单层厚度为
0.35 nm(图 7-2)。石墨烯结构
上的特点赋予它诸多独特的性
能,包括优异的导电性能、电子
传输性能、机械性能等。

在石墨烯众多的特性当中,其电学性能尤其突出,这与石墨烯独特的能带结构是密不可分的。图 7-3 所示是石墨烯的能带结构,价带和导带相交于第一布里渊区 K 点,价带与导带呈现理想的对称性,费米面上的电子能量与波矢呈线性关系,而且价带与导带相交处的电子有效质量为 0,此处的电子行为遵循狄拉克方程(Abergel D S L,2010)。这是石墨烯具有诸多不同于其他半导体材料的物理特性的根本所在。

图 7-3 石墨烯
的能带结构

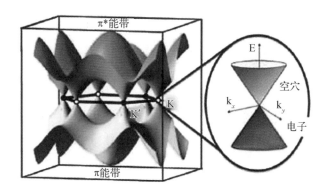

根据石墨烯的能带结构可以看出,电子在石墨烯材料中的传输过程很难发生散射(Bolotin K I,2008)。通过对石墨烯电子传输性能的实验研究发现,石墨烯的电子迁移率高达 2×10^5 cm^2 · V^{-1} · S^{-1},电阻低至 10^{-6} Ω · cm(Lee C,2008)。同时,石墨烯的电子迁移率不随温度变化而变化,具有良好的热稳定性。

石墨烯的力学性能优异，目前石墨烯是世界上硬度最高的材料。通过实验测量分析，石墨烯的弹性模量为 1 TPa，可承受的最大压强高达 130 Gpa（Schedin F, 2007）。从这个数值来看，石墨烯的硬度比金刚石和钢铁还要高上百倍。

众多的优异性质为石墨烯材料在传感器、电池、显示器和催化等领域中的应用奠定了坚实的基础。而石墨稀独特的二维结构特点，也使其在气体传感领域具有诸多优势。首先，理想的石墨烯的所有原子几乎都暴露在气体当中，极高的比表面积可以在较低的检测极限下发挥作用。其次，石墨烯的电学特点和力学特性在其传感信号上的表现也十分明显，石墨烯电导率会随着暴露于目标气体的成分改变而发生变化，是极具发展潜力的气敏材料。

7.3　石墨烯基气体传感器的研究进展

7.3.1　本征石墨烯基气体传感器

2004 年 Geim 研究组制备的高质量单层石墨烯引起了广大科研工作者的极大关注，并掀起了研究热潮。2007 年 Schedin 等利用机械剥离的方法得到的石墨烯被用于气体探测，它对目标气体的检测限低至 ppb[①]，性能高于大多数已报道的其他材料。为了探索石墨烯基气体传感器的检测极限，人们进一步优化石墨烯的结构，例如，将石墨烯进行退火处理来减少接触电阻和高驱动电流，从而抑制约翰逊噪声等。

几个研究组从实验和理论两个方面开展了本征石墨烯材料传感性能的研究，并且利用石墨烯制备的传感器来检测如 NO_2、NH_3 等气体。经过研究发现，这些传感器的性能往往会受以下因素的影响，包括温度、待测气体的流速和石墨烯片的长宽比等。Rumyantsev 等报道了一种基于单层本征石墨烯

---

① ppb＝10^{-9}。

的晶体管并用于不同种类气体的选择性检测(Rumyantsev S,2012)。图7-4(a)是长期暴露于低浓度 NO₂ 气体中的石墨烯的霍尔电阻率变化情况,霍尔电阻率呈现梯形变化趋势。图 7-4(b)所示的是在 NO₂ 的泄漏速度为 10^{-3} m·bar·s^{-1} 的条件下,暴露于 1 ppm NO₂ 下记录的霍尔电阻率变化结果。图 7-4(c)是相应的噪声密度谱。通过分析可以看出,石墨烯基气体传感器有望实现单一 NO₂ 分子的检测。在吸附过程中,气体分子在石墨烯上造成特殊的陷阱和散射中心,导致电荷迁移率的波动。根据石墨烯不同蒸气诱导噪声的频率范围和相对电阻值之间的关系可以判断目标检测气体的种类。

　　虽然通过剥离的方法可以得到优质的石墨烯片,但是产量低的问题限制

图 7-4　单层本征石墨烯在不同的检测气体中的霍尔电阻率变化情况

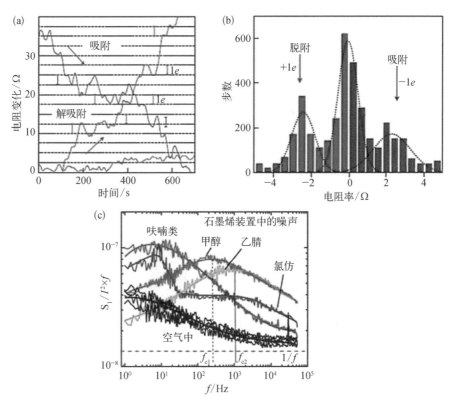

(a) 在吸附(蓝色曲线)和解吸附(红色曲线)过程中,中性点附近霍尔电阻率的变化;(b) 0.5 U 条件下霍尔电阻率柱状图;(c) 噪声密度谱

了其大规模生产。通过 CVD 法制备高品质的石墨烯薄膜可以解决部分问题，CVD 技术是在金属生长催化剂如 Ni、Cu、Co 衬底上热分解（<1 000℃）碳氢化合物蒸气来得到石墨烯片的方法（Li X S，2009）。CVD 法制备的石墨烯可以转移到其他基底上用于气体传感器元件组装（Suk J W，2011）。实验已经表明 CVD 得到的单层石墨烯遇到 O_2 分子后电阻会有明显的改变（Chen C W，2011），该传感器对 O_2 的检测极限可以到达 1.25%，如图 7-5（a）所示。另一种则是通过等离子体增强的 CVD 在 SiO_2 表面垂直生长石墨烯纳米片，此纳米片用于气体探测，对 NO_2 和 NH_3 表现出了良好的敏感性（Yu K H，2011）。当纳米片暴露于 1%（体积分数）的 NH_3 时，传感器的电压增加，而暴露于 100 ppm 的 NO_2 时，此传感器表现为电压降低，如图 7-5（b）所示。目前，CVD 法制备的石墨烯基气体传感器已被用于当存在 CH_4 或 H_2 干扰气体时，对 NH_3 可以进行有效的识别，只是当存在 CH_4 或 H_2 干扰气体时对 NH_3 的灵敏度要比在空气中的

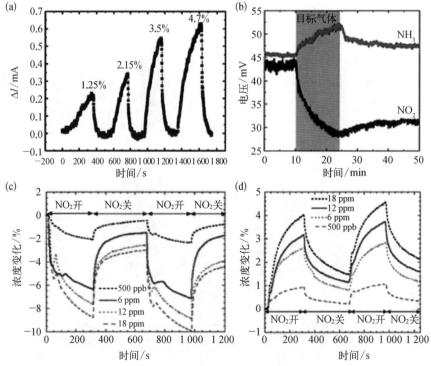

图 7-5 不同制备方法得到的石墨烯的气敏性能

（a）CVD 制备的石墨烯对不同浓度 O_2 的气敏性能；（b）垂直生长的石墨烯对 100 ppm NO_2 和 1% NH_3 室温下的敏感性比较；（c）在 Si 面和（d）在 C 面上生长的石墨烯对 NO_2 的响应

石墨烯膜材料与环保应用

低。结果表明,石墨烯作为气敏材料对 CH_4 或 H_2 有一定的敏感性,但 NH_3 在对改变石墨烯的导电性上更有效(Gautam M,2011)。当然,石墨烯作为气敏材料的传感性能同样会受到湿度因素的影响,在检测 NO_2 时,水分子和 NO_2 分子都会作为电子受体。而检测 NH_3 时,CVD 法制备的石墨烯的导电性会随湿度增加而增加,电导因吸附 NH_3 而降低,因此水分子和 NH_3 分子对石墨烯电导的影响是相反的,湿度大会降低石墨烯对 NH_3 的敏感性。

大多数 CVD 制备的石墨烯与碳纳米管相似,当组装成气体传感器进行气体探测时表现出的可逆性并不理想。热量经常不足以克服气体解吸附所需的活化能(Su P G,2011)。当传感器进行气体探测时如果不能够完全恢复初始阻值,就会造成传感器灵敏度降低。为了解决这个问题,紫外光照用于气体探测过程(Chen G G,2012)。在紫外光照下,石墨烯基传感器表现出超高的灵敏度,对 NO 的检测极限低至 158 ppb,这个值是碳纳米管传感器的检测极限的 $\dfrac{1}{3}$。此外,石墨烯基传感器对其他气体也有较高的灵敏度,包括 NH_3、NO_2、NO 等气体,最低检测极限范围为 38.8～136 ppb。

外延生长是另一种大面积制备单层或多层石墨烯的有效办法。SiC 衬底在超高真空的条件下加热时,Si 原子从基底升华出去,剩下的 C 原子排列成石墨烯层,退火时间和温度决定石墨烯的层厚(Singh V,2011)。这个方法有效地避免了将石墨烯用于气体探测时的材料转移,直接得到了 SiC 基体上生长的石墨烯(Qazi M,2010)。当然,基底的选择对石墨烯性能的影响也是巨大的(Dai J Y,2012)。例如,Nomani 报道了在 6H—SiC 上沿着 Si 面外延生长和沿着 C 面外延生长得到的石墨烯用于气体探测时的性能截然不同(Nomani M W K,2010)。在Si 面上生长的石墨烯层暴露于 18 ppm NO_2 时电导下降 310%,在同等条件下,在C 面上生长的石墨烯电导只增加了 45%,如图 7-5(c)(d)所示。对于在 Si 面上生长的石墨烯具有较好的响应可以归因于其较少的层数。相反地,电导变化现象是由不同的掺杂类型导致的,石墨烯片在 Si 面上生长是 P 型,在 C 面上生长是N 型(Ao Z M,2008)。

7.3.2　缺陷和功能化石墨烯基气体传感器

石墨烯结构内部存在的缺陷对其气体传感性能的提升也是十分重要的。第一性原理已经计算了本征石墨烯、存在缺陷的石墨烯和进行元素掺杂后的石墨烯的气敏特性。结果表明，当石墨烯存在缺陷时可以提高其与CO、氮氧化物气体之间的相互作用，而与 NH_3 之间的相互作用变弱。N掺杂可以提高其与氮氧化物气体之间的结合能，而B掺杂可以同时提升其与NO、NO_2 和 NH_3 之间的相互作用，这种相互作用的增强有利于石墨烯材料气敏性能的提高。Ao小组利用密度泛函理论计算了Al掺杂的石墨烯与CO接触后两者之间的作用，发现Al可以与CO直接形成Al—CO键来增强石墨烯材料与CO之间的相互作用，导致材料的电导发生明显的变化，这意味着Al掺杂可以有效提高石墨烯材料对CO的探测灵敏性。

为了探索缺陷（包括点缺陷和面缺陷）对石墨烯气体传感性能的影响。Salehi‐Khojin组讨论了本征石墨烯和褶皱石墨烯的气敏性能（Salehi-Khojin A，2012）。石墨烯基气体传感器在检测有机化合物气体时，其性能的优劣取决于石墨烯材料中存在的缺陷类型，本征石墨烯材料中只含有少数点缺陷，表现为对邻二氯苯和甲苯气体不敏感，而当把线缺陷引入石墨烯材料后，其对以上两种气体的敏感性显著上升，这归因于线缺陷的存在缩短了电子的传导路径。通过将石墨烯片分割成宽度范围为2～5 nm的条带来引入缺陷，用此方法处理的缺陷石墨烯相比于CVD制备的石墨烯对邻二氯苯的探测性能提升了2倍多（图7‐6）。

还原氧化石墨烯（reduced Graphene Oxide，rGO）是一种生产成本低、可以实现大规模制备的一种碳基气敏材料。rGO通常是由氧化石墨烯（GO）还原得到的，GO是利用高锰酸钾将石墨氧化剥离而成。rGO相比于本征石墨烯而言具有更多的羟基和环氧基团，而且在 sp^2 杂化碳原子的边缘存在许多羧基和羰基，这些羧基和羰基官能团为气体分子提供大量的吸附位点。采用化学还原和热还原GO的方法来部分恢复GO的电导，但是不能将GO彻底还原，因为仍有

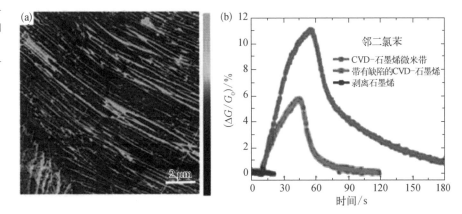

图 7 - 6 CVD 制备的石墨烯

（a）原子力显微镜图；（b）带有缺陷的 CVD - 石墨烯、CVD - 石墨烯微米带和剥离石墨烯（宽 5 μm）对邻二氯苯的响应

氧官能团的存在。此外，还原过程会引入一些空穴和结构缺陷同样可以为气体提供吸附位点。缺陷吸附对石墨烯的电导影响重大，然而气体在缺陷上的吸附要明显慢于原始石墨烯，因此优化缺陷密度是一种平衡灵敏度和气敏响应速度的有效途径。

Robinson 等制备了 rGO 基气体传感器（Robinson J T，2008），其先将 GO 分散液沉积在绝缘衬底上形成一层连续的薄膜，再通过水合肼多次还原。rGO 片上不同的氧缺陷会导致其具有不同的气体选择性。比如 HCN 分子与原始石墨烯的 sp^2 杂化碳原子结构的相互作用弱，却与 rGO 缺陷的相互作用强。同时可以观察到 rGO 基气体传感器的噪声会随着薄膜厚度的增加明显减少。

Hu 组研究了对苯二胺还原的 rGO 基气体传感器［图 7 - 7（a）（b）］，在叉指电极之间利用滴加干燥法形成一层对苯二胺还原的 rGO 导电网格，并用它来检测二甲基磷酸酯，结果表明其对 30 ppm 和 10 ppm 的二甲基磷酸酯的灵敏度比水合肼还原的 GO 基气体传感器的灵敏度高 4.7 倍和 3.3 倍，而且前者具有更好的稳定性。这是因为对苯二胺是一种比水合肼弱的还原剂，因此对苯二胺还原的 GO 具有更多的氧官能团和缺陷，这些缺陷使对苯二胺还原的 rGO 基气体传感器表现出了更好的气敏性能。还有研究组利用另外一种更弱的抗坏血酸还原剂结合喷墨技术将 rGO 沉积在柔性衬底上，对 NO_2 和 Cl_2 这样的刺激性气体进行检测，同样表现出优良的可逆性、选择性以及较低的检测极限（100 ppm～

500 ppb），但这类传感器存在恢复速度慢的问题。Lu 等提出利用低温退火将 GO 部分还原并作为敏感层，该传感器对 100 ppm 的 NO₂ 的灵敏度可以达到 1.41，当再次暴露于空气中 30 min 后电导完全恢复，其较高的灵敏度则是源于 NO₂ 分子所吸附的 sp² 石墨碳原子位点的恢复，同时热处理的过程中也可以形成空穴和小孔为气体吸附提供了额外的活性位点。

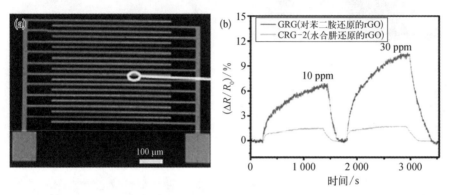

图 7 - 7　不同方法处理的石墨烯的气敏性能

（a）在叉指电极之间利用滴加干燥法制备对苯二胺还原的 rGO 导电网格；（b）基于对苯二胺还原的 rGO 基气体传感器和基于水合肼还原的 GO 基气体传感器对 30 ppm 和 10 ppm 二甲基磷酸酯响应比较

　　Yuan 组报道了基于化学修饰的 NO₂ 气体传感器，其气敏材料分别是磺化石墨烯（S‐G）和乙二胺处理的石墨烯（EDA‐G）［图 7‐8(a)～(c)］，它们比同类的 NO₂ 石墨烯基气体传感器的灵敏度高出 4～16 倍，这是因为官能团在气体敏感过程中扮演了重要角色。NO₂ 分子可以很容易吸附到官能团的孤对电子上，通过图 7‐8(b) 可以看出 S‐G 对甲苯和水蒸气无响应，对 NO₂ 具有很好的选择性。由于静电作用弱，NO₂ 分子可以很容易地从 S‐G 表面解吸附，利用流动的 N₂ 使基于 S‐G 的传感器实现了良好的可循环性。

　　气敏层的厚度也是气体传感器性能好坏的影响因素，一般来说该功能层越薄得到的传感器的灵敏度越高。科研人员利用浸蘸的方法获得 1～6 nm 的超薄石墨烯薄膜，其比厚的石墨烯薄膜的气敏性能明显提升，如图 7‐8(d) 所示。激光可以同时还原和修饰石墨烯。例如，利用双光束激光相干法在柔性衬底上还原并构建纳米 GO 结构用于湿度传感器，激光功率可以调节用于吸附水分子的氧官能团的数量。实验结果表明，在 0.2 W 的激光功率照射下得到的

图 7 - 8 基于 rGO、S - G 和 EDA - G 的传感器 性能比较

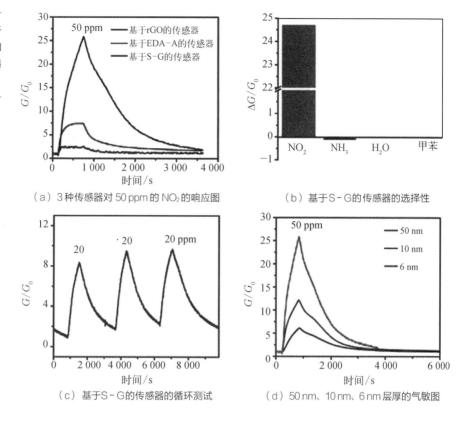

（a）3种传感器对 50 ppm 的 NO₂ 的响应图

（b）基于 S - G 的传感器的选择性

（c）基于 S - G 的传感器的循环测试

（d）50 nm、10 nm、6 nm 层厚的气敏图

敏感层表现出了最快的响应恢复速度，也就是说此时的氧官能团数量是最优的。

研究发现，通过建立多孔结构可以有效地将缺陷引入石墨烯中。如图 7 - 9（a）（b）所示，Han 等利用蒸汽刻蚀的方法制备了 rGO 纳米多孔导电网格结构。蒸汽法得到的 rGO 边缘具有大量的氧官能团。图 7 - 9（c）比较了 rGO 和经过 5 h、10 h 蒸汽处理的多孔 rGO 对 NO₂ 的气敏性能，这三种材料遇到 NO₂ 时电流都有所上升，但是蒸汽处理的多孔 rGO 比普通的 rGO 对 NO₂ 的灵敏度高 2 倍，而且发现蒸汽的处理时间变长可以提高其对 NO₂ 的灵敏度，这源于多次的蒸汽处理有效提高了孔和边界数量。

Paul 小组利用乙醇- CVD 合成了大面积的具有 p 型导电特性的单层石墨烯薄膜，进一步利用纳米球刻蚀和离子刻蚀法进行修饰，如图 7 - 9（d）所示。利用传统的甲烷- CVD 制备的石墨烯存在的缺陷一般都在纳米孔的边缘，而利用乙

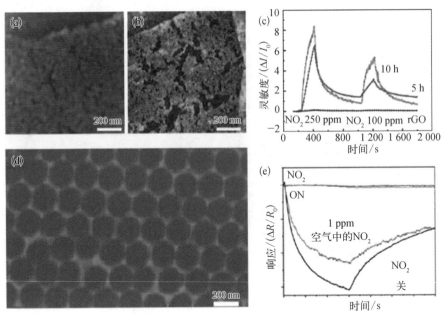

图 7 - 9 经过 (a) 5h和(b) 10h 蒸汽处理的 rGO 片层的原子力显微镜图；(c) 5 h 和 10 h 蒸汽处理的 rGO 片对 250 ppm 和 100 ppm NO_2 的响应；(d) 利用乙醇- CVD 合成的大面积的具有 p 型导电特性的单层石墨烯薄膜；(e) 不同的石墨烯薄膜对 1 ppm NO_2 的响应恢复曲线

醇- CVD 制备的石墨烯会存在额外的不饱和晶粒间界，这些间界的形成是由高度无序的 sp^3 杂化和大量的边界缺陷造成的。因此，高缺陷态使利用乙醇- CVD 制备的石墨烯具有大量的活性位点用于气体的吸附，从而表现出高的灵敏度。图 7 - 9(e)给出了四种不同的石墨烯薄膜对 1 ppm NO_2 的响应恢复曲线。利用乙醇- CVD 制备的石墨烯薄膜明显高于其他三种，灵敏度为 6%，检测极限是 15 ppb。对 NH_3 的检测极限是 160 ppb，灵敏度是 0.71%。而利用甲烷- CVD 制备的石墨烯对 1 ppm NO_2 的灵敏度是 4%。

Yavari 等制备了三维泡沫状石墨烯材料用于 NH_3 和 NO_2 的检测。采用 CVD 法将石墨烯沉积在泡沫镍上，去除泡沫镍模板可得到多孔泡沫状石墨烯，然后制成四探针的气敏元件用于气体的检测。泡沫状石墨烯丰富的孔道使气体分子深入整个结构中成为可能，气体分子与石墨烯的充分接触使其表现出较高的灵敏度。

参考文献

［1］ Smatt J H，Lindén M，Wagner T，et al. Micrometer-sized nanoporous tin dioxide spheres for gas sensing[J]. Sensors and Actuators B: Chemical, 2011, 155(2): 483 - 488.

[2] Ahn M W, Park K S, Heo J H, et al. Gas sensing properties of defect-controlled ZnO-nanowire gas sensor[J]. Applied Physics Letters, 2008, 93(26): 263103.

[3] Xu C N, Tamaki J, Miura N, et al. Promotion of tin oxide gas sensor by aluminum doping[J]. Talanta, 1991, 38(10): 1169 - 1175.

[4] 尤路.基于三氧化钨和钨酸锌纳米结构的高性能化学传感器研究[D].长春:吉林大学,2013.

[5] 许婧.基于半导体氧化物复合材料的紫外光增强型气体传感器的研究[D].长春:吉林大学,2013.

[6] 徐甲强.氧化物纳米材料的合成、结构与气敏特性研究[D].上海:上海大学,2005.

[7] 程知萱.不同形貌纳米 In_2O_3 的可控制备及气敏性能研究[D].上海:上海大学,2008.

[8] 徐秀梅.基于分等级结构氧化铟的气体传感器研究[D].长春:吉林大学,2014.

[9] 徐毓龙,Heiland G.金属氧化物气敏传感器(Ⅵ)[J].传感技术学报,1997(1): 79 - 82.

[10] Watson J. The tin oxide gas sensor and its applications[J]. Sensors and Actuators B: Chemical, 1984, 5(1): 29 - 42.

[11] Riegel J, Neumann H, Wiedenmann H M. Exhaust gas sensors for automotive emission control[J]. Solid State Ionics, 2002, 152 - 153: 783 - 800.

[12] Docquier N, Sébastien C. Combustion control and sensors: A review[J]. Progress in Energy and Combustion Science, 2002, 28(2): 107 - 150.

[13] Natale C D, Macagnano A, Davide F, et al. An electronic nose for food analysis [J]. Sensors and Actuators B: Chemical, 1997, 44(1 - 3): 521 - 526.

[14] Hwang S, Lim J, Park H G, et al. Chemical vapor sensing properties of graphene based on geometrical evaluation[J]. Current Applied Physics, 2012, 12(4): 1017 - 1022.

[15] Ko G, Kim H Y, Ahn J, et al. Graphene-based nitrogen dioxide gas sensors[J]. Current Applied Physics, 2010, 10(4): 1002 - 1004.

[16] Leenaerts O, Partoens B, Peeters F M. Adsorption of H_2O, NH_3, CO, NO_2, and NO on graphene: a first-principles study[J]. Physical Review B, 2008, 77 (12): 125416.

[17] Romero H E, Joshi P, Gupta A K, et al. Adsorption of ammonia on graphene[J]. Nanotechnology, 2009, 20(24): 245501.

[18] Yoon H J, Jun D H, Yang J H, et al. Carbon dioxide gas sensor using a graphene sheet[J]. Sensors and Actuators B: Chemical, 2011, 157(1): 310 - 313.

[19] Hwang E H, Adam S, Sarma S D. Carrier transport in two-dimensional graphene layers[J]. Physical Review Letters, 2007, 98(18): 186806.

第 8 章

石墨烯基材料的
颗粒物过滤

颗粒物(PM)空气污染是一个严重的全球性问题,对人类健康构成较大威胁(Heikkinen,2000)。$PM_{2.5}$指的是动力学直径小于 2.5 μm 的细小颗粒物,其可以穿透人体肺部甚至随着血液流动迁移到其他人体器官,从而增加心脏系统和呼吸系统的发病率(Chen C C,1998)。为了拥有更好的生活质量,更好的空气环境是必不可少的,这一需求促进了空气过滤学科的发展。

过滤过程相对容易、成本低且操作灵活,是一种最广泛采用的从气体中去除颗粒的过程。其中,空气过滤研究始于 20 世纪 40—50 年代。只有当社会生产力发展到一定阶段,才会产生对空气过滤的需求,因此,空气过滤领域的发展被认为是工业技术与生产现代化的标志之一(Page S J,2000)。

8.1 过滤的基本概念

8.1.1 气溶胶颗粒

人类生活在一个气溶胶的环境中。根据国际标准化组织(International Organization for Standardization,ISO)的定义,气溶胶是指沉降速度可以忽略的固体粒子、液体粒子或固液态混合粒子在气体介质中的悬浮体(Brown R C,1998)。气溶胶微粒按其来源可分为无机性微粒、有机性微粒以及有生命的微粒,常见气溶胶的类型与粒径分布如图 8-1 所示。在室外空气中,按

图 8-1 常见气溶胶的类型和粒径分布

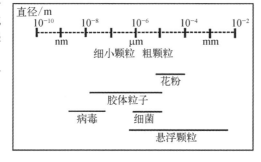

颗粒的数量进行计算,99.9%的气溶胶颗粒粒径在 1 μm 以下;按颗粒质量计算,占总质量 50%～90% 的气溶胶颗粒物粒径在 10 μm 以下(Wang H C,1998)。

自然界的气溶胶主要来自自然界的运动,如海浪产生的氯化钠颗粒、火山喷发产生的矿物颗粒、植物花粉等。煤、石油等化石能源的大量使用,建筑活动、工业排放等过程产生了大量的气溶胶颗粒,这些气溶胶颗粒粒径更小,化学成分更复杂,因此带来了巨大的环境问题。

细小颗粒物对人体的主要危害在于其表面易于富集重金属、酸性氧化物和有机污染物等。细小颗粒物更易进入人体呼吸系统中的肺泡道与肺泡囊部位并发生沉积,对人体造成伤害(Heim M,2005)。有研究表明,由于国内实行的淮河以北冬季免费供暖政策,使得北方空气污染程度比南方更严重,这导致北方地区人均寿命比南方地区缩短约 5 年。为了保障人体健康,我国的室内空气质量标准(GB/T18883—2002)规定室内可吸入颗粒 PM_{10}(动力学粒径小于 10 μm 的气溶胶颗粒)的日平均浓度应低于 0.15 mg/m³,而关于 $PM_{2.5}$(动力学粒径小于 2.5 μm 的气溶胶颗粒)的相关标准还在制定之中。

8.1.2 扩散效率

气溶胶颗粒进行布朗运动。颗粒,尤其是小颗粒,不断地从一个位置扩散到另一个位置。一旦一个颗粒被收集到一个纤维表面,通常会因为范德瓦尔斯力而被黏附。因此,纤维表面的颗粒浓度可以假定为零,而由此产生的法向表面浓度梯度是颗粒向纤维扩散的驱动力。布朗运动一般随颗粒粒径的减小而运动得更剧烈,随着颗粒粒径的减小,颗粒的扩散沉积也随之增加。类似地,颗粒在低流速的纤维表面附近会花费更多的时间,从而通过扩散来增强收集(Chen C Y,1955)。从描述这一过程的对流扩散方程出发,可以定义一个称为佩克莱数的无量纲参数 Pe:

$$Pe = \frac{d_{\text{f}}U}{D} \qquad (8-1)$$

式中，U 为在过滤器表面的面速度；d_f 为纤维直径；D 为颗粒的扩散系数。D 可以通过下式计算得出。

$$D = \frac{kTC_c}{3\pi\eta d_p} \tag{8-2}$$

式中，k 为玻耳兹曼常数；T 为绝对温度；η 为空气黏度，d_p 为颗粒直径，C_c 为坎宁安滑移校正因子。C_c 可以通过下式计算得出。

$$C_c = 1 + \frac{\lambda}{d_p}\left[2.33 + 0.966\exp\left(-0.499\frac{d_p}{\lambda}\right)\right] \tag{8-3}$$

式中，λ 是气体分子的平均自由程。

在弗里德兰德和纳坦松的早期模型中，利用的是一个孤立圆柱形的流场进行建模的(Chen C Y,1955)。随后，有研究人员考虑使用多缸模型，考虑到邻近纤维的流动效应，布朗提出表达一致的方程：

$$E_D = 2.9K_u^{-1/3}Pe^{-2/3} \tag{8-4}$$

式中，K_u 是水动力因子或桑原数，

$$K_u = -0.5\ln\alpha - 0.75 + \alpha - 0.25\alpha^2 \tag{8-5}$$

桑原数的值来自一个理论的速度场，用来预测垂直于流的气缸的黏性流(Lee K W,1980)。

8.1.3　拦截效率

即使颗粒的轨迹不偏离流线，如果流线将颗粒中心带入纤维表面的一个颗粒半径范围内，也会收集一个球形颗粒。即使在没有布朗运动和惯性冲击的情况下，也可以收集有限尺寸的颗粒(Kuwabara S,1959)。描述截留效应的无量纲参数是截取参数 R，R 为粒径与纤维直径之比：

$$R = \frac{d_p}{d_f} \tag{8-6}$$

拦截效率的表达式为

$$E_R = \frac{1+R}{2K_u}\left[2\mathrm{Ln}(1+R)-1+\alpha+\left(\frac{1}{1+R}\right)^2\times\left(1-\frac{\alpha}{2}\right)-\frac{\alpha}{2}(1+R)^2\right]$$

$$(8-7)$$

如果桑原流场围绕着一个单一的纤维（Zhang Z，1989），如图 8-2 所示，那么随着颗粒直径的增加，拦截效率增加。

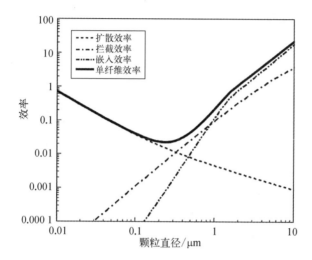

图8-2 扩散、拦截、嵌入和单纤维效率随颗粒直径的变化

8.1.4 碰撞效率

纤维周围流体的流线是弯曲的。具有有限质量和流速的颗粒可能由于惯性而不跟随流线。如果流线的曲率足够大，而颗粒的质量足够高，则颗粒可能偏离流线，与纤维表面发生碰撞（Donovan R P，1985）。

惯性冲击机理可以用无量纲斯托克斯数来评价，斯托克斯数的定义为

$$\mathrm{St}=\frac{\rho_p d_p^2 C_c U}{18\eta d_f}$$

$$(8-8)$$

斯托克斯数是描述滤波器中惯性冲击机制的基本参数。更大的斯托克斯数意味着更大的被冲击收集的可能性。斯特克纳等利用桑原流场计算 E_I，公式如下：

$$E_I = \frac{\text{St}}{(2K_u)^2}\left[(29.6 - 28\alpha^{0.62})R^2 - 27.5R^{2.8}\right] \qquad (8-9)$$

式中，$0.01 < R < 0.4$。式(8-9)被广泛地用于计算冲击作用机理的效率贡献。

惯性冲击的重要性随着粒径的增大和空气流速的增加而增加，如图8-2所示。因此，空气流速的增加对颗粒的冲击作用的影响与扩散对采集的影响相反（White P A F，1964）。

8.1.5 静电效应

式(8-1)~式(8-9)忽略了在滤料和被收集的颗粒之间的静电作用力带来的影响。如果电荷存在于过滤器或颗粒上，会对颗粒收集产生很大的影响。颗粒在空中飞行数小时后被过滤器捕获，颗粒捕获前所带电荷会呈现玻耳兹曼分布，呈电中性。当颗粒与滤料接触后，新产生的颗粒可能是带电荷的，此外，市面上的过滤器往往是带永久静电荷的。

静电增强过滤器所用的材料一般为用电晕充电或电喷雾技术制备的纤维。这些纤维材料可在提升过滤效率的同时，不增加气流的阻力（压降）。

其机理有以下几种：(1) 带静电的过滤纤维与电荷颗粒通过库仑力，提高过滤效率；(2) 带静电的过滤纤维诱导颗粒偶极子，提高效率；(3) 带电颗粒在一个电中性的纤维中产生滞留，从而增加效率。其中第(1)种通常比第(2)种、第(3)种更重要。

8.1.6 重力沉降

颗粒在引力场中以有限的速度沉降，当沉降速度足够大时，颗粒可能会偏离空气流线。在向下的过滤过程中，由于重力作用，这一机制会导致更多的收集。

当流体向上流动时，该机制会导致颗粒离开收集器，从而对过滤过程产生负面影响。由于重力沉降只对低过滤速度的大颗粒起作用，这种机制对于使用过滤的取样程序来说影响不明显（Happel J，1959）。

8.1.7　纳米颗粒和热回弹纳米颗粒的潜力

纳米颗粒通常具有小于 100 nm 的空气动力学直径,利用扩散机制可以高效取样进行过滤捕获。然而,纳米颗粒的热速度非常小,可能会从纤维表面反弹,而不是在接触时被收集。

从理论原理出发预测,在后续的实验研究中,直径小于 10 nm 的颗粒会发生热反弹,这表明热反弹对于直径小于 2 nm 的颗粒来说是很重要的。海姆等通过过滤效率测量和标准过滤理论对大于 3 nm 的颗粒进行了密切匹配的预测。相对于直径约为 2 nm 的颗粒,直径为 1~2 nm 的颗粒的效率有所下降。这一发现表明,当小于 2 nm 的颗粒被过滤时,热反弹可能是一种重要的机制。

对直径小于 2 nm 的颗粒进行过滤采样是不常见的,当颗粒很小时,由于过滤器的存在会导致分析变得复杂,微小的颗粒会迅速形成聚集的颗粒,因此,在大多数过滤器取样应用中,热反弹的问题基本可以忽略。

8.1.8　最具穿透力的颗粒大小

颗粒尺寸的增加会提升基于拦截和惯性碰撞机制的过滤效率,而颗粒尺寸的减小则会增加布朗扩散导致的收集。因此,有一个中间颗粒尺寸的区域,两个或两个以上的机制同时运行,但无法确定哪一个是显性的。如图 8-2 所示,单纤维过滤效率和总过滤效率在这一区域均为最小值。最小效率发生的颗粒直径被称为最易穿透颗粒大小(Payet S,1992)。

最具穿透性的颗粒尺寸通常约为 0.3 μm,这一假定是高效微粒空气(HEPA)过滤器的酞酸二辛酯测试方法的基础。然而,随着纤维过滤理论的改进,最具穿透力的颗粒尺寸和相应的最小效率随过滤器类型和过滤速度的变化而变化。考虑扩散和拦截的影响,可推导出预测最易穿透颗粒直径的公式:

$$d_{\mathrm{mpps}} = 0.885 \left[\left(\frac{K_u}{1-\alpha} \right) \left(\frac{\sqrt{\lambda}kT}{\eta} \right) \left(\frac{d_f^2}{U} \right) \right]^{2/9} \qquad (8-10)$$

图 8-3 为式(8-10)的计算结果与实验数据的比较。增加流速和过滤的固体含量会导致 d_{mpps} 降低。随着纤维直径的增加，d_{mpps} 增加。

图 8-3　最易穿透颗粒尺寸的理论与实验比较

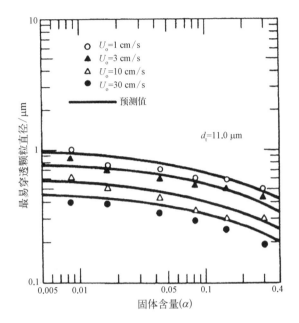

若引入静电效应，d_{mpps} 比式(8-10)计算的结果要小。实验结果表明，对于许多静电增强的过滤器，d_{mpps} 小于 0.1 μm。

8.1.9　膜和毛细管孔过滤效率

膜过滤器的过滤机制与纤维过滤器的过滤机制相当。在实际的公式当中需要估计一个有效等量纤维直径，来等效替代膜过滤器的结构元素，包括实际过滤厚度、硬度和表面速度。其中一种方法是通过过滤器的实际压降来估算有效等量纤维直径的(Chen C Y,1955)。

毛细管孔的颗粒收集可以通过利用管扩散理论对孔壁的扩散收集进行估计，并可以将在孔隙入口表面附近收集到的颗粒数代入碰撞理论公式运算。测量结果表明，这些过滤器的效率接近 100%，其中包含直径大于孔径和直径小于孔径的颗粒。最小效率随着孔径的减小而增大。由于其独特的、类似于冲击器的过滤特性,利用不同的孔径过滤器,在连续采集阶段,将核孔过滤器作为选择性气溶胶采样器使用。此外,海德指出颗粒反弹在这些应用中可能是一个被忽视的问题。

8.1.10　压降

当空气通过过滤器时,过滤器会产生阻力,这反映为从过滤器的前表面到尾部的静压损失。压降 DP 是一个重要的考虑因素,因为它导致了反压力。过滤过程中的压降可以通过压力表测量,一个理想的过滤器应该在具有高过滤效率的同时维持一个相对较低的压降。

使用桑原流场,理论压降 DP_{th},可根据过滤器中纤维的累积阻力计算出:

$$DP_{th} = \frac{16\alpha\eta UL}{(d_f^2)(K_u)} \qquad (8-11)$$

根据过滤器参数和压降测量的经验匹配,戴维斯通过纤维过滤器提出了压降的表达式:

$$DP = \frac{\eta UL}{d_f^2}\left[64\alpha^{1.5}(1+56\alpha^3)\right] \qquad (8-12)$$

由式(8-12)计算出的压降小于由式(8-11)计算出的压降,这是因为在理论上不存在滤波器自身的非均匀性。式(8-11)和式(8-12)表明,压降随着纤维直径的增大而增大。

8.1.11　加载效果

固体颗粒经过长时间的过滤后,不会均匀地聚集在过滤器结构的表面。

在纤维过滤器中,收集到的颗粒倾向于形成树突,其本质上是由纤维表面堆叠出的颗粒链。树突经常伸出形成树形结构,当它们变大时,可能会向纤维表面塌陷。树突的存在大大增强了过滤器上的颗粒的收集,但是,它们也会增加过滤器对气流的阻力。随着时间的推移,过滤器的效率和压降都会增加。

艾莫等的实验测量表明,当两个轴在对数尺度上绘制时,反映出单一纤维的效率和压降的函数可以被线性化,而不是过滤器上质量的加载函数。布朗描述了理论和经验的方法,以预测固体颗粒载荷作用的效率变化。希德和 Kadrichu 发现,利用单纤维理论,可以通过假设树突是额外的短纤维添加到过滤体系中,从而对效率和压降的增加进行建模。随着时间的推移,颗粒会堵塞过滤器,导致由于阻力过大而无法通过足够的空气。

与固体颗粒不同,液体颗粒的收集会导致纤维过滤器的效率降低。Mullins 等指出,液体颗粒聚集成纤维表面的液滴,其形状随颗粒成分和纤维材料的不同而发生变化。效率降低的原因可能是液体的存在导致过滤器内扩散效率降低。随着纤维过滤器收集液体颗粒数量的增多,压降随时间的增加而增加。

8.2 常见过滤器的类型

过滤技术不单单被应用于气溶胶测量,还被其他诸多领域所应用。例如,过滤器被用来去除高浓度的气体,如燃烧烟气,防止工业排放物污染环境(Yun K M,2010);制药和微电子行业需要极其清洁的空气,在这些领域中,过滤器可以防止气体环境污染产品;空气过滤器用于保护和延长机器和仪器的寿命,保护汽车发动机,并使光学仪器的玻璃表面保持清洁;过滤器也被用来清除空气中的微粒以促进清洁和保护健康;办公室和家庭的通风系统也使用过滤器,不仅可以清除有害灰尘,而且还可以去除导致疾病的花粉、孢子和其他有机体;在污染地区工作的人可以戴上过滤器,滤除有害微粒,保护健康(Pope III C A,2006)。

8.2.1 气溶胶测量过滤器

在实际应用中,有许多种类的过滤器可供气溶胶取样和分析,适用于多种材料、孔径、收集特征和形状。在过滤器的选择中,需要平衡多方面的需求,其中包括在整个取样运行过程中保持高效率,在过滤器上有一个足够低的压降以允许所需的气流满足取样后分析程序的要求,是否耐高温或耐腐蚀性,保证机械强度、尺寸、可用性和易用性。对过滤材料的选择还须考虑具体使用过程中的化学反应。

根据气溶胶测量过滤器的结构特征进行分类是一种合理的方法(Miguel A F,2003)。用于取样气溶胶颗粒的最常用的过滤器可分为纤维过滤器、薄膜过滤器或毛细管孔过滤器。烧结金属过滤器和颗粒床过滤器被应用于特殊的应用。一些抽样程序包括多孔泡沫过滤器,以符合国际标准化组织、美国政府工业卫生学家会议(ACGIH)和欧洲标准化委员会(CEN)讨论的标准(ISO1995)。

8.2.2 纤维过滤器

纤维过滤器由一层单独的纤维组成,通常是在垂直于气流的过滤器的二维空间中随机定向。一般来说,过滤孔隙率相对较高,介于 0.6~0.99。小于 0.6 的孔隙率通常不存在于纤维过滤器中,因为很难有效地将元件纤维压缩成更小的薄层。纤维的尺寸范围从 1 微米到几百微米不等,过滤器的纤维直径范围通常很宽,但是不乏某些类型的纤维过滤器由相同大小的纤维组成。这些过滤器有时是由黏结材料制成的,将单独的纤维黏合在一起,黏结剂的质量可以达到过滤材料体积的 10%。由于有机黏结剂存在于过滤器中可能产生干扰,一般选择无滤纸过滤器。纤维过滤器所用的材料包括纤维素、玻璃、石英和塑料纤维等。图 8-4 展示了玻璃纤维过滤器的典型显微结构(凝胶型)(Apte J S,2015)。

图 8-4 玻璃纤维过滤器的典型显微结构(凝胶型)

纤维素纤维过滤器曾被广泛用于一般用途的空气取样。沃特曼过滤器在这个类别的过滤器中是比较典型的,价格低廉,大小不一,具有良好的机械强度和

石墨烯膜材料与环保应用

低压降。纤维素纤维过滤器的关键限制因素是水分敏感性和亚微米颗粒的过滤效率相对较低。玻璃纤维过滤器通常比纤维素纤维过滤器有更高的压降,并且为所有的颗粒提供超过 99% 的过滤效率。虽然这类过滤器比纤维素纤维过滤器更贵,但对水分的影响较小。玻璃纤维过滤器广泛应用于高容量空气取样的标准过滤介质(Wang D,2007)。聚四氟乙烯复合玻璃纤维过滤器通过惰性催化和化学转化减少对水分的敏感,克服了玻璃纤维过滤器固有的不足。石英光纤过滤器通常用于高容量的空气取样,痕量污染水平较低,需借助化学分析,如原子吸收、离子色谱和碳分析。该过滤器能够在高温下加热以去除痕量的有机污染物。聚苯乙烯纤维过滤器在有限的范围内用于取样,但机械强度相对较弱。纤维过滤器中使用的其他塑料包括聚氯乙烯和涤纶,适用于高温、腐蚀性环境的特殊应用(Francesca D,2006)。

8.2.3　膜过滤器

由纤维素酯、聚氯乙烯和 PVDF 制成的膜过滤器已用于多种商业用途。

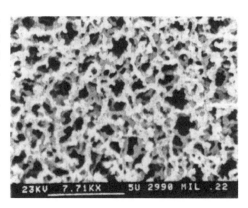

图 8-5　膜过滤器(MIL, 0.22 mm 孔径)的电子显微图

膜过滤器是由胶体溶液形成的凝胶,具有复杂但相对均匀的微观结构,为空气通过提供曲折的路径,允许在过滤器元件表面捕获颗粒。膜过滤器(MIL,0.22 mm 孔径)的电子显微图如图 8-5 所示,显示了过滤器中曲折的流动路径和结构元件。

8.2.4　毛细管孔隙过滤器

毛细管孔隙过滤器由一种聚合物膜组成,通常是聚碳酸酯,但有时使用聚酯纤维,具有均匀的小孔。毛细管孔隙过滤器通常被称为核过滤器,通过将聚合物薄

膜置于中子轰击下加工,之后通过刻
蚀在薄膜中产生均匀的气孔,孔的数
量受轰击时间控制,孔隙大小由刻蚀时
间决定。毛细管孔隙过滤器通常是半
透明的,如图8-6所示,由一个相对光
滑的表面组成,毛细管孔与表面垂直。

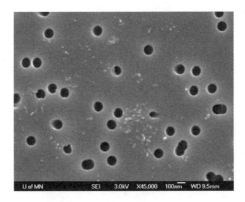

图8-6 毛细管孔隙过滤器(MIL Isoporew 聚碳酸酯,0.1mm孔径)的电子显微图

8.2.5 其他过滤器

烧结金属过滤器是由压缩和加热均匀的球形金属颗粒烧结所制备的。所使用的金属通常是不锈钢,可以生产成各种各样的孔径、厚度和表面尺寸以满足实际过程的需要,这种加工灵活性允许将烧结金属过滤器制造成高效液位。颗粒状或包层状的过滤器通过颗粒状颗粒从气溶胶中收集颗粒,这些颗粒随后通过洗涤、溶解或挥发来恢复。颗粒床气溶胶取样的一个主要优点是可以通过合理选择介质同时收集颗粒和气态污染物,缺点是它们对小颗粒的效率相对较低。

与烧结金属过滤器一样,颗粒床过滤器可以在高温高压下运行,使用花卉、弹力纱线、萘、玻璃、砂、石英、金属等吸附材料的颗粒,颗粒大小一般在200微米到几毫米之间,小颗粒可能被用于更高的收集效率。如图8-7所示,这种类型的过滤器通常由网状结构形成。

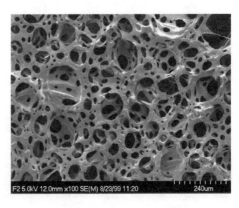

图8-7 多孔泡沫过滤器的电子显微图

8.3 空气过滤器

目前主要有两种商业空气过滤器,即多孔膜过滤器和纤维过滤器(Kim J H,

石墨烯膜材料与环保应用

2005）。空气过滤意味着去除空气中绝大部分的气溶胶颗粒，比空气净化具有更高的标准。在工业过程中，空气净化一般通过旋风分离器、洗涤塔、沉降池和电沉降器等设备实现。这些设备体积较大且对于 10 μm 以下的气溶胶颗粒的过滤效率较低。当需要对粒径在 10 μm 以下的气溶胶颗粒实现高效去除（过滤效率高于 95%）时，纤维型过滤材料是目前最适合的选择，图 8-8 为纤维型过滤材料进行过滤的过程示意图。

图 8-8 纤维型过滤材料进行过滤的过程示意图

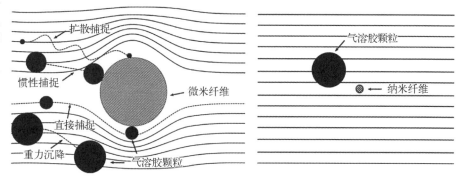

（a）微米纤维在连续流区域过滤的示意图　　　（b）纳米纤维在自由分子流区域过滤的示意图

当使用纤维型过滤材料进行过滤时，纤维、纤维周围的气流场、气溶胶颗粒是构成过滤体系的三个要素，如图 8-8(a)所示。因此，空气过滤是涉及数学、材料学、流体力学、气溶胶科学、环境科学等多个学科的复杂过程。

经典过滤理论对纤维周围的流场以及纤维型过滤材料结构与性能的关系进行了详细研究，这些过滤理论能够与微米纤维的过滤行为很好吻合（Brown R C，1993）。直径更细的纤维被认为具有更优秀的过滤性能，这是因为其在单位体积内具有更长的有效纤维长度或更大的有效外比表面积。更重要的是，当纤维的直径接近空气分子的平均自由程（在标准条件下约为 66 nm）时，纤维周围的流场将为滑移流、转变流，甚至是自由分子流（Zhang S，2006），如图 8-8(b)所示。此时，纤维对气流的扰动减小，气流将更加贴近纤维表面，纤维与气溶胶颗粒之间的接触概率将大大增加。这将有利于降低材料的过滤阻力，同时提高材料的过滤效率。在滑移流至分子流区域，传统的空气过滤理论将不再适用。传统的过滤研究侧重于材料的过滤效率与过滤阻力。陈家镛院士于 1955 年提出用品质因子来衡量材料过滤性能的好坏（Mainelis G，1995），其值为穿透率的负对数与过滤阻力之比，这是目前过滤领域公认的过滤材料性能评价标准。随着气溶胶颗粒在纤维表面的聚集，原有的过滤机理将发生变化，当颗粒在过滤材料表面形成滤饼结构时，过滤阻力将迅速上升，导致过滤材料失效，这对应于过滤材料的使用寿命。过滤材料在具有相同过滤效率与过滤阻力的前提下，不同结构的材料将展现显著不同的使用寿命特性。

一种好的空气过滤材料应具有高过滤效率、低过滤阻力，同时具有高使用寿命，其结构设计的核心在于尽可能避免过滤时气溶胶颗粒在滤料表面的快速聚集。使用纳米纤维是空气过滤领域的发展趋势，对纳米纤维进行合适的结构设计是制备高性能空气过滤材料的关键。近年来，纤维空气滤清器的孔隙率比多孔滤膜更大，然而，为了达到高过滤效率，商业纤维空气过滤器一般都很重，需要高压，因为它们的多层结构通常由粗纤维组成，直径从几微米到几十微米不等，从而导致过滤效率和空气流量之间的相互制约（Tanaka S，2009）。

8.4　过滤理论

过滤效率对颗粒大小、过滤介质特性具有依赖性。下面介绍过滤器收集效率和压降的一些预测方程，帮助理解各种各样的过滤器，以及如何有效地过滤不同尺寸的颗粒。

8.4.1　空气过滤材料的工作原理

空气过滤材料不是筛子，在过滤时并不只是依靠过滤介质之间的孔道。空气过滤材料需要一方面有效地拦截气溶胶颗粒，另一方面又不至于对气流构成太大的阻力。由于气溶胶颗粒粒径为微米级甚至更小，若运用孔道进行过滤，需要构建比气溶胶颗粒更小的微孔结构，这给材料制备带来极大困难，更重要的是,一旦孔道结构被气溶胶颗粒堵塞,会对气流造成巨大阻力。在实际应用中,空气过滤材料一般由杂乱交织的纤维堆砌而成,如图8-9(a)所示。过滤时,纤维对气溶胶颗粒进行捕捉,一般通过纤维与气溶胶颗粒之间的范德瓦尔斯力或者静电力使颗粒沉积在纤维表面[图8-9(b)],而纤维之间的孔隙为气流提供流通通道。因此,性能优异的空气过滤材料一方面需要提高纤维与颗粒之间的相互作用力以获得高过滤效率;另一方面,纤维之间需要具有大孔结构,即纤维之间的孔隙要远大于气溶胶颗粒直径,这样才能保证过滤时过滤材料的孔隙不易被堵塞,从而避免对气流造成过大阻力(Kim C S,2006)。

图8-9 纤维过滤材料的SEM表征

（a）SEM照片　　　　　　　　　（b）过滤后气溶胶颗粒负载在纤维表面的放大图

纤维过滤材料去除气溶胶颗粒的机理为惯性效应、拦截效应、扩散效应、重力沉降或是静电作用力。对于粒径在 $0.5\ \mu m$ 以下的颗粒,重力沉降相比其他机理对过滤的贡献可以忽略不计;而静电作用力只发生在气溶胶颗粒与纤维带电的条件下。在过滤中,前三种机理占主要作用,其作用示意图如图8-10(a)所示。过滤材料中纤维排列复杂,当气流穿过纤维层时,其流线将沿纤维绕行而发生弯曲。粒径较大的颗粒由于惯性较大,来不及随着气流发生绕行而脱离流线,与纤维发生碰撞而被捕捉。对于粒径大于 $1\ \mu m$ 的气溶胶颗粒,惯性效应在过滤时占主导作用。当颗粒粒径减小到 $1\ \mu m$ 以下时,惯性效应减弱,气流在发生绕行时,气溶胶颗粒也随之绕行,当气溶胶颗粒与纤维之间的距离足够近时，由于颗粒与纤维之间的范德瓦尔斯力而被纤维捕捉。当颗粒粒径进一步减小时，由于气体分子热运动对微粒的碰撞而使微粒产生布朗运动。粒子越小，布朗运动越剧烈，扩散效应也就越明显。常温常压下，0.1 μm 的微粒每分钟的扩散距离达到 17 μm，这通常远大于纤维之间的距离，使得颗粒有足够的概率脱离流线并与纤维发生碰撞。研究表明，当颗粒粒径小于 0.1 μm 时，扩散效应的理论值超过 80%，而其他效应的过滤效率趋于 0。对于粒径小于 1 μm 的粒子，扩散效应在过滤时将起到主导作用，这也是纤维过滤能够高效去除亚微米粒子的原因。

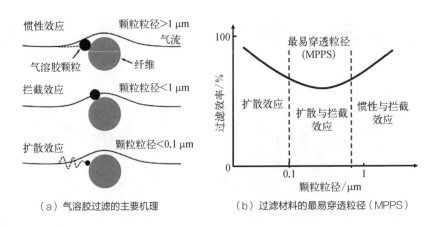

（a）气溶胶过滤的主要机理　　　（b）过滤材料的最易穿透粒径（MPPS）

图 8-10　过滤机理及过滤效率与颗粒粒径的关系

对于不同粒径的气溶胶颗粒，上述三种效应在过滤时发挥作用的比例不同。三种效应的叠加，使得在过滤时出现最易穿透粒径（MPPS）区间，如图 8-10（b）所示。通常认为 MPPS 在 0.1~0.3 μm，在这一范围内，存在效率最低点，该粒径大小附近的气溶胶颗粒最难被过滤。

8.4.2　过滤材料的性能指标

过滤材料最重要的两个性能是过滤效率与过滤阻力。过滤效率是指被过滤材料捕捉的气溶胶颗粒的量与原始气溶胶颗粒量之比。其值可通过下式来表示：$E = (N_{上游} - N_{下游})/N_{上游}$，其中 N 代表气溶胶颗粒的量，其值可以为数量或者质量。此外，穿透率也经常被用于表示过滤效率，穿透率 $P = N_{下游}/N_{上游}$，穿透率越小,代表过滤效率越高(Zanobetti A,2009)。过滤效率一方面与材料的结构密切相关,如纤维直径、形貌、堆积密度、厚度等;另一方面也与气溶胶颗粒粒径大小、过滤气速、环境温度等因素相关。按照不同测试标准得到的过滤效率不同,对材料过滤效率的评价也不相同。欧洲标准采用了最易穿透粒径测试法,被认为是目前最严格的测试过滤效率的方法。一般认为高效空气过滤(HEPA)材料具有对 300 nm 颗粒 99.97% 以上的过滤效率;而超高效空气过滤(ULPA)材料按照欧洲标准应在 MPPS 处具有 99.999% 以上的效率。过滤材料在去除颗粒的同时,也会对气流造成阻力,其值为过滤阻力或阻力降。过滤阻力与使用中的能耗相对应。随着过滤的进行,气溶胶颗粒将在纤维表面不断聚集,占据纤维之间的空间,导致过滤阻力不断上升,称为过滤材料的堵塞效应。通常将过滤材料阻力达到初始阻力两倍时所需的时间定义为过滤材料的使用寿命,此阶段过滤材料表面所积累气溶胶颗粒的质量被称为容尘量。过滤材料的使用寿命以及容尘量与材料结构密切相关。单位横截面积内有效纤维长度(纤维的数量)越多,纤维的有效外比表面积越大,其能够负载的气溶胶颗粒就越多。此外,疏松的结构不易被气溶胶颗粒堵塞,也有利于提高过滤材料的使用寿命以及容尘量。

8.5 静电纺丝

为了实现空气过滤器获得效率高、低压阻的目标,目前主要利用纳米纤维应用于研究气溶胶过滤是由于其高的比表面积和多孔结构,有利于提高过滤效率和降低过滤阻力。此外,理论预测表明,直径小于 200 nm 的纳米纤维会出现明显的滑移效应,与传统的微米级别纤维相比其过滤阻力更低过滤效率更高。目前,静电纺丝已被广泛应用于制备纳米纤维,其结构简单、可控、可伸缩。

8.5.1 静电纺丝原理

静电纺丝是在高压电场作用下的纺丝技术,与传统的纺丝方法截然不同

(Cho D, 2013)。大多数情况下采用溶液纺丝。静电纺丝的工作原理可以参照图 8-11 进行说明，首先将聚合物溶液或溶体置于容器(注射器)中，容器连接有一毛细孔(针头)可导出这类高分子溶液，并将液体与高压发生器的正极相连，在毛细孔对面有一金属收集器，为负极并接地。在适当的条件下，控制纺丝液体的性质及

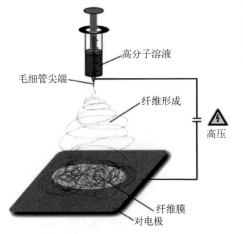

图 8-11　静电纺丝工作原理图

高分子溶液

毛细管尖端

纤维形成

高压

纤维膜

对电极

操作条件，使高分子溶液从毛细孔中流出并形成纺丝射流，在静电力的作用下加速运动并分裂成细流，溶剂在射流运动到收集器过程中挥发或冷却后凝结或固化为微丝，以无纺布的形式沉积在收集器上。从过程的本质上看，与干法溶液纺丝的过程相近，只是其驱动力由机械力改为静电力，因而称其为静电纺丝。松香等加热后会变为黏度较高的流体物质，理论上也可以进行静电纺丝。

电场开启时，由于电场力的作用，纺丝液中不同的离子或分子中具有极性的部分将向不同的方向聚集。由于阳极连接纺丝液，纺丝液的表面应该布满受到阳极排斥作用的阳离子或分子中的缺电子部分，所以纺丝液表面的分子受到指向阴极的电场力。纺丝液的表面张力与纺丝液表面分子受到的电场力的方向相反，当外加的电压所产生的电场力较小时，电场力不足以使纺丝液喷出，这时储液容器(针尖)末端部位原为球形的液滴被拉伸变长。继续加大电压，在外界其他条件一定的情况下，当电压超过某一临界值时，储液容器端部的液滴变为泰勒锥形状，带电的纺丝液克服其表面张力从针尖端部喷出，形成一股带电的喷射流。射流由于受到静电排斥和拉伸作用，加上溶剂的挥发，形成的纤维直径变得很细，最后纤维固化以无序状排列于收集装置上，形成类似非织造布的粗纤维(Wang Na, 2014)。

8.5.2　静电纺丝过程

静电纺丝主要分为三个阶段。第一阶段是喷射细流的产生及其沿直线的初

步拉伸;第二阶段是非轴对称不稳定鞭动的产生使射流进一步拉伸,这一阶段还有可能伴随着一股细流分裂为多股细流;第三阶段是细流干燥固化成亚微米或纳米级纤维。按照传统的观点,射流本身带有高密度的同种电荷,互相排斥,加上对电极的吸引,细流迅速拉伸和分裂,飞向对电极,纤维的最终尺寸由产生的次级细流的数目决定(Du J,2008)。但近期的研究表明,非轴对称不稳定鞭动是射流直径迅速由微米级下降至纳米级的决定因素。较高的电场强度使射流以非常高的频率弯曲、拉伸,产生不稳定鞭动,致使射流直径迅速下降。尽管如此,射流分支使纤维变细的机理并没有排除,由于电场中流体处于不稳定状态,这种现象还是很有可能发生的,一些研究也证实了细流分支的存在(Qiu P,2010)。静电纺丝过程的深入理论分析,涉及数学、物理学、化学等,主要包括静电学、电流体动力学、流变学、空气动力学、固液表面的电荷输运、质量输运和热量传递等,十分复杂。

8.6　GO 纳米纤维滤膜

8.6.1　GO 的基本特性

GO 是石墨烯的氧化物,一般由石墨经强酸氧化而得,其颜色为棕黄色,主要有三种制备 GO 的方法:Brodie 法、Staudenmaier 法和 Hummers 法。其中 Hummers 法制备过程的时效性相对较好而且制备过程也比较安全,是目前最常用的一种(Hummers W S,1958)。采用浓硫酸中的高锰酸钾与石墨粉末经氧化反应之后,得到棕色的在边缘有衍生羧酸基及在平面上主要为酚羟基和环氧基团的石墨薄片,此石墨薄片层可以经超声或高剪切剧烈搅拌剥离为 GO,并在水中形成稳定、浅棕黄色的单层 GO 悬浮液。由于共轭结构受到严重的官能化,GO 薄片具有绝缘的特质。经还原处理可进行部分还原,得到化学修饰的石墨烯薄片。虽然最后得到的石墨烯产物或还原 GO 都具有较多的缺陷,导致其导电性不如原始的石墨烯,不过这个氧化—剥离—还原的制备过程可有效地让不溶的石墨粉末在水中变得可加工,提供了一种制备还原 GO 的途径。而且其制备过程简单,溶液可加工性强,因此,在工业制备过程中,上述工艺已成为极具吸引力的制备石墨烯及其相关功能材料的工艺过程。市面上常见的产品有粉末状的、片状的以及溶液状的。经氧化后,其上含氧官能团增多,从而使其性质较石墨烯更加活泼,可经由各种与含氧官能团的反应来改善性质。

GO 薄片是石墨粉末经化学氧化及剥离后的产物,GO 是单原子层结构,可以在横向尺寸上扩展到数十微米。因此,其结构跨越了一般化学和材料科学的典型尺度(Lee E S,2015)。GO 可视为一种非传统形态的软性材料,具有聚合物、胶体、薄膜,以及两性分子的特性。GO 长期以来被视为亲水性物质,因为其在水中具有优越的分散性,但是,GO 实际上具有双亲性,从石墨烯薄片边缘到中央呈现亲水至疏水的性质分布(Dreyer D R,2010)。GO 可如同界面活性剂一般存在界面,并降低界面间的能量。此外,GO 复合材料包括聚合物类复合材料以及无机物类复合材料,更是具有广泛的应用领域,因此 GO 的表面改性成为另一个研究重点。

8.6.2 高效率、低阻力串珠结构的 GO/聚丙烯腈复合材料

PM 污染已经成为最严重的环境问题之一,对人体的健康有严重危害(Nel A,2005)。开发具有成本效益和节能的空气过滤器是非常必要的。纳米纤维膜由于其高的比表面积和气流在表面的滑移效应被广泛研究。GO/聚丙烯腈(GOPAN)复合纳米纤维膜,具有橄榄状的串珠结构,其孔隙率能够通过调整静电纺丝参数进行调控,从而制备出了孔隙率较高的纳米纤维复合膜。制备的 GOPAN 滤膜经过试验是可以作为空气过滤器滤膜的。纤维之间的橄榄状串珠结构大大降低了纳米纤维膜的阻力。GOPAN 滤膜的 $PM_{2.5}$ 去除效率最高可达到 99.97%,同时空气阻力仅为 8 Pa。GOPAN 复合纳米纤维膜性能的显著提高主要归功于橄榄状串珠结构,具有进一步开发和制造新一代过滤介质的潜力,其过滤能力增强,压降低,可用于空气过滤和其他商业

应用。

　　为实现空气过滤器的高效率、低阻力的目标,研究者已经投入相当大的努力(Tian X,2006),纳米纤维其高的比表面积和多孔结构有利于提高过滤效率和降低对空气的阻力。此外,理论预测表明,直径小于 200 nm 的纳米纤维会出现明显的滑移效应,与传统的微米纤维相比,其空气阻力更低,过滤效率更高。目前,静电纺丝的方法已被广泛应用于制备纳米纤维,其设备结构简单、制备工艺可控、应用范围广泛、成本低。许多高分子量的聚合物,包括聚乙烯吡咯烷酮(Polyvinyl pyrrolidone,PVP)、聚苯乙烯(Polystyrene,PS)、聚乙烯醇、聚丙烯和聚丙烯腈(Liu B,2015),都可通过静电纺丝方法加工成纳米纤维,作为空气过滤器滤膜。聚合物之间的分子极性和疏水性是不同的(PAN、PVP、PS、PVA 和 PP 的重复单元对应的偶极矩分别为 3.6 D、2.3 D、0.7 D、1.2 D 和 0.6 D)(Zhang R,2016),如图 8-12 所示,其中,基于 PAN 的空气过滤器滤膜是非常有前途的,因为 PAN 的偶极矩较大(Liu C,2015)。

图 8-12　不同分子模型和偶极矩

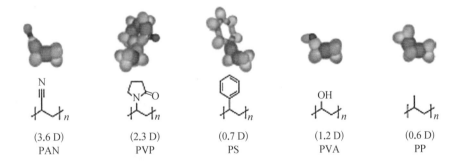

| (3.6 D) | (2.3 D) | (0.7 D) | (1.2 D) | (0.6 D) |
| PAN | PVP | PS | PVA | PP |

　　目前,利用静电纺丝合成有机-无机复合纳米纤维的过程通常包含金属、无机氧化物、半导体材料、CNT 等,这些纳米复合材料拥有几个显著的特征,比如大的比表面积、纳米级尺寸的孔隙率、独特的物理和化学性能、表面功能化设计的灵活性(Li D,2004)。这种复合纳米纤维的优异性能使其成为生物技术、各类纺织品、膜/过滤器、传感器等各种应用领域的潜在候选者(Greiner A,2007;Maze B,2007)。尽管如此,这些材料仍有一些不完美的地方。例如,传统的纤维过滤器由一层或多层纤维随机排列而成,其中纤维与

纤维之间的空间比气溶胶颗粒的尺寸大得多,纤维本身的尺寸也较大,没有很好的表面活性。用 CNT 举例(Premkumar T,2012),把 CNT 组装成均匀的结构是极具挑战性的,因为 CNT 的分散性较差,且容易相互堆叠,在空气过滤过程中产生很大的空气阻力。CNT 之间的孔隙空间通常小于气溶胶颗粒的大小,这意味着 CNT 的空气过滤膜比传统的大纤维过滤膜更容易堵塞(Peng L,2014)。

GO 具有丰富的表面官能团和较大的比表面积,可以均匀地分散在各种有机溶剂中(Dreyer D R,2009)。有些研究者将 GO 和聚合物材料分散在极性有机溶剂中,如 N-甲基吡咯烷酮或 N,N-二甲基甲酰胺(DMF),通过简单的静电纺丝法合成复合膜用于油水分离的研究(Miguel A,2013)。此外,GO 还具有较高的力学性能和导电性,因此,在聚合物复合材料中受到广泛的应用(Zhu Y W,2010;Rafiq R,2010)。GO 具有丰富的表面官能团和较大的比表面积这一特点,对 $PM_{2.5}$ 捕获效率的提升会起到很大的作用。此外,在静电纺丝前驱液中加入GO,有利于促进 PAN 在静电纺丝过程中的拉伸,使高分子重新排列,进而提高其结晶度、密度和力学性能(Park J H,2011)。因此,通过加入 GO 将 PAN 空气过滤膜制备成高孔隙结构,大大降低了原有过滤膜的空气阻力(Wang C,2007)。值得注意的是,用 GO 功能化的 PAN 静电纺丝纳米纤维膜用于空气过滤的研究报道很少。

基于此,设计了一种结构像橄榄状串珠的 GOPAN 复合纤维滤膜,并探索了其在空气过滤领域中的应用。其制备方法是在静电纺丝接收器上先覆盖一层锡箔纸,再将无纺布置于其上,并以无纺布作为接收基底,如图 8-13(a)所示,先将 GO 通过超声和搅拌均匀地分散在 PAN 前驱液中,然后通过静电纺丝技术制备了一种具有橄榄状串珠结构的 GOPAN 复合纤维滤膜,并对其过滤性能进行了系统研究。GOPAN 复合纤维滤膜由于 GO 的修饰拥有丰富的表面官能团,橄榄状串珠结构给滤膜提供了较高的孔隙率,因此该种复合滤膜较已有的 PAN 滤膜和商业用微米级纤维空气滤膜,表现出优异的过滤性能,过滤效率更高并且空气压阻低。图 8-13(b)是实验中所使用的静电纺丝设备的实物照片。图8-13(c)和图 8-13(d)分别是 GOPAN 复合纤

图8-13 GOPAN
复合纤维滤膜的制
备过程及微结构
表征

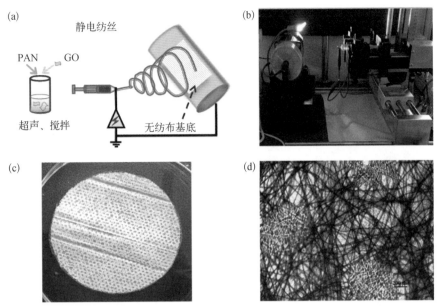

（a）静电纺丝法制备GOPAN复合纤维滤膜的过程示意图；（b）实验中所使用的静电纺丝设备的实物照片；GOPAN复合纤维滤膜的（c）实物照片和（d）光学显微镜图像

维滤膜的实物照片和在光学显微镜图像，从图中可以清楚地观察到纤维的
结构。

　　图8-14说明了 PAN 纳米纤维膜和 GOPAN 复合纳米纤维膜结构的不同。
虽然这两种滤膜都是由纳米纤维组成的，但由于加入了 GO，GOPAN 复合纳米
纤维膜的表面变得更加粗糙，形成了橄榄状的串珠结构。一般来说，纤维过滤膜
由松散的单根纤维填充组成，每根纤维的排列方式倾向于与气体流动方向一致
（Wang C S，2011）。现有空气过滤的理论是建立在对孤立纤维周围气场和细小
颗粒物在其周围被捕获的机制。

图8-14 PAN 纳
米纤维膜和GOPAN
复合纳米纤维膜的
结构示意图

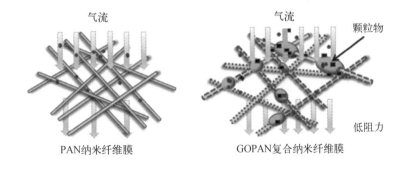

图 8-15 是 GOPAN 复合纳米纤维膜中的单根纤维周围的气体流动场示意图，描述了气体的流动方向，由于纤维的高比表面积和气流在纤维表面的滑移效应形成很低的空气阻力（Choi J，2010）。同时，GOPAN 中的橄榄状串珠结构使纤维与纤维间具有更大的孔隙率，可进一步降低过滤过程中的空气阻力，实现较低的压降。

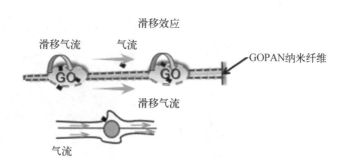

图 8-15 GOPAN 复合纳米纤维膜中的单根纤维周围的气体流动场示意图

进一步研究 GO 的加入量与橄榄状串珠结构的演化关系。图 8-16 显示了采用不同添加量的 GO、相同静电纺丝工艺参数制备的 PAN 纳米纤维膜和 GOPAN 复合纳米纤维膜的形貌差异。GOPAN 复合纳米纤维膜中 GO 的添加量分别为 0.25 mg、0.5 mg、2 mg 和 5 mg，并将其分别命名为 025GOPAN、05GOPAN、2GOPAN 和 5GOPAN。如图 8-16 所示，随着 GO 在前驱液中加入的比例增多，橄榄状串珠结构从没有到逐渐出现，并且橄榄状串珠的数量也由少变多。从图 8-16 的 SEM 图中可以清楚地看出，PAN 纳米纤维均匀，表面光滑，直径约为 300 nm。相反地，025GOPAN 纳米纤维由于添加了 GO 表面变得粗糙。与此同时，纳米纤维直径略有下降，平均纤维直径为 280 nm，这是由于溶液的电导率增加，电场力增强所致。当 GO 的加入量从 0.5 mg 增加到 5 mg 时，纤

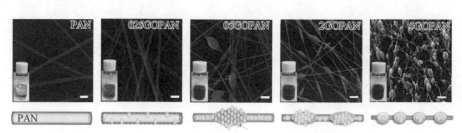

图 8-16 PAN 纳米纤维膜和 GOPAN 复合纳米纤维膜的 SEM 图（标尺：1 μm）

石墨烯膜材料与环保应用

维的平均直径从 200 nm 降低到 90 nm,橄榄状串珠的数量增加。从图中可以看出,2GOPAN 纳米纤维的橄榄状串珠变得越来越小并且数量增多。此外,5GOPAN 纳米纤维展示出更光滑更大的橄榄状串珠结构,该结构被认为有更多的 GO 包裹在 PAN 纳米纤维上。

下面提出 GOPAN 复合纳米材料橄榄状串珠结构形成的可能机理。众所周知,静电纺丝溶液的黏度、表面张力和电导率,对制备的纤维直径有明显的影响。已有理论表明溶液具有较小的表面张力、较低的黏度和较高的电导率,有利于产生更细的纤维结构。如表 8-1 所示,表面张力随 GO 量的增加而降低,而黏度和电导率是先下降然后上升,总体趋势是形成较细的纤维,该实验结果与理论相符合,实验上纤维的平均直径变化如图 8-16 所示。由于前驱液中 GO 和 PAN 的分布不均,在静电纺丝过程中,在 PAN 纳米纤维表面出现了橄榄状串珠结构。

表 8-1　静电纺丝溶液的几种特征参数

	PAN	025GOPAN	05GOPAN	2GOPAN	5GOPAN
材料	1 g PAN 10 mL DMF	1 g PAN 10 mL DMF 0.25 mg GO	1 g PAN 10 mL DMF 0.5 mg GO	1 g PAN 10 mL DMF 2 mg GO	1 g PAN 10 mL DMF 5 mg GO
黏度 /(mPa·s)	698±2	424±1	440±2	520±3	635±5
电导率 /(μS/cm)	120.8±0.1	116.8±0.2	119.7±0.1	123.1±0.3	124.5±0.1
表面张力 /(mN/m)	35.6±0.05	33.82±0.14	33.11±0.02	31.69±0.05	31.13±0.04

如图 8-17(a)(b)所示,一些纤维处 GO 的含量较高,附着在纤维表面橄榄状串珠结构的外围。纳米纤维被 GO 覆盖,这与 SEM 观察的结果一致。从图 8-16 可以看出,纯 PAN 纳米纤维表面光滑,直径约为 300 nm。相比之下,如图 8-17(c)(d)所示,虽然静电纺丝实验条件相同,但由于加入 GO 纳米薄片,使得复合纳米纤维表面变得粗糙。一些二维薄片被拉伸并包裹在纳米纤维表面上。如图 8-17(e)所示,通过对 05GOPAN 纳米纤维边缘的直接观察,确定了 GO 在 05GOPAN 纳米纤维表面上的包覆。选区电子衍射(SAED)表征[图 8-17(e)中右下角内插图]显示了模糊的衍射斑点,表明了 GO 的存在。

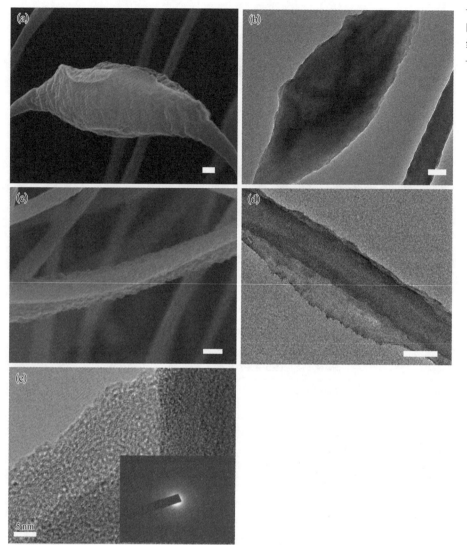

图 8-17 05GOPAN
纤维的形貌表征图

纤维表面橄榄状串珠结构的（a）SEM 和（b）TEM 图；纳米纤维的整体（c）SEM 和（d）TEM 图；（e）05GOPAN 纳米纤维的 HRTEM 图像和相应的 SAED 表征（内插图）；其中 SEM 图的标尺为 200 nm

　　此外，通过测定 PAN 纳米纤维膜和 GOPAN 复合纳米纤维膜的水接触角，考查了两种膜的亲水性。结果表明，PAN 纳米纤维膜具有疏水性，而 GOPAN 复合纳米纤维膜具有亲水性。这种差异可能是由于 GO 在表面的包覆引起的，因为 GO 本身含有丰富的亲水官能团，对比效果如图 8-18 所示。

　　通过拉曼光谱表征，进一步证明了 GO 存在于 GOPAN 复合纳米纤维膜中。

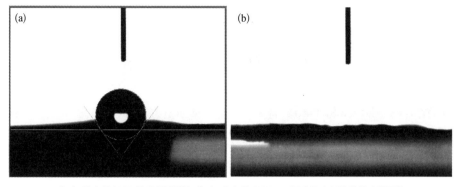

图 8-18 亲疏水
表征

（a）疏水的 PAN 纳米纤维膜和（b）亲水的 GOPAN 复合纳米纤维膜的光学图像

拉曼光谱是常用的非破坏性地表征石墨烯及其衍生物结构的方法。GOPAN 复合纳米纤维膜的拉曼光谱如图 8-19 所示，展现出了两个强峰（D 峰和 G 峰），D 峰波数位置约为 1 342 cm^{-1}，G 峰波数位置约为 1 598 cm^{-1}。D 峰是由于碳原子边缘或结构缺陷破坏了选择性规则和对称性引起的，而 G 峰则可归因于 sp^2 碳域的一阶散射（Xu J，2016）。

图 8-19 GOPAN
复合纳米纤维膜的
拉曼光谱

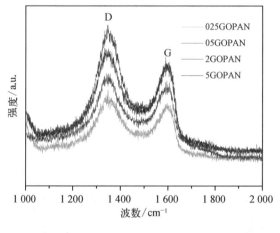

此外，利用 FTIR 表征了纯的 PAN 纳米纤维膜和 GOPAN 复合纳米纤维膜的表面组成。FTIR 分析揭示了复合纳米纤维膜中的 GO 纳米片和 PAN 纳米纤维之间的关系。图 8-20 显示了 GO、PAN 纳米纤维和 GOPAN 复合纳米纤维的 FTIR 光谱图。氧化石墨烯的光谱显示了多

图 8-20 GO、
PAN 纳米纤维和
GOPAN 复合纳米
纤维的 FTIR 光
谱图

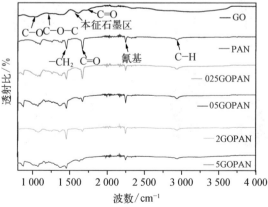

个峰位。从图谱中观察到的特征峰位 3 450 cm^{-1}、1 730 cm^{-1}、1 610 cm^{-1}、1 210 cm^{-1} 和 1 020 cm^{-1} 分别对应羟基拉伸振动、羰基拉伸振动(Kakida H,1996)、重叠的振动响应和本征石墨区、C—O—C 组织结构的振动峰。GOPAN 复合纳米纤维的特征峰位于 2 240 cm^{-1}、1 660 cm^{-1}、1 445 cm^{-1},对应于碳氮键和脂肪族 C—H 的存在(Stankovich S,2006)。高强度峰是羰基伸缩振动峰位 1 730 cm^{-1}。一般认为,基面内存在羟基,羰基位于 GO 的边缘(Maze B,2007)。FTIR 的结果显示,将 GO 加入前驱液来制备复合纳米纤维膜的过程中未发现新的化学键。

飞行时间二次离子质谱(Time of Flight Secondary Ion Mass Spectrometry, TOF‐SIMS)可以在常规的亚微米空间分辨率下,将被测样品轰击出低质量(<500)离子碎片进行映射(Ostrowski S G,2004)。TOF‐SIMS 可以用来识别和区分 PAN 纳米纤维和 GOPAN 复合纳米纤维的分子轰击产生的离子碎片,以进行不同产物的对比。如图 8‐21 所示,CO$_2$H 和 C$_3$H$_2$N‐峰的离子碎片分别在 GO 和

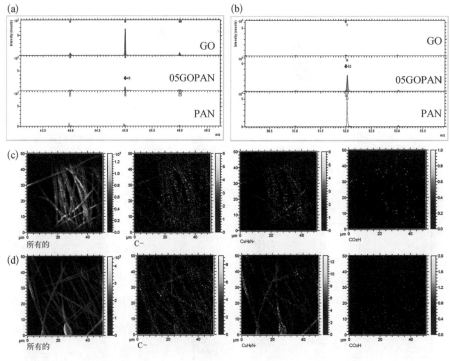

图 8‐21 GO、PAN 和 05GOPAN 的 TOF‐SIMS 表征

(a)(b) TOF‐SIMS 光谱;(c)(d) 50 μm×50 μm 尺寸的二维 PAN 纳米纤维膜和 05GOPAN 复合纳米纤维膜的 TOF‐SIMS 图像

PAN 中被检测到。但在 GOPAN 复合纳米纤维中存在两个离子碎片段峰。TOF-SIMS 所成像的空间分辨率清楚地显示了 PAN 纳米纤维和 GOPAN 复合纳米纤维各组成部分的结构和相应的分布情况。从拉曼光谱、SEM 和 TEM 的研究结果来看，GO 可能在复合纳米纤维的表面和周围局部堆集形成橄榄状串珠结构。

图 8-22 PAN 纳米纤维膜和 GOPAN 复合纳米纤维膜的孔径分布

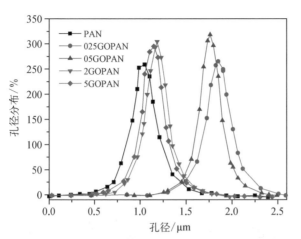

孔隙率是探索橄榄状串珠 GOPAN 复合纳米纤维膜结构过滤性能的一个重要因素（Yang Y, 2016）。如图 8-22 所示，几种加入不同量的 GO 的滤膜均显示出一个相对狭窄的孔隙大小，分布范围在 0.5 μm～2.5 μm，这证实了复合纳米纤维膜表现出均匀的孔隙分布。025GOPAN、05GOPAN、2GOPAN 和 5GOPAN 复合纳米纤维膜的平均孔隙尺寸分别为 1.83 μm、1.76 μm、1.23 μm 和 1.19 μm，都大于纯 PAN 纳米纤维膜的 1 μm 孔隙尺寸。这一结果证实了橄榄状串珠结构增加了纳米纤维与纤维之间的距离，从而导致纤维间空隙增大。孔隙率大小的分布也是呈现先逐渐增加后缩小的趋势，与橄榄状串珠数量先变多后来变大、串珠间纤维变细的趋势相吻合。

图 8-23 GOPAN 过滤器的演示，将 PM 从室外（右边的瓶子）吹入并进行密闭处理

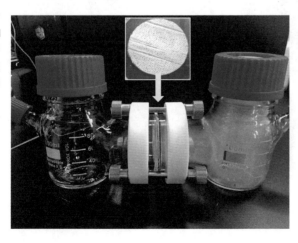

为了优化 GOPAN 复合纳米纤维膜的结构和过滤性能，制造更好的空气过滤介质，进一步研究了不同比例的 GOPAN 纳米纤维制备的滤膜的性能。如图 8-23 所示，经研究发现，当右边瓶子中含有大量的碳烟颗粒物（PM）时，

GOPAN 复合纳米纤维膜可以有效地阻止碳烟颗粒物从右边的瓶扩散到左边的瓶中。60 min 后，碳烟颗粒物仍然在右边的瓶子里，左边的瓶子保持透明，此实验宏观展示了 05GOPAN 复合纳米纤维膜阻挡小颗粒扩散的能力。

图 8 - 24(a)和图 8 - 24(c)分别显示了实验中所用过滤测试系统的示意图和过滤 60 min 后滤膜的形貌。05GOPAN 复合纳米纤维膜对 PM 过滤前后的 SEM 图

图 8 - 24　形貌表征图

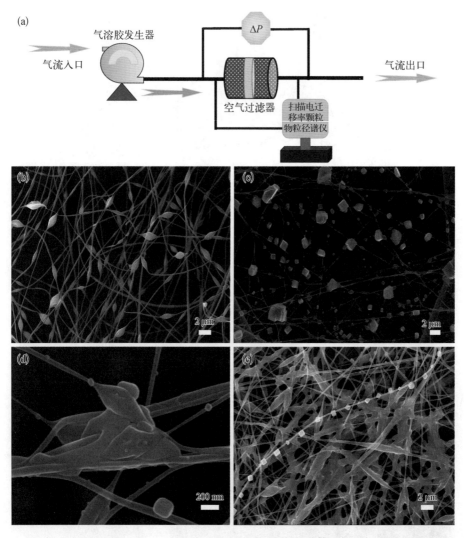

（a）过滤测试系统示意图；（b）（c）过滤 PM 前和过滤 PM 后的 05GOPAN 复合纳米纤维膜的 SEM 图像；（d）橄榄状串珠结构的过滤细节 SEM 图像；（e）05GOPAN 复合纳米纤维膜在 60 min 后捕获测试后的 SEM 图像

　石墨烯膜材料与环保应用

像如图 8-24(b)(c)所示,从图 8-24 中可以清晰地看出 05GOPAN 复合纳米纤维膜的橄榄状串珠结构上 PM$_{2.5}$ 被有效捕获。橄榄状串珠结构的过滤细节如图 8-24(d)所示。在初始过滤阶段,由于 GO 表面丰富的官能团和较大的比表面积,一些 PM 被捕获并附着在橄榄状串珠上。随着过滤时间的增加,更多的 PM 聚集并紧密地粘在纳米纤维上。在 60 min 的过滤时间内,PM 与纳米纤维纠缠在一起,覆盖整个表面,形成 GOPAN 复合纳米纤维膜上的 PM 过滤层[图8-24(e)]。

基于 GOPAN 复合纳米纤维膜的空气过滤器对 PM$_{2.5}$ 的采集表现出优越的过滤性能。为了研究在一个真实的 PM 环境下 GOPAN 复合纳米纤维膜的工作效率,在北京室外用 GOPAN 复合纳米纤维膜制作的过滤器进行过滤效果的评估,图 8-25(a)是实验所使用的测试设备。在测试当天,PM$_{2.5}$ 达到了相当高的浓度,当 PM$_{2.5}$ 指数大于 300 时,与所规定的标准相比较已是相当高的危害程度。过滤器测试系统的照片和原理图如图 8-25 所示,分别对不放置任何滤膜和放置 GOPAN 复合纳米纤维膜进行压降(p)的测试,以不放置过滤膜时的气压值作为基准,从而进行了定量分析,测量了 GOPAN 复合纳米纤维膜对空气的阻力,从而确定 GOPAN 复合纳米纤维膜的压降大小。

图 8-25　过滤试验装置的照片

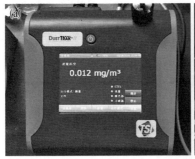

首先研究了 PAN 纳米纤维膜和 GOPAN 复合纳米纤维膜对 PM$_{2.5}$ 的过滤效率、压降。图 8-26 显示了纯 PAN 纳米纤维膜与加入不同量的 GO 制备的 GOPAN 复合纳米纤维膜对 PM$_{2.5}$ 的过滤效率和压降的比较,GO 的加入显著提高了纯 PAN 纳米纤维膜的过滤性能。05GOPAN 复合纳米纤维膜对 PM$_{2.5}$ 过滤效率明显高于其他 GOPAN 复合纳米纤维膜和纯 PAN 纳米纤维膜。此外,不同添加量 GO 修饰的 GOPAN 复合纳米纤维膜和纯 PAN 纳米纤维膜相比,

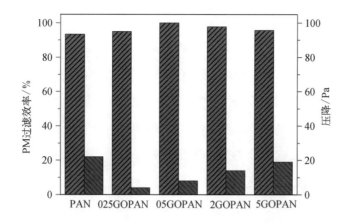

图8-26 纯PAN
纳米纤维膜与加入
不同量的 GO 制备
的 GOPAN 复合纳
米纤维膜对 $PM_{2.5}$
的过滤效率和压降
的比较

05GOPAN 复合纳米纤维膜的压降较低。05GOPAN 复合纳米纤维膜的压降为
8 Pa，$PM_{2.5}$ 过滤效率为 99.97%，明显优于纯 PAN 纳米纤维膜的 22 Pa 的压降和
93.36% 的 $PM_{2.5}$ 过滤效率。在过滤试验中采用的气流，流经膜表面的速度为
5.31 cm/s。空气过滤器的低压降意味着低空气阻力和低能耗。

其次，研究了 PAN 纳米纤维膜和 GOPAN 复合纳米纤维膜的过滤性能随时
间的变化。图 8-27 显示了 PAN 纳米纤维膜和 GOPAN 复合纳米纤维膜的
$PM_{2.5}$ 去除效率随时间的变化趋势。在测试 60 min 后，PAN 纳米纤维膜和
GOPAN 复合纳米纤维膜仍然保持了高的 $PM_{2.5}$ 去除效率，分别为 93%～95% 和
99.98%。高孔隙率、小孔径、最优表面化学特性使 GOPAN 复合纳米纤维膜具有
较低的空气阻力和较高的 $PM_{2.5}$ 去除效率。

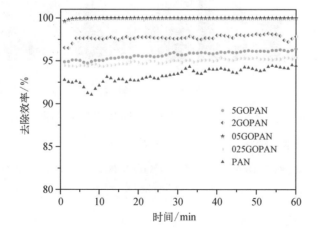

图8-27 PAN 纳
米纤维膜和 GOPAN
复合纳米纤维膜的
$PM_{2.5}$ 去除效率随
时间的变化趋势

最后,研究了 PAN 纳米纤维膜和 GOPAN 复合纳米纤维膜的品质因子。将高的过滤效率与低的压降相结合,GOPAN 复合纳米纤维膜的品质因子(QF)比 PAN 纳米纤维膜高得多。QF 被定义为 $-\ln(1-E)/p$,其中,E 是过滤效率,p 是工作压降,QF 通常被用于评估过滤膜的整体过滤性能,如图 8-28 和表 8-2 所示。

图 8-28 PAN 纳米纤维膜和 GOPAN 复合纳米纤维膜的品质因子比较

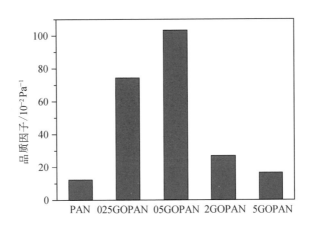

在高过滤效率和低压降的同时,GOPAN 复合纳米纤维膜比 PAN 纳米纤维膜要轻得多。如图 8-29 所示,5GOPAN 复合纳米纤维膜的质量小于 $0.25\ \text{g}/\text{m}^2$。特别地,05GOPAN 复合纳米纤维膜的质量很轻,为 $0.35\ \text{g}/\text{m}^2$,并且具有很高的过滤效率和较低的压降,但 PAN 纳米纤维膜的质量是 $0.56\ \text{g}/\text{m}^2$。在图 8-29 中,将文献中所报道的和研究的 GOPAN 系列过滤膜的过滤效率和压降进行了比较,如 PAN、nylon56、PSU、PI 和 BAT-2,图中数据表明 05GOPAN 复合纳米纤维膜的性能最好。

表 8-2 不同添加量 GO 的复合纳米纤维膜的性能,以及 PAN 纳米纤维膜的参数的比较

样 品	PAN	025GOPAN	05GOPAN	2GOPAN	5GOPAN
E /%	93.36	94.91	99.97	97.70	95.69
Δp /Pa	22	4	8	14	19
QF /Pa^{-1}	0.123 3	0.744 1	1.032 7	0.269 7	0.165 5

静电纺丝法制备的 05GOPAN 复合纳米纤维膜应用在口罩中的过滤层,以此来作为一种应用展示。口罩的制备流程如图 8-30 所示。该口罩由三层结构

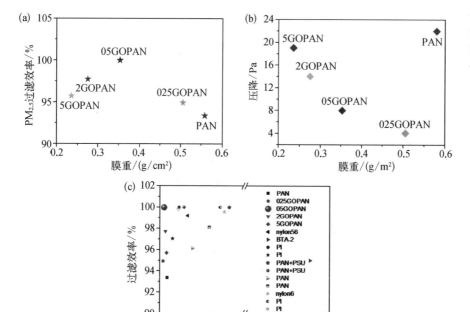

图 8-29 空气滤膜的性能表征图

（a）（b）PM₂.₅过滤效率和压降与 GOPAN 空气过滤膜的质量的关系图；（c）不同膜的过滤效率和压降的比较，如 PAN 与 PSU，PI，PAN，nylon56，BAT-2 和 nylon6

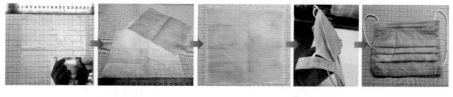

图 8-30 用 05GOPAN 复合纳米纤维膜作为中间核心过滤层的口罩的制备工艺照片

组成，其中以 05GOPAN 复合纳米纤维膜（15 cm×13 cm）为中间核心过滤层，医用无纺布为上下层，构成三明治夹层结构。

图 8-31 显示的是在重度污染的环境中，口罩分别佩戴了 5 min、15 min、30 min、60 min 后的过滤层效果照片（PM₂.₅指标＝248）。与无纺布的过滤膜相比，GOPAN 复合纳米纤维膜吸附的污染物随着过滤时间的增加而增加。SEM 图进一步证实了 GOPAN 复合纳米纤维膜的优良过滤性能。

该工作采用静电纺丝制备了一种新型的低压降、高过滤性能的 GOPAN 复合纳米纤维膜。无纺布作为基底纤维可以收集直径较大的颗粒物，GOPAN 复合

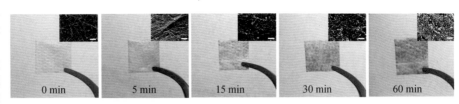

图 8 - 31 过滤不同时间后，05GOPAN 复合纳米纤维膜的实物照片和对应的 SEM 表面形貌表征，SEM 图像的标尺为 5 μm

纳米纤维膜对细小颗粒进行过滤，将两者结合实现了分级过滤，从而提升了过滤效率。GOPAN 复合纳米纤维膜的橄榄状串珠结构增加了纤维间的距离，增大了孔隙率，纤维本身尺寸低于 200 nm，气流经过时伴有滑移效应的产生，从而降低了过滤时的阻力压降。与此同时，GOPAN 复合纳米纤维膜的橄榄状串珠结构拥有高比表面积和丰富的表面官能团，对颗粒物的捕获也有更好的效果，从而提高了 GOPAN 复合纳米纤维膜的过滤效率。05GOPAN 复合纳米纤维膜对 PM$_{2.5}$ 的过滤效率为 99.97%，压降为 8 Pa，该压降数值明显低于其他过滤效率较高的滤膜。所制备的低压降、高过滤效率的 GOPAN 复合纳米纤维膜在捕获亚微米颗粒上的过滤性能有很大幅度的提升。

参考文献

[1] Stechkina I B，Kirsch A A，Fuchs N A. Studies on fibrous aerosol filters. IV. Calculation of aerosol deposition in model filters in the range of maximum penetration[J]. The Annals of Occupational Hygiene，1969，12(1)：1 - 8.

[2] Mainelis G，Willeke K，Baron P，et al. Induction charging and electrostatic classification of micrometer-size particles for investigating the electrobiological properties of airborne microorganisms[J]. Aerosol Science and Technology，2002，36(4)：479 - 491.

[3] Martin S B，Moyer E S. Electrostatic respirator filter media：Filter efficiency and most penetrating particle size effects[J]. Applied Occupational and Environment Hygiene，2000，15(8)：609 - 617.

[4] Mullins B J，Braddock R D，Agranovski I E. Particle capture processes and evaporation on a microscopic scale in wet filters[J]. Journal of Colloid and Interface Science，2004，279(1)：213 - 227.

[5] Kaveh R，Shariatinia Z，Arefazar A. Improvement of polyacrylonitrile ultrafiltration membranes' properties using decane-functionalized reduced

graphene oxide nanoparticles[J]. Water Science and Technology Water Supply, 2016, 16(5): 1378 - 1387.

[6] Zhang J Q, Xue Q Z, Pan X L, et al. Graphene oxide/polyacrylonitrile fiber hierarchical-structured membrane for ultra-fast microfiltration of oil-water emulsion[J]. Chemical Engineering Journal, 2017, 307: 643 - 649.

[7] Chien A T, Liu H C, Newcomb B A, et al. Polyacrylonitrile fibers containing graphene oxide nanoribbons[J]. ACS Applied Materials and Interfaces, 2015, 7 (9): 5281 - 5288.

[8] Zhang S C, Liu H, Yin X, et al. Anti-deformed polyacrylonitrile /polysulfone composite membrane with binary structures for effective air filtration[J]. ACS Applied Materials and Interfaces, 2016, 8(12): 8086 - 8095.

[9] Weiss D, Skrybeck D, Misslitz H, et al. Tailoring supramolecular nanofibers for air filtration applications[J]. ACS Applied Materials and Interfaces, 2016, 8(23): 14885 - 14892.

[10] Li X Q, Wang N, Fan G, et al. Electreted polyetherimide-silica fibrous membranes for enhanced filtration of fine particles[J]. Journal of Colloid and Interface Science, 2015, 439: 12 - 20.

[11] Wang X F, Ding B, Sun G, et al. Electro-spinning /netting: A strategy for the fabrication of three-dimensional polymer nano-fiber/nets[J]. Progress in Materials Science, 2013, 58(8), 1173 - 1243.

[12] Wang X F, Ding B, Yu J Y, et al. Engineering biomimetic superhydrophobic surfaces of electrospun nanomaterials[J]. Nanotoday, 2011, 6(5): 510 - 530.

[13] 向晓东.烟尘纤维过滤理论、技术及应用[M].北京: 冶金工业出版社,2007.

[14] Zhang Q, Welch J, Park H, et al. Improvement in nanofiber filtration by multiple thin layers of nanofiber mats[J]. Journal of Aerosol Science, 2010, 41 (2): 230 - 236.

[15] Shou D H, Ye L, Fan J T. Gas transport properties of electrospun polymer nanofibers[J]. Polymer, 2014, 55(14): 3149 - 3155.

[16] Leung W F, Hung C H, Yuen P T. Effect of face velocity, nanofiber packing density and thickness on filtration performance of filters with nanofibers coated on a substrate[J]. Separation and Purification Technology, 2010, 71(1): 30 - 37.

[17] Przekop R, Gradoń L. Effect of particle and fiber size on the morphology of deposits in fibrous filters[J]. International Journal for Numerical Methods in Fluids, 2014, 76(10): 779 - 788.

[18] Wang X R, Si Y, Wang X F, et al. Tuning hierarchically aligned structures for high-strength PMIA - MWCNT hybrid nanofibers[J]. Nanoscale, 2012, 5(3): 886 - 889.

[19] Ren T, Si Y, Yang J M, et al. Polyacrylonitrile /polybenzoxazine-based Fe_3O_4@ carbon nanofibers: hierarchical porous structure and magnetic adsorption property [J]. Journal of Materials Chemistry, 2012, 22(31): 15919 - 15927.

[20] Cho B M, Nam Y S, Cheon J Y, et al. Residual charge and filtration efficiency of polycarbonate fibrous membranes prepared by electrospinning[J]. Journal of Applied Polymer Science, 2015, 132(1): 41340.

[21] Wang C S. Electrostatic forces in fibrous filters — a review[J]. Powder Technology, 2001, 118(1-2): 166-170.

[22] Li P, Wang C Y, Zhang Y Y, et al. Air filtration in the free molecular flow regime: a review of high-efficiency particulate air filters based on carbon nanotubes[J]. Small, 2014, 10(22): 4543-4561.

[23] Mikheev A Y, Shlyapnikov Y M, Kanev I L, et al. Filtering and optical properties of free standing electrospun nanomats from nylon - 4, 6[J]. European Polymer Journal, 2016, 75: 317-328.

[24] Dominici F, Peng R D, Bell M L, et al. Fine particulate air pollution and hospital admission for cardiovascular and respiratory diseases[J]. JAMA: the journal of the American Medical Association, 2006, 295(10): 1127-1134.

第 9 章

石墨烯在个体防护
领域的应用

自 2003 年大规模暴发"非典型性肺炎"以来,人们对流感病毒的防护意识逐渐增强,防护用品特别是口罩的使用引起人们的重视,尤其是在特殊环境中工作的人员,口罩更是一件必不可少的防护工具。当前,中国大气污染形势严峻。城市大气环境中总悬浮颗粒物浓度普遍超标,二氧化硫污染一直处于较高水平,机动车尾气污染物排放总量逐年迅速增加,氮氧化物污染呈加重趋势。

悬浮颗粒物按粒径分类主要有 PM_{10}、$PM_{2.5}$、$PM_{0.1}$,其中 $PM_{2.5}$ 含量是国际通用于观测城市大气颗粒物的常用指标。$PM_{2.5}$ 是指大气中直径小于或等于 $2.5~\mu m$ 的颗粒物,也称为可入肺颗粒物,其直径还不到人的头发丝粗细的 $1/20$。虽然 $PM_{2.5}$ 只是地球大气成分中含量很少的组分,但它对空气质量和能见度等有重要的影响。与较粗的大气颗粒物相比,$PM_{2.5}$ 粒径小,富含大量的有毒、有害物质且在大气中的停留时间长、输送距离远,因而对人体健康和大气环境质量的影响更大。长期在空气质量较差的环境中生活和工作,不仅会引起呼吸功能下降、呼吸道症状加重,还会导致慢性支气管炎、支气管哮喘、肺气肿等疾病,严重的还会导致肺癌、鼻咽癌患病率的增加。因此,预防吸入悬浮颗粒物刻不容缓。

在个人防护 $PM_{2.5}$ 方面,最有效的手段当属佩戴口罩,而口罩的主要功能部件是滤片。市面上的滤片主要强调的是过滤功能,过滤效果参差不齐。此外,滤片即使阻挡了空气中的 $PM_{2.5}$ 颗粒物,被过滤的颗粒和细菌容易附着在口罩滤片上贴近口鼻的部位,造成细菌的滋生,形成二次污染,它们可能通过口罩滤片渗透进入人体,对人体造成危害,不符合卫生的要求。而市场上单纯的杀菌口罩,又存在过滤效果差的问题。因此,确有必要提供一种既能很好地过滤颗粒物,同时又兼顾抗菌功能的滤片。

9.1　石墨烯口罩

石墨烯作为新一代的导电材料，是已知的世上最薄、最坚硬的纳米材料，常温下具有非同寻常的导电性能。氧化石墨烯（GO）为氧化物材料，能隙宽度小于二氧化钛光触媒，在可见光条件下，电子具有还原性，空穴具有氧化性，而空穴与半导体氧化物的表面 OH^- 反应生成氧化性很高的 $OH\cdot$，电子则和氧分子结合成超氧离子（O^{2-}）。活泼的自由基可将有机物氧化成无害的物质，故具有分解有机物、细菌细胞膜、固化病毒蛋白质及污染防治、杀菌和除臭功能。

目前，市面上的口罩实用性简单、功能简单、过滤效果较差。使用人员发现满足防护效果好且透气性好的口罩并不存在，需要大力研发。现有多种样式的石墨烯口罩已经在市场流通，如将石墨烯功能层加入口罩中，口罩滤片设计为多层结构，纺粘无纺布放在最上面作纤维面层，为了更贴合皮肤最内层采用纺粘无纺布作为纤维内层，中间层采用驻极处理后的熔喷无纺布，内层、面层与中间层的夹层为滤片功能层。面层用于过滤大的粉尘颗粒，熔喷无纺布层带永久性静电，可以吸附部分小颗粒，滤片功能层是过滤的关键层。

此外，还有石墨烯多功能的空调口罩，将电源线加入滤层，导电发热，并且石墨烯发热片发出的远红外光热波对 $PM_{2.5}$ 有一定的排斥作用，减少其被吸入口中，保持口罩的干燥度防止细菌及除味。还有将 GO 加入纺丝的前驱液中，采用静电纺丝方法，改变高分子纤维织物本身的结构特点，如串珠结构，利用 GO 表面丰富的官能团和分子滑移效应可以在降低空气压降的同时依然获得很高的 $PM_{2.5}$ 的过滤效率，用该滤膜做的口罩，佩戴舒适。还有利用石墨烯片搭接形成的三维网状层次孔结构，三维网状层次孔结构包括随机分布的大孔、中孔和小孔，均匀分布的中孔和小孔可以实现对超细颗粒的精准拦截，而大孔的存在可以保证气流的顺畅流动，有效降低了拦截气阻，提高了拦截效率。

军用滤毒罐所用的活性炭微孔较发达，是吸附发生的主要位置，吸附作用主要由碳和吸附质分子之间的范德瓦尔斯力决定。相对于军用滤毒罐中所用的活性炭材料，石墨烯具有更好的吸附能力和吸着量，还能重复多次循环利用。所以，如果未来将石墨烯应用在这些方面，将提供更加可靠安全的防护设备，能大大提高工作效率与工作质量。

9.2　石墨烯针织物品

随着纺织行业整体升级，现代消费者对纺织品的需求也不再只局限于遮蔽、保暖、美饰等传统服用性，而是越来越关注服装的功能性。石墨烯由于在室温下具有高电子迁移率[2.5×10^5 cm²/（V·s）]、高热导率[导热系数高于 3 000 W/（m·K）]、高弹性模量（1 TPa）、高强度（130 GPa）、大载流密度、易化学功能化等优异性能，而广泛应用于各科学领域。将石墨烯应用于纺织领域，则可赋予纺织品抗静电、紫外防护、导电、导热、光催化、抗菌、储能等多种功能。通过将石墨烯及其衍生物，如 GO、rGO 等，化学涂覆于织物上获得石墨烯复合织物，是制备石墨烯功能化纺织品的主要方法之一。

9.2.1　紫外防护织物

石墨烯在 281 nm 处具有紫外吸收峰，可以吸收波长在 100～281 nm 的紫外线。对于波长大于 281 nm 的紫外线波段，由于石墨烯的二维平面结构，可通过反射对其起阻隔作用。在 $UPF > 50$ 的情况下，石墨烯材料具有出色的紫外线阻隔效果。

Hu 等以壳聚糖作为分散剂和黏合剂，将石墨烯与之均匀掺杂并涂覆棉织物，结果表明，在低石墨烯含量（<1%）时，该改性织物具有良好的紫外线防护性能，与未经处理的纯棉织物相比，其紫外线防护性能提高了 60 倍。Qu 等将石墨烯掺杂于水溶性聚氨酯中，获得不同质量分数（0.05%～0.4%）的混合涂层分散液，涂覆处理的棉织物在较小的石墨烯含量（0.4%）时，可达到较高的 UPF 值（356.74，是纯棉

织物的 10 倍)。Tian 等通过静电层层自组装技术(Tian,2016),采用 PEDOT‐PSS (聚阴离子)和壳聚糖(聚阳离子)助剂,将石墨烯沉积于织物上增强其导电和紫外线屏蔽性能。Tang 等通过真空抽滤法制备得到了 GO 涂层棉织物,并将聚苯胺化学沉积在 GO 涂层棉织物的表面上,获得的复合织物可作为紫外屏蔽和导电材料(Tang,2015)。Javed 等将 GO 涂刷于棉和羊毛织物上,由于较强的范德瓦尔斯力、氢键和共价键作用,GO 可牢固吸附在两种织物上,采用紫外辐照法还原 GO 后,获得的改性织物具有优异的紫外线防护性能(Javed,2014)。

9.2.2 疏水织物

GO 为两亲性材料,其分子上既有疏水性官能团又存在亲水性官能团,边缘区官能团亲水性强,能够促进与织物上官能团的结合。GO 分子片层中心部分由 C=C 键组成,具有疏水性,因此可根据 GO 此特性制备疏水性织物。

Tissera 等通过溶液浸渍方法以不同质量分数的 GO 溶液涂覆棉织物,结果表明溶液中 GO 浓度越大,沉积在织物上的涂层越厚,疏水区域越多,整理后的织物的疏水性越好(Tissera,2014)。Shateri‐Khalilabad 等通过采用 rGO 和纳米结构的 PMS(30~90 nm 细丝形式的疏水材料)涂层棉织物,制备了导电超疏水自清洁纺织品(图 9‐1)。接触角测试结果表明,整理后的棉织物具有良好的疏水性能。此外,PMS 涂层使棉织物表面具有纳米尺度的小突起,粗糙度增加,进一步加强了导电织物的疏水性能。

9.2.3 导热织物和阻燃织物

石墨烯具有高导热性,其导热系数高达 3 000 W/(m·K)。基于此,Annas 等用石墨烯涂层棉织物增加其导热性,整理后的棉织物可用于生产具有快速散热功能的夏季服装;Hu 等也将石墨烯作为功能材料(Hu,2015),采用 1~3 nm 厚、20 μm 长的石墨烯纳米片与水性聚氨酯复合物(GNP/WPU)制备了涂层棉织物,测试结果表明,石墨烯涂层质量的增加可使棉织物的热物性提高近 30%(图 9‐2)。

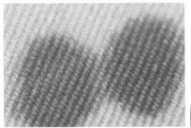 

图 9-1 红色水
珠在未处理及涂层
处理棉织物上的
状态

（a）未处理棉织物

（b）石墨烯涂层棉织物

（c）rGO/PMS 涂层棉织物

图 9-2　未处理
与 GNP / WPU 涂
层棉织物的热图谱

（a）未处理（左）与 GNP/WPU 涂层（右）棉织物实物图

（b）未处理与 GNP/WPU 涂层棉织物热图谱

石墨烯及其衍生物也被用作阻燃填料与棉织物复合,从而使棉织物具有更高的热稳定性和阻燃性能。靳洋等采用层层自组装工艺在棉织物表面构建了壳聚糖-石墨烯-聚磷酸铵阻燃涂层。测试结果表明,涂层与棉织物界面相容性好,涂层易吸附于棉织物表面,且随着涂层次数的增加,材料的续燃时间缩短,阻燃性能提高。

9.2.4 光催化织物和抗菌织物

研究表明,石墨烯及其衍生物与织物复合可赋予织物光催化和抗菌功能。Krishnamoorthy 等用 GO 涂覆棉织物获得了具有光催化功能的面料,在紫外线照射下,该织物可将天青红素(蓝色)还原为红霉素(粉红色),展现出光催化活性(Krishnamoorthy,2012);用革兰氏阳性菌和革兰氏阴性菌测试其抗菌活性,结果表明由 GO 产生的活性氧物质对革兰氏阳性菌的毒性较大。Karimi 等用聚氨酯作为黏合剂制备了 GO 涂层棉织物,并用 $TiCl_3$ 作为还原剂得到了 rGO 复合织物。测试结果表明,rGO 对光催化效率影响显著,对金黄色葡萄球菌和白色念珠菌具有优异的抑制作用,细胞毒性试验表明该改性织物对健康没有任何危害。Molina 等开发了 rGO 涂层的聚醚砜树脂织物,结果显示,随 rGO 涂层的增加,织物的电导率和电荷转移阻力降低,因此光催化效率得以提高。

纺织品具有表面积大、柔韧性好等优点,是其他功能性材料进行沉积的优良基材,具有巨大的开发潜力。石墨烯及其衍生物由于其特殊的性质,已经成为材料科学和物理学领域的革命性材料。通过化学沉积、物理涂覆等方法可将石墨烯材料与纺织品结合,制备石墨烯复合织物。

石墨烯复合织物集合了石墨烯与纺织品两者的特性,可广泛应用于紫外线防护、导电、抗静电、疏水、抗菌等新型材料等的研发。随着对石墨烯材料研究的不断深入以及纺织品制备技术的不断拓展,将会有更多功能突出、性能优越的石墨烯复合纺织品涌现。

参考文献

［1］ Meng F C，Lu W B，Li Q W，et al. Graphene-based fibers：A review［J］. Advanced Materials，2015，27(35)：5113-5131.

［2］ 肖淑华，沈明，朱沛英，等.水合肼还原氧化石墨烯的研究［J］.材料开发与应用，2011,26(2)：45-50.

［3］ 吴婕.氧化石墨烯还原方法的研究进展［J］.化工进展，2013,32(6)：1352-1356.

［4］ 杜敏芝，田明伟，曲丽君.纳米石墨烯处理涤棉织物防静电性能研究［J］.成都纺织高等专科学校学报，2017,34(1)：32-35.

［5］ 王玉新.石墨烯涂层织物的制备及其导电性能研究［D］.天津：天津工业大学，2014.

［6］ Li D，Müller M B，Gilje S，et al. Processable aqueous dispersions of graphene nanosheets［J］. Nature Nanotechnology，2008，3(2)：101-105.

［7］ Liang B，Fang L，Hu Y C，et al. Fabrication and application of flexible graphene silk composite film electrodes decorated with spiky Pt nanospheres［J］. Nanoscale，2014，6(8)：4264-4274.

［8］ Liu W W，Yan X B，Lang J W，et al. Flexible and conductive nanocomposite electrode based on graphene sheets and cotton cloth for supercapacitor［J］. Journal of Materials Chemistry，2012，22(33)：17245-17253.

［9］ Liu L B，Yu Y，Yan C，et al. Wearable energy-dense and power-dense supercapacitor yarns enabled by scalable graphene-metallic textile composite electrodes［J］. Nature Communications，2015，6：7260.

［10］ Shakir I，Ali Z，Bae J，et al. Layer by layer assembly of ultrathin V_2O_5 anchored MWCNTs and graphene on textile fabrics for fabrication of high energy density flexible supercapacitor electrodes［J］. Nanoscale，2014，6(8)：4125-4130.

［11］ Qu L J，Tian M W，Hu X L，et al. Functionalization of cotton fabric at low graphene nanoplate content for ultrastrong ultraviolet blocking［J］. Carbon，2014，80：565-574.

［12］ Yun Y J，Hong W G，Kim W J，et al. A novel method for applying reduced graphene oxide directly to electronic textiles from yarns to fabrics［J］. Advanced Materials，2013，25(40)：5701-5705.

［13］ Abbas A，Zhao Y，Zhou J G，et al. Improving thermal conductivity of cotton fabrics using composite coatings containing graphene，multiwall carbon nanotube or boron nitride fine particles［J］. Fibers and Polymers，2013，14(10)：1641-1649.

［14］ 胡希丽，田明伟，朱士凤，等.基于石墨烯整理的远红外发射棉织物［J］.成都纺织高等专科学校学报，2016,33(2)：11-14.

［15］　靳洋,王永亮,杨新春,等.壳聚糖-石墨烯-聚磷酸铵阻燃棉织物的研究［J］.陶瓷学报,2017,38(3)：386‐389.

［16］　Karimi L, Yazdanshenas M E, Khajavi R, et al. Optimizing the photocatalytic properties and the synergistic effects of graphene and nano titanium dioxide immobilized on cotton fabric［J］. Applied Surface Science,2015,332：665‐673.

［17］　Molina J, Fernandes F, Fernández J, et al. Photocatalytic fabrics based on reduced graphene oxide and TiO$_2$ coatings［J］. Materials Science and Engineering：B,2015,199：62‐76.

［18］　杜敏芝,田明伟,曲丽君.二氧化锰石墨烯整理棉织物的电热及传感性能研究［J］.棉纺织技术,2016,44(12)：25‐29.

［19］　Yun Y J, Hong W G, Choi N J, et al. Ultrasensitive and highly selective graphene-based single yarn for use in wearable gas sensor［J］. Scientific Reports,2015,5：10904.

［20］　Liu F F, Wang S W, Han G Y, et al. Multiwalled carbon nanotubes/polypyrrole/graphene /nonwoven fabric composites used as electrodes of electrochemical capacitor［J］. Journal of Applied Polymer Science, 2014, 131(21)：40123.

［21］　Roy R, Jha A, Banerjee D, et al. Edge effect enhanced electron field emission in top assembled reduced graphene oxide assisted by amorphous CNT-coated carbon cloth substrate［J］. AIP Advances, 2013, 3(1)：012115.

第 10 章

石墨烯材料的环保
应用展望

在工业化进程不断加快的背景下，能源问题、环境问题对人类健康及生产生活的影响日益严重。近年来，针对水污染、土壤污染、空气污染等环境问题，开发相关新材料、新技术备受关注。石墨烯及其衍生物（如 GO、rGO）不仅对离子和分子具有独特的传质行为，而且对环境中各种无机、有机污染物具有良好的吸附性能，是实现固／液／气三相分离的理想材料。相比于传统的吸附、过滤材料，石墨烯材料具有诸多优势，在环保领域（水处理、土壤治理、空气治理）不断展现出诱人的应用前景。但是，目前关于石墨烯材料的应用研究尚处于初级阶段，开发面向实际应用的材料规模制备方法和特色应用技术仍面临诸多挑战。

10.1　水处理

凭借其优异的物理化学性质和传质特性，GO 是最具前景的分离膜，其在材料、液体过滤与分离领域的应用形式主要有三种：（1）以 GO 为构筑单元的层状结构膜；（2）GO 作为添加剂的混合基质膜／纳米薄层复合膜；（3）GO 表面功能涂层。

其中，纯 GO 膜可通过还原、交联、复合及外界刺激等多种途径有效调控其二维通道，具有优异的超滤和纳滤性能。然而，GO 膜作为分离膜还存在以下问题：GO 膜的脱盐性能仍不理想，在海水淡化领域的应用还有待推进；GO 膜在水环境中易溶胀，膜结构稳定性和分离性能稳定性有待提高；需要开发 GO 膜的大规模制备技术以实现实际应用；GO 膜的基础传质机理有待进一步探究；GO 表面微结构的设计和调控及其对膜分离性能的影响有待研究，如 GO 表面化学官能团的操纵和移动、含氧官能团的比例和分布等；GO 膜的有机纳滤性能仍有待开发。

作为纳米添加剂，GO 通过调控分离膜的亲水性、粗糙度、厚度、电负性或在膜内构建额外的传质通道提高膜的水通量、截留率、抗污染性能和抗氯性能。然而，GO 在膜内的分散性及与基体的结合强度有待优化，以避免引入缺陷或由于填料泄漏造成二次污染。GO 与高分子膜基体的相互作用、界面及其对传质通道的影响等基础研究有待深入开展。GO 对膜通量的提升水平有限，需要进一步调控 GO 物理化学性质、设计复合膜结构以充分发挥 GO 的传质特性优势。

作为表面保护涂层，GO 通过改变膜表面性质（亲水性、粗糙度、电负性和化学结构）提高膜的抗菌、抗污染和抗氯性能。然而，GO 涂层在干态及水环境中的结构稳定性有待提高，以避免涂层在使用过程中因为脱落而失效。需要开发简单环保的涂层沉积工艺以制备均匀的、超薄的、结合强度优异的 GO 表面涂层。GO 涂层对膜抗污染和抗氯性能的改善程度有限，需要进一步优化其保护性能并深入探究其作用机制。同时，开发 GO 涂层的多功能化应用是一个重要发展方向。

10.2　土壤治理

在土壤修复与改良方面，由于 GO 表面含有大量含氧官能团，具有很好的亲水性，因此 GO 可以提高土壤的容水能力，使其所在处土壤的含水量增加，防止土壤出现板结现象。GO 在改良干旱土壤方面展现出了潜在的应用价值。GO 对重金属具有很好的吸附能力，可改变土壤中重金属的存在形态。有望将 GO 与生物修复技术或淋洗技术相结合，对重金属污染的土壤进行修复。另外，石墨烯材料对染料和有机物污染物也具有很好的吸附能力。易于分离、环境友好的磁性石墨烯复合材料和不易团聚、易于分离的三维石墨烯复合材料在水处理中的应用具有更广阔的发展前景。目前，将石墨烯材料广泛应用于土壤修复还面临着诸多问题。首先，现有研究主要基于模型污染物的基础工作，而面向实际应用的研究却很鲜见。其次，石墨烯材料对污染物吸附的选择性较差。如何大批量、低成本制备石墨烯吸附材料并实现高效回收仍是石墨烯材料实际应用的瓶颈。

在促进植物生长方面,GO 的含氧官能团为其负载植物所需的水分和营养元素提供了有利条件。GO 有望作为载体促进水分和营养元素的输送及植物对水分和营养元素的充分吸收,从而促进植物生长,有望成为推动 GO 材料规模应用的一种方式。

在提升作物品质方面,病原体对作物的产量和品质危害极大。GO 具有较高的杀菌活性,对病原体的生长与繁殖有一定的抑制作用。同时,GO 作为载体与其他杀菌剂复合,可有效提升杀菌剂的杀菌活性。因此,GO 在抗病原菌,提升作物品质方面具有广阔的应用前景。

10.3　空气治理

在环境治理方面,石墨烯材料也可应用于气相中的固体颗粒吸附,如烟尘、胶体颗粒的吸附。石墨烯材料具有稳定的物理化学性质、大比表面积、多活性吸附位点,在空气净化领域具有潜在的应用价值。另外,与传统碳材料相比,石墨烯材料兼具优异吸附性能及良好导电性,逐渐成为制作微型化气体传感器的理想材料。又因为其具有灵敏度高、响应速度快、尺寸小、能耗低和室温下工作等优点,因此适用于对污染、有毒气体的实时精确监测。

另外,基于石墨烯材料的多孔结构可作为模板或基底负载催化剂或活性材料,对环境中的有毒有害气体(如 SO_2、甲醛)进行催化降解,是一种实现空气净化的有效方式。

随着社会进步与科技发展,新的环境问题不断涌现,危及人类健康,亟待解决。这一趋势对石墨烯等新型碳材料的制备及应用也有了更高的要求与期待。例如,面对当前严重的雾霾问题,有待开发新型吸附过滤材料与结构,或根据现有纳米碳材料提出新的结构设计、复合方法以吸附、过滤、降解污染物。石墨烯材料在环境应用中势必发挥越来越重要的作用。

索 引

B

薄膜复合结构　75
布里渊区　255
布朗运动　270,271,284
鞭动　287
半导体材料　255,289

C

尺寸排除效应　60,125
传质通道　3,19,22,23,34－36,54,
　78,320
超滤　30,49,60,73,91－93,319
插层　23,50,52,54,55,57
掺杂　85,259,260,311
沉降池　281
穿透率　282,284
超氧离子　310

D

多孔石墨烯膜　3,5－8,10－12
狄拉克方程　255

E

二维材料　60

二维传质通道　24,125

F

分子动力学模拟　5－8,12,21－23,
　49－51,224
反渗透　5,6,8,10,15,18,45,73,75,
　77,80,181

G

谷胱甘肽　148－150,226
过滤效率　273－276,279,281－285,
　289,290,299－301,303,310
过滤阻力　281,282,284,285
惯性冲击　271－273
光催化　60,78,79,181,311,314
高强度　59,296,311

H

混合基质膜　78,92,319
Hummers 法　170,172,185,195,201,
　240,287
缓释化肥　137,167,168,170－172,
　212
滑移流　281
滑移效应　285,288,289,292,303,310
红外光谱　25,48,203,205